21世纪信息传播实验系列教材

主 编◎黄慕雄 徐福荫

多媒体软件设计与开发

张新华◎编著

北京大学出版社
PEKING UNIVERSITY PRESS

图书在版编目(CIP)数据

多媒体软件设计与开发/张新华编著. —北京：北京大学出版社，2011.5
(21世纪信息传播实验系列教材)
ISBN 978-7-301-18865-1

Ⅰ. ①多… Ⅱ. ①张… Ⅲ. ①多媒体—软件设计—高等学校—教材 Ⅳ. ①TP311.52

中国版本图书馆CIP数据核字(2011)第081617号

书　　　名：多媒体软件设计与开发
著作责任者：张新华　编著
丛 书 策 划：姚成龙
责 任 编 辑：唐知涵
标 准 书 号：ISBN 978-7-301-18865-1/G·3116
出 版 发 行：北京大学出版社
地　　　址：北京市海淀区成府路205号　100871
网　　　站：http://www.jycb.org　http://www.pup.cn
电 子 信 箱：zyl@pup.pku.edu.cn
电　　　话：邮购部62752015　发行部62750672　编辑部62767346　出版部62754962
印　刷　者：北京飞达印刷有限责任公司
经　销　者：新华书店
787毫米×1092毫米　16开本　16印张　380千字
2011年5月第1版　2011年5月第1次印刷
定　　　价：32.00元

内容简介

《多媒体软件设计与开发》实验教材在系统讲解多媒体软件设计与开发的基础知识、基本理论的同时，通过大量的实验教学活动训练，使学习者能够较快掌握多媒体作品设计与开发各个环节中所需的基本技能，并通过上机实训等实践环节提供大量的实践案例，扩展学生的创新实践能力，最后通过综合、设计性实验项目培养学生的综合应用能力。

本书内容丰富、通俗易懂、深入浅出，全书共分为十个实验，实验一：认识多媒体，实验二：多媒体作品的选题与策划，实验三、四、五：分别介绍多媒体素材中的图形图像、声音、视频的采集与加工的基本方法，实验六：Director 基本操作，实验七：多媒体动画的设计，实验八：多媒体交互界面的设计，实验九：Lingo 基础及其应用，实验十：多媒体教学软件的设计与开发。

《多媒体软件设计与开发》实验教材可作为教育技术学、新闻学、传播学、广告学、广播电视新闻学和摄影等专业的实验教材，亦可作为教育技术工作者和传媒从业人员的参考用书。

总　序

黄慕雄　徐福荫

1978 年，中国揭开了改革开放的序幕。1982 年，美国著名传播学教授宣伟伯(Wilbur Schramm)和香港著名传播学教授余也鲁首次来中国内地讲学，第一站在华南师范大学举办了为期一周的全国性学术研讨会，学术报告全面介绍现代传播和媒体教育。随后，其学术报告出版为《传媒·教育·现代化》著作，把教育传播理论引入了中国。为了培养我国的教育传播与技术人才，1983 年，华南师范大学创办了新中国第一个教育技术学本科专业，2002 年创办新中国首批传播学本科专业，2003 年创建广东省第一个摄影本科专业，2007 年建立国家级信息传播实验教学示范中心。

提高 21 世纪高等教育人才培养质量的重点是加强大学生实践创新能力的培养。为此，华南师范大学国家级信息传播实验教学示范中心从 2002 年起对实验教学等进行了系列改革和创新探索。在“以生为本、行知并举”的实验教学理念指导下，创建了课程实验教学体系、校内实践创新体系、校外平台扩展体系的“三位一体”实验教学体系，实现课堂内实验、校内基地实训、校外基地实习有机融合。改革实验教学模式，创建了“三类型、五层次”实验教学模式，建构基本型、综合设计型、研究创新型三种类型实验，从课堂内的基本型实验扩展到校内基地的综合设计型实验，再扩展到校内外双基地的研究创新型实验。由原来单一的基础型实验，扩展为基础—综合—研究小循环的基本型实验；由原来单一课堂内的课程综合型实验，扩展为课堂外的专业综合设计型实验和跨专业综合实践；由原来单一的校外基地进行创新实践，扩展为校内外双基地进行创新实践。改革实验教学方法，以生为本，注重实验过程与方法，建构开放式、探究式、任务驱动型的实验教学方法，鼓励学生开展自主、协作、探究学习。强调知识、能力、素质协调发展的原则，注重学生实践创新活动，完善课程实验教学体系，开设信息传播实验系列课程，编写“21 世纪信息传播实验系列教材”，促进信息传播实践创新人才培养。

“21世纪信息传播实验系列教材”包括:《播音主持》、《传播学研究方法与实践》、《电视照明·电视音乐音响》、《广播电视摄、录、编》、《摄影》、《数字动画基础与制作》、《报刊新闻电子编辑》、《广告策划与创意》、《多媒体软件设计与开发》等。本实验系列教材在编写体例方面,每个实验项目内容原则上包括实验目的、实验预习要点、实验设备及相关软件、实验基本理论、实验内容与步骤、实验注意事项、实验报告等部分。本实验系列教材的特色是:以实验和实践项目为线索,把有关的知识点融合到实验和实践的每个步骤中,强调理论与实验操作的紧密结合,既注重信息传播技术能力的培养,更注重信息传播思维能力的训练,真正做到理论指导实践,以培养高素质的信息传播实践创新人才。

“21世纪信息传播实验系列教材”可作为信息传播相关专业——教育技术学、新闻学、传播学、广告学、广播电视新闻学和摄影等专业的实验教材,亦可作为教育技术工作者和传媒从业人员的参考用书。

黄慕雄 教授,华南师范大学教育信息技术学院副院长,传播学硕士点主持人,国家级信息传播实验教学示范中心副主任,广州市科技传播协会副理事长。

徐福荫 教授,博士生导师,华南师范大学教育信息技术学院信息传播研究所所长,国家级信息传播实验教学示范中心主任,国务院学位委员会教育学评议组成员,教育部高等学校教育技术学专业教学指导委员会主任委员。主持国务院学位办全国高校教育硕士专业学位现代教育技术研究生培养方案与专业必修课程标准制定,主持教育部高等学校教育技术学专业指导性专业规范研制。享受国务院政府特殊津贴。

前　言

21 世纪已经进入多媒体计算机与网络化时代。多媒体技术的快速发展，已经深刻地影响着人们的学习、工作和生活。进行多媒体软件设计与开发，不仅要掌握编程技巧与艺术设计，还要具有较强的协调能力与实践创新能力。

本教材将多媒体软件设计与开发的理论和方法，与多媒体开发工具 Director 的操作实践进行了很好的结合，在介绍基本知识、基本理论之后，编排了大量的实验和案例。本教材力争通过掌握理论指导实践，通过实践更深入地理解理论和方法，最终提高学习者的实际应用能力。

本教材通过丰富、形象、直观的图文展示 Director 工具的强大功能，简明易懂，便于自学；还注重学生的创新思维训练，例如利用“头脑风暴”进行选题设计和在交互设计中应用隐喻的方法；更注重学习者合作能力的培养，例如对如何与同伴沟通、听取意见等，也有所讲述。

本教材将多媒体软件设计与开发分为十个主要的实验环节，每个实验环节由浅入深、由表及里地进行编排和讲解，就像搭建“脚手架”一样，引导学生进行多媒体软件设计与开发的实践，以利于读者分段学习，也有利于教师的课堂讲授，具体内容如下：

实验一：认识多媒体。本实验主要介绍了多媒体技术的基本原理、发展和应用，多媒体开发工具的类型与特点，并通过实验动手操作让学习者熟悉多媒体创作的基本设备与环境；实验二：多媒体作品的选题与策划。本实验主要介绍了多媒体软件开发的主要步骤，并通过实验的方法指导学习者进行作品的选题与策划；实验三、四、五：主要介绍了多媒体素材的基本类型与基础知识，并通过实验操作让学习者学会图形图像、声音、视频的采集与加工的基本方法；实验六：Director 基本操作。本实验通过介绍 Director 的创作环境、主要工作界面，引导学习者体验多媒体作品的设计、开发与打包发布的基本步骤；实验七：多媒体动画的设计。本实验主要介绍了逐帧动画、关键帧动画、动画序列(Film loop)、空间转时间(Space to time)、演员转时间(Cast to time)、关系粘贴(Paste Relative)、实时录制动画(Real-Time Recording)、逐帧记录(Step Recording)等基本动画技巧以及特殊效果通道的使用；实验八：多媒体交互界面的设计。本实验介绍了人机交互的基本原理、Behavior Inspector 行为查看器的使用技巧，并通过大量实例介绍 Behavior Library 行为库的应用；实验九：Lingo 基础及其应用。本实验主要介绍了 Lingo 语言概述，基本语法规则，利用 Lingo 控制 Sprite、Mouse、Text、视频动画等对象；实验十：多媒体教学软件的设计与开发。本实验主要介绍多媒体教学软件的设计原理与理论，通过综合性、设计性实验的指导，培养学习者软件设计与开发的综合应用能力。

目　录

实验一　认识多媒体

一、实验目的

1. 了解多媒体的特点与应用。
2. 掌握多媒体系统的硬件配置与组成。
3. 理解多媒体软件的概念和多媒体技术的基本特征。
4. 能根据多媒体软件的评价标准进行作品的鉴赏。
5. 调查多媒体产品的种类和艺术形式。

二、实验预习作业

1. 对国内外的多媒体专业网站进行调研，可参阅下列网站：

http://www.pobaby.net

http://www.5d.cn

http://www.flashempire.com

http://www.flash8.net

http://www.chinavid.com

http://www.gjart.cn

http://www.snart.or.kr

http://www.arisu.co.kr

http://www.skyblue.co.kr

[要求]选择一家多媒体专业网站，认真浏览并分析，写一份评价报告，内容包括：

(1) 举例说明该网站是如何使用多媒体塑造自己的专业形象的。

(2) 举例说明该网站是如何应用多媒体手段以适应网民不同的学习模式的。

(3) 选择一个在应用多媒体方面最好的网站，说明其在哪些方面充分发挥了多媒体的作用和优势。

2. 对国内外传媒应用多媒体的情况进行调研，可参阅下列网站：

http://www.dayoo.com

http://www.CCTV.com

http://www.jyb.com.cn

http://www.smashingmagazine.com

http://www.2people.co.kr

[要求]通过搜索引擎等方式上网查找国内外著名报刊、杂志、电视台等媒体的门户网站，浏览电子报刊、杂志，说明他们是如何利用多媒体吸引阅览者的。

3. 了解多媒体软件的评价标准。

[要求]通过分析近几年国内多媒体课件比赛的评价标准，说明设计开发多媒体作品应该注意哪些方面。

4. 搜集并欣赏历届获奖的优秀多媒体作品。

三、实验设备与相关软件

1. 能够连接 Internet 的多媒体计算机。
2. PowerPoint、iebook 超级精灵、Flash、Authorware、Director 等软件。

四、实验基本理论

(一) 多媒体概述

1. 媒体

媒体译自英文"Medium"，来源于拉丁文"Medius"，是中介、中间的意思。韦伯字典将其解释为可位于中间或中介的某种东西。一般来讲，能将人与人之间沟通、连接起来以实现信息交流的中介物，皆可称之为媒体。因此，媒体可定义为信息表示和传输的载体。

以前传播信息的媒体较为单一，传播的方式也以单向为主，如报纸、广播等，现代科技的发展极大方便了人与人的交流与沟通，也赋予媒体更丰富的内涵。国际电信联盟 ITU 把媒体分为以下几类：

(1) 感觉媒体(perception medium)。感觉媒体指能直接作用于人的感官、使人能直接产生感觉的一类媒体。如人类的各种语言、音乐、图画等；自然界中的景象也属于感觉媒体。

(2) 表示媒体(representation medium)。表示媒体是为了加工、处理和传输感觉媒体而研究、构造出来的一类媒体。经由这样的加工和处理，能更有效地将感觉媒体从一地向另外一地传送。表示媒体有各种编码方式，如语言编码、文本编码、图像编码等。

(3) 表现媒体(presentation medium)。表现媒体是指能将感觉媒体转换为电信号的物理设备。它可分为两类：一是输入表现媒体，如键盘、摄像头、光笔、扫描仪、话筒等；二是输出表现媒体，如显示器、喇叭、打印机等。

(4) 存储媒体(storage medium)。存储媒体是指存储数据的物理设备，如硬盘、软盘、磁带及 CD-ROM 等。

(5) 传输媒体(transmission medium)。传输媒体是用来传输数据的物理设备，如双绞线、同轴电缆、光纤等。

2. 多媒体技术

多媒体(Multimedia)就是"多种类型媒体的有机集成"，即能同时采集和处理两种以上不同信息的媒体系统。多媒体技术是以数字化为基础，能够对多种媒体信息进行采集、编码、存储、处理和表现，使之成为有逻辑联系的整体并具有良好交互性的技术，其有三个基本特征即多样性、集成性和交互性。

(1) 多样性。多样性是指通过计算机处理实现信息表现的多样化或多维化,人主要是通过视觉、听觉、触觉、嗅觉和味觉这五种感觉功能感知外部世界的,经研究其中视觉约占65%,听觉约占20%,触觉约占10%,嗅觉和味觉等其他感觉约占5%,与传统媒体比较,多媒体技术极大地丰富了信息的表现力,其表现力越来越符合人的感觉特征,越来越趋向人性化。

(2) 集成性。多媒体技术的集成性主要包括两个方面,一是有关物理设备的集成,如电视、音响、扫描仪、摄像机等,通过计算机连接使之成为一个有机的多媒体硬件系统;二是有关媒体信息的集成,通过计算机把文字、声音、图形、动画、图像、视频等多种信息,有效地组织成为一个多媒体软件系统。

(3) 交互性。现代社会正在被网络和信息化,如同消费商品一样,人们每天都在消费信息。从信息消费者的角度看,多媒体技术使信息消费者已经不仅仅是单向的"接收"或"接受",在"接收"或"接受"的过程中,也可以主动参与和选择。交互性就是指这种基于多媒体技术而形成的人与计算机相互交流互动的特性。这也是多媒体技术区别于传统媒体技术的最显著的特征。影视节目虽然也是多种媒体的组合,如文本、图像、声音、动画等的组合,但因为观众无法参与,不具有交互性,因此它不属这里介绍的多媒体的范畴。

随着多媒体技术的日益进步,交互性也越来越人性化,且交互活动本身也成为一种媒体加入到信息传递和转换过程中,消费信息的同时,信息消费者实际上也参与了信息的组织加工过程,甚至可控制着信息传播,这就为人类的智能活动开创了更广阔的天地。

3. 多媒体信息的类型

在多媒体技术中,我们所说的媒体一般指的是感觉媒体,表现媒体和存储媒体通常是为感觉媒体服务的。感觉媒体主要包括文本、声音、图形图像、动画和视频等。

(1) 文本(Text):指编辑的文字,具有字体、颜色、大小、格式等属性。文字是人类高度归纳和抽象的产物,它既是运载人们思想、感情、愿望及要求的载体,其本身也饱含着文化与思想的内涵。

(2) 音频(Audio):声音是最早出现的人类(动物)交流信息的方式,包括音响(Sound)和音乐(Music)。音响包括解说旁白、自然声响(如雷声)和各种动物叫声、汽车声等,音乐包括各种歌声、乐声、乐器的旋律等。我们为多媒体软件配上悠扬的背景音乐和清晰悦耳的旁白将会使多媒体软件传达的信息变得有声有色。

(3) 图形(Graphics):图形是产生于文字之前的一种信息交流的重要方式,它是用点、线、面等构图的基本元素通过有机的组合生成二维或三维的黑白或彩色几何图形。图形化语言简单明了,通用性强,并有利于思维的训练。

(4) 图像(Image):在图形的基础上,将现实生活中实际的影像拍摄或绘制下来就形成了图像。图像包括照片、幻灯片和绘画作品等。

(5) 动画(Animation):指活动的图形,用点线面等构图元素,通过二维或三维的算法,以关联为纽带生成动画,包括卡通片、活页动画片和计算机制作的二维、三维动画等。动画的渲染效果要强于图形,因为它既描述了一个立体的空间,又显示出流逝的时间,从而产生了与人心理极其合拍的"活"的效益。

(6) 视频(Video):主要指自然景物的连续画面图像,包括数字化处理的录像资料、影片等。

4．多媒体信息的管理——超文本与超媒体

超文本是一种有效的多媒体信息管理技术，它本质上是采用一种非线性的网状结构组织块状信息。1965年Brown大学的Nelson首次起用Hypertext一词，即超文本。超文本结构类似于人类的联想记忆结构，它采用一种非线性的网状结构组织块状信息，没有固定的顺序，也不要求读者按某个顺序来读。Web系统是目前最流行的运行于Internet上的超文本系统。

超文本把文本按其内部固有的独立性和相关性划分成不同的基本信息块，称为节点(Node，又称结点)，节点之间按它们的自然关联，用链连接成网，如图1-1所示的6个节点9条链超文本结构。超文本是由信息节点和表示信息节点间相关性的链构成的一个具有一定逻辑结构和语义的网络。

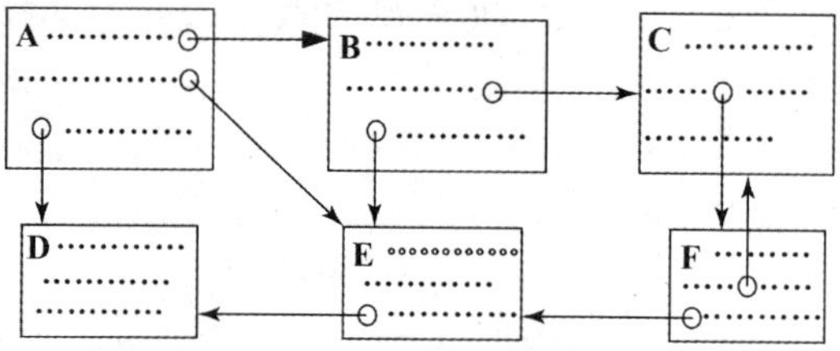

图1-1　超文本结构示意图

由于计算机能力的限制，第一代超文本系统处理信息的对象是文字和数值信息，近年来，随着图形、硬件、大容量存储等技术的发展产生了第二代超文本系统，它的节点信息可将正文、图形、声音、动画、静止图像、活动图像结合在一起，因而更具魅力。第二代超文本系统与多媒体技术结合起来，为强调系统处理多媒体信息的能力而成为超媒体(Hypermedia)系统，即“超媒体＝多媒体＋超文本”。

目前，从研究内容来看，超文本与超媒体很难区分，亦即它们所代表的含义几乎相同，所以往往不加区分地使用。

超文本(超媒体)结构具有三个基本要素。

(1) 节点(Node)。节点即存储信息的基本单元，即“信息块”。它是围绕一个特殊主题组织起来的数据的集合，该集合可以是有形的也可以是无形的。我们可以将一篇文章分解成若干块，这些块就是有形的节点。若对文章不进行分解，而只是根据需要对相应的内容进行定位，则这个定位周围的信息就是一个无形的节点。节点中可以嵌入链，使它能与其他节点相链接。节点分为不同的类型，不同类型的节点表示不同的信息，常见的基本类型包括：

① 媒体类节点：存放各种媒体信息，细分为文本节点、图形节点、图像节点、视频节点、声音节点和混合媒体节点。

② 动作与操作类节点：定义了一些操作，典型的操作节点是按钮节点。

③ 组织型节点：包括各种媒体节点的索引节点和目录节点。目录节点包含了各个媒体节点的索引指针，指向索引节点。索引节点由单个索引项组成，索引项指向目的节点、相关索引项或原媒体的目录节点。

④ 推理型节点：用于辅助链的推理与计算，它包括对象节点和规则节点。推理型节点的产生是超媒体智能化发展的产物。

(2) 链(Link)。链,又称超链(Hyperlink),表示不同节点存放信息间的联系。它以某种形式将一个节点与其他节点连接起来。链是有向的,一般结构可分为三个部分:链源、链宿及链的属性。链源:是导致浏览过程中节点迁移的原因,可以是热标、媒体对象或节点等。链宿是链的目的所在,可以是节点,也可以是其他任何媒体的内容。链的属性决定链的类型,当链的特性很强时,链可以作为独立的实体,如基本结构链、索引链、类型链和推理链等。

(3) 网络(Network)。超文本中由节点和链构成的网络是一个有向的信息结构图,采用的是非线性的网状结构组织块状信息,这种有向图与人工智能中的语义网有类似之处。宏节点是指链接在一起的节点群,一个宏节点就是超文本网络的一部分——即子网。当超文本网络十分巨大时,或分散在各个物理地点上时,仅用一个层次的超文本网络管理会很复杂,分层是简化网络拓扑结构最有效的方法。宏文本(Macrotext)和微文本(Microtext)表示不同层次的超文本。微文本又称小型超文本,支持对节点信息的浏览;宏文本又称大型超文本,支持对宏节点(文献)的查找与索引,它强调存在于许多文献之间的链,构造文献相互间的关系,跨越文献进行查询与检索。宏节点的引入虽然简化了网络结构,却增加了管理与检索的层次。

(二) 多媒体计算机系统

多媒体计算机系统通常指的是具有多媒体功能的个人计算机(Multimedia Personal Computer,简称 MPC),是指能对文本、声音、图形图像和视频影像等多种媒体进行互连、获取、编辑、存储、处理、加工和显示的一个计算机系统。它是多媒体技术与计算机紧密结合的产物,能综合处理多种媒体信息,使多种信息如文字、图形、图像、音频、视频、动画之间建立联系。多媒体计算机具有集成性、交互性和数字化三大特征。集成性指能将多种媒体有机地组织在一起,做到"声、文、图、像"一体化;交互性是指人机交互,在播放多媒体节目时,人工能够干预;数字化是指多种媒体中每种媒体都是以数字化地形式存放在计算机种,只有这样,计算机才能对这些信息进行处理。多媒体计算机是一个不断发展、不断完善的系统,在不同历史时期,它具有特定的含义,随着应用要求的提高,多媒体技术的不断改进,多媒体计算机又被赋予许多新的要求和内容,多媒体功能已成为当前个人计算机的基本功能。

1. 多媒体计算机系统的层次结构

多媒体计算机系统的层次结构与其他计算机系统的结构原则上是相同的,都是由底层的硬件系统和其上各层的软件系统组成,如图 1-2 所示。

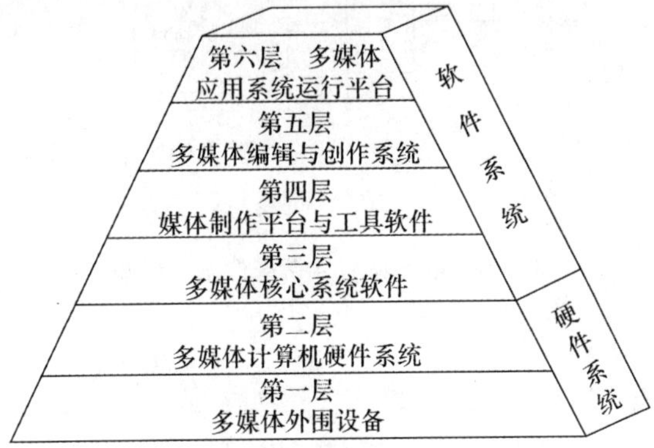

图 1-2 多媒体系统的层次结构

第一层为多媒体外围设备，包括各种媒体、视听输入/输出设备及网络。

第二层为多媒体计算机硬件系统，主要配制与各种外部设备的控制接口卡。其中包括多媒体实时压缩和解压缩专用电路卡。

第三层为多媒体驱动程序、操作系统，该层软件为系统软件的核心，除与硬件设备打交道（驱动、控制这些设备）外，还要提供输入/输出控制界面程序，即I/O接口程序。而操作系统则提供多媒体计算机的硬件、软件控制与管理。

第四层是媒体制作平台与工具软件，支持应用开发人员创作多媒体应用软件。设计者利用该层提供的接口和工具采集、制作媒体数据。常用的有图像设计与编辑系统，二维、三维动画制作系统，音频采集与编辑系统，视频采集与编辑系统以及多媒体公用程序与数字剪辑艺术系统等。

第五层是多媒体编辑与创作系统。该层是多媒体应用系统编辑制作的环境，随所用工具的类型不同而不同，如VB、Director等，通常除编辑功能外，还具有控制外设播放多媒体等功能，设计者可以利用这层的开发工具和编辑系统来创作各种教育、娱乐和商业等应用的多媒体节目。

第六层是多媒体应用系统运行平台，是在多媒体创作平台上设计开发的面向应用领域的软件系统，也就是本书所介绍的多媒体软件设计与开发的重点内容。该系统可以存储在硬盘也可以形成光盘等多媒体产品，可以根据不同用户的操作展示播放不同的信息，包括主题相关的图片、动画、声音、视频等，也可以提供及时反馈等人机交互。

2. 多媒体硬件系统的基本构成

多媒体系统是以计算机系统为基础，配置大容量的数据存储设备，音频/视频输入输出设备，各类功能卡、交互界面和各种软件，其硬件构成如图1-3所示。

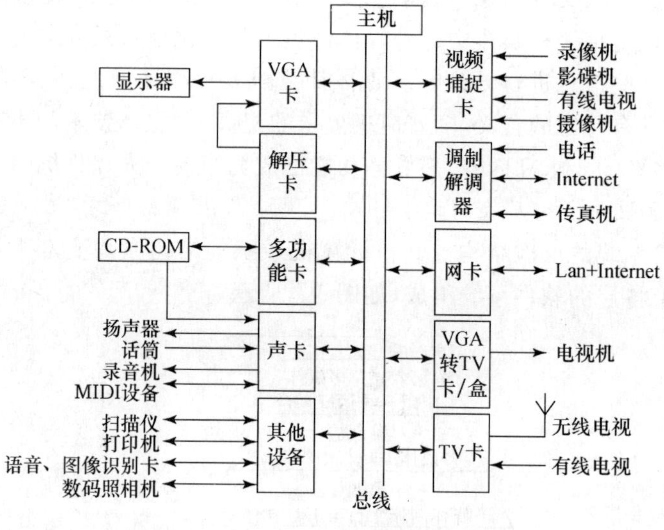

图1-3　多媒体硬件系统的基本构成

3. 典型多媒体计算机系统

(1) Macintosh系统。Macintosh多媒体计算机系统是由Apple公司推出，由主机、多媒体插板、CD-ROM驱动器和图像输入设备组成，其外形与PC系列机也有明显的差别，如图1-4所示。

图 1-4　iMac 电脑

Apple 公司一直很重视人机界面的开发，1984 年，Macintosh 计算机创造性地使用了位映射(Bitmap)、窗口(Windows)和图符(Icon)等技术，这一系列改进所带来的图形交互界面(Graphical User Interface，简称 GUI，又称图形用户接口)深受用户的欢迎，同时鼠标(Mouse)作为交互设备的引入，配合 GUI 使用大大地方便了用户的操作，从而大大推动了多媒体计算机技术的发展。Apple 公司还开发出了很多商品软件，如 Macintosh System 7.0 扩充了 Quicktime 多媒体软件，为动态数据信息提供了一个标准的管理平台、大大方便了用户在多媒体方面的应用。

(2) Amiga 系统。Amiga 系统是 Commodore 公司的产品，它是世界上最早的多媒体计算机系统之一，于 1985 年研制成功，并很快形成系列化产品，在 1986 年开始有少量产品进入市场，主要运用于动画制作等音像领域。

在操作系统方面，Commodore 公司提供了一个类似于 Windows 的多任务操作系统，称为 Amiga DOS，Amiga DOS 可以有效地对 CPU、内存储器、显示器、软盘、硬盘、鼠标等实施管理。Amiga DOS 有一个直观、有效地用户图形界面，称为 Workbench，它能够处理多任务，并具有下拉菜单、多窗口、图符等功能。该操作系统还提供了一个语言合成环境，能够高质量地合成语言及音乐，自动地使用英语的拼音规则，能使用市场上已有的语言识别程序，还可以用很高的识别率识别语音命令。

Amiga 系统具有丰富的多媒体实用工具及配套设备，其中以动画软件为最佳。例如，三维动画就有 Imagine，Calicari，Silver 3D，Video Scape 3D，Lightwave 3D，Animation 等，这些软件运用了光线跟踪技术、抗混选技术(Anti-Aliasing)及环境光射技术，能够生成丰富的表面质感。二维动画软件(Dpaint-3C，Delux Paint-Ⅲ)不但是一个优秀的绘画软件，而且还是一个将绘画与动画制作合成一体的软件，它除了具有一般绘画软件所具备的基本功能外，还有多种实用的绘画方式，不但有静止画笔，还可以拾取动画画笔。

(3) CD-I 系统。CD-I(Compact Disc-Interactive)系统是荷兰 Philips 公司和日本的 SONY 公司在 1986 年公布的，是一种最早为家庭所用的多媒体系统。在推出 CD-I 多媒体系统的同时，该公司还定义了交互式多媒体 CD-ROM 系统标准，在 1987 年以绿皮书发表。这项技术对大容量存储设备光盘的发展产生了巨大的影响，并经过国际标准化组织(ISO)的认可成为国际标准。大容量光盘的出现为存储表示声音、文字、图形、视频等高质量的数字化媒体提供了有效的手段。

(4) DVI 系统。DVI(Digital Video Interactive)系统是 Intel 和 IBM 公司联合开发的多媒体系统,DVI 是一个开放式系统,它采用了先进的数字音频、视频数据压缩解码算法,全部数据材料均是数字形式存储在任何能够随机访问的存储设备中,或者送入联接网络,因此 DVI 具有不依赖主机的多媒体软件环境,可移植到各种平台上。DVI 系统的硬件采用多媒体板 ActionMedia,该平台硬件系统由音频卡、视频卡和多功能卡组成,其关键技术包括实时音频处理、实时视频处理、超高速的数据传输等,该系统的推出将计算机多媒体技术推向一个新的阶段。

(5) MPC 系统。MPC(Multimedia Personal Computer)系统是以 PC 机为基础,在 386、486、Pentium 及 MMX 微机系统上加上多媒体系统软件、系统硬件及光盘驱动器等直接升级为多媒体计算机系统,目前已成为多媒体计算机主流。它可以用 Windows 作多媒体系统的支持平台,也支持 MS-DOS 3.1 以上的操作系统,它是多媒体技术与计算机紧密结合的产物,能综合处理多种媒体信息,使多种信息如文字、图形、图像、音频、视频、动画之间建立联系。

进入 20 世纪 90 年代,多媒体技术逐渐成熟,多媒体技术从以研究开发为重心转移到以应用为重心。由于多媒体技术是一种综合性技术,实现它的推广与应用将涉及计算机、电子、通信和新闻服务等多个领域,面对的对象既有科研人员,又有普通的用户,应用环境也比较复杂,因此,多媒体技术的标准化已经成为迫在眉睫的问题。为建立相应的标准,1990 年 10 月,由 Microsoft 公司会同多家厂商召开了多媒体开发者会议(Microsoft Multimedia Developer's Conference),会议制定了 MPC-1 标准。1993 年由 IBM、Intel 等数十家软硬件公司组成的多媒体个人计算机市场协会(The Multimedia PC Marketing Council,简称 MPMC)发布了多媒体个人计算机的性能标准 MPC-2。1995 年 6 月 MPMC 又公布了第三个多媒体个人计算机标准 MPC-3,这三个标准见表 1-1。但随着计算机技术的迅猛发展,家用电脑的性能也早已超过这个标准,MPC 的新标准也无继续发布的必要了,因此这三个标准将成为重要史料载入多媒体技术发展史中。

表 1-1　MPC 性能标准

项目	MPC-1	MPC-2	MPC-3
RAM	2MB	4MB	8MB
CPU	16MHz386SX	25MHz486SX	75MHzpentium
硬盘	30MB	160MB	540MB
CD-ROM	150KB/s 最大寻址时间 ls	300KB/s 最大寻址时间 400ms CD-ROM XA	600KB/s 最大寻址时间 200ms CD-ROM XA
音频	8 位数字声音卡,8 个音符合成器,MIDI 再现	16 位数字声音卡,8 个音符合成器,MIDI 再现	16 位数字声音卡,波表合成技术,MIDI 再现
显示卡	640×480,16 色	640×480,65536 色	640×480,65536 色
视频播放	没要求	没要求	MPEG-1,352×240 30fps(或 352×288 25fps),15bit/Pixel
输入输出端口 I/O	MIDI 摇杆端口 串并联端口	MIDI 摇杆端口 串并联端口	MIDI 摇杆端口 串并联端口

（三）多媒体系统的关键技术

1. 多媒体数据压缩/解压算法与标准

多媒体系统要处理文字、声音、图形、图像、动画、活动视频等多种媒体信息。高质量的多媒体系统要处理三维图形、高保真立体声音、真彩色全屏幕运动画面。为了得到理想视听效果，还要实时处理大量的数字视频、音频信息，多媒体系统的数据量大得令人难以想象，因此，在普通个人多媒体计算机系统中要表示、传输和处理声文图信息，高效的压缩和解压缩算法是多媒体系统运行的关键。

从 PCM（脉冲编码调制）编码理论开始，到如今成为多媒体数据压缩标准的 JPEG（Joint Photographic Experts Group，静态图像压缩标准）和 MPEG（Motion Picture Experts Group，动态视频压缩标准），已经产生了各种各样针对不同用途的压缩算法、压缩手段和实现这些算法的大规模集成电路或计算机软件。

JPEG 是用于静态图像压缩的标准算法，可用于灰度图像和彩色图像压缩。JPEG 有两种基本的压缩算法，一种是采用以预测技术为基础的无损压缩算法；一种是采用以离散余弦变换为基础的有压缩算法。JPEG 算法广泛地应用于彩色图像传真、多媒体 CD-ROM、图文档案管理等领域。JPEG 算法可用硬件、软件或两者结合的方法实现。

MPEG 是用于动态图像压缩的标准算法，它主要由以下三部分组成：

(1) MPEG 影视图像，它是关于影视图像数据的压缩编码技术。

(2) MPEG 声音，它是关于声音数据的压缩编码的技术。

(3) MPEG 系统，它是关于图像、声音同步播放以及多路复合的技术。

MPEG-1 用于数据传输速度为 1.5Mbit/s 的数字存储媒体，其质量比 VHS 的质量高。MPEG-2 影视图像的质量是广播级的，它的设计目标是在同一线路上传输更多的 Cable-TV 信号，因此它采用了更高的数据传输速率。MPEG-4 制定了低数据传输速率的电视节目标准。

2. 多媒体数据移动存储技术

高效快捷的存储设备是多媒体系统的基本部件之一，光存储技术和闪存技术的应用与发展为多媒体数据的移动存储提供了便利，也大大促进了多媒体走进人们的日常生活。

常用的光盘按最大容量分为 750MB 的 CD、4.7GB 的 DVD 以及应用了双盘封装技术的 9.4GB 的 DVD，按应用方式又分为只读光盘（ROM）、一次写多次读光盘（WORM）和可重复擦写光盘（Rewritable）。闪存技术近几年得到了飞速发展，从优盘到移动硬盘，达到了体积小数据存储空间大，携带方便，数据安全，读取方便等特点。应用了闪存等多媒体技术而发展起来的 MP3、MP4、MP5 等集成了听音乐、看电影、玩游戏、录音笔等多种功能，成为年轻人时尚的“随身听”。

3. 多媒体输入/输出技术

多媒体输入/输出技术包括媒体变换技术、媒体识别技术、媒体理解技术和媒体综合技术，其进一步发展趋势是：人工智能输入/输出技术和外围设备控制技术。

人工智能输入/输出技术主要包括语音识别、语音合成、语言翻译、语言和文本间转换；图像识别和处理、图/文/表分离技术；笔式输入技术和智能推理技术等。围绕实用过程均需进一步解决压缩、集成和交互、同步等处理。多媒体计算机系统基础是计算机系统，它一般具有较大的内存和外存(硬盘),并配有光驱、音频卡、视频卡、音像输入输出设备等,外围设备控制技术主要包括多媒体文件存储、数据格式转换、控制界面、外围设备驱动程序、调色板控制、高分辨率全彩色显示、三维彩色、声音效果处理、通信效果处理、多媒体窗口程序等。

4. 多媒体系统软件技术

多媒体软件也是关键技术,被称为多媒体技术的灵魂,它能综合处理多种信息,进行媒体节目制作,如数据的压缩与采集、二维/三维动画技术、图形图像处理、声音编辑、虚拟现实等,能协调各媒体和谐工作,使多媒体音像栩栩如生。多媒体系统软件技术主要包括多媒体操作系统、多媒体开发和编著工具、多媒体数据库管理技术、多媒体信息的混合与重叠技术、多媒体系统数据模型等。

多媒体操作系统需要一个灵活方便的操作平台处理动态音频/视频等多媒体信息,一般有两种形式:一是专门设计的操作系统以支持多媒体功能,如 Amiga Dos、CD-RTOS、NEXT Step 等;二是在原有操作系统基础上扩充一个支持音频/视频处理多媒体模块和各种服务工具,如 DVI 系统中建立在 MS-DOS 基础上的 AVSS。

为了便于用户编程开发多媒体应用系统,一般在多媒体操作系统之上提供了丰富的多媒体开发工具,包括对图形、视频、声音等文件进行转换和编辑的工具以及直观、可视化的交互式编著工具(Authoring Tool),例如 Authorware、Flash、Tool Book,以及本书将着重介绍的 Director 等。

多媒体信息管理技术主要包括多媒体数据库与基于内容的检索技术,与传统的数据管理相比,多媒体数据库包含着多种数据类型,数据关系更为复杂,需要一种更为有效的管理系统来对多媒体数据库进行管理,目前主要的方法是扩展现有的关系型数据库,建立面向对象数据库系统。多媒体系统数据模型是指导多媒体软件系统(软件平台、多媒体开发工具、编著工具、多媒体数据库等)开发的理论基础,对于多媒体系统数据模型形式化(或规范化)研究是进一步研制新型系统的基础。

5. 多媒体通信与分布应用技术

多媒体通信的关键技术包括同步技术、传输技术、视频技术、音频技术、存储技术以及基于网络的分布式应用技术。由于视频信号需要同步,所以同步技术是多媒体通信所涉及的一大关键技术。多媒体传输的核心是图像传输技术,其中包括静态和动态图像的传输、模拟视频信号和数字信号的传输。

多媒体技术和网络技术、通信技术相结合形成的数字化多媒体网络将多媒体信息的获取、处理、编辑、存储融为一体,并在网络上运行,这样的多媒体系统不受时空的限制,多个用户可以共享网上的多媒体信息,多个用户还可以同时对同一个文件进行编辑。多媒体网络系统在多个领域得到了广泛应用,如可视电话、电视会议、视频点播以及以分布式多媒体系统为基础的计算机支持协同工作系统(远程会诊、报纸共编等),这些应用很大程度地影响了人类生活和工作方式。多媒体网络通信时,有时需要实时同步传送音频和视频信号;有时需要传送非实时的多媒体信息。前者称为同步通信,后者称为异步通信,如何能提高信息传输的效率,保证多媒体服务的质量仍然是多媒体技术研究的主要内容。

6. 虚拟现实技术

虚拟现实(Virtual Reality)又称虚拟实境或灵境技术,它是在多媒体技术、计算机图形学、仿真技术、人—机接口技术、传感技术、模糊逻辑、人工智能、神经网络及心理学的基础上发展起来的一门交叉学科的新技术。当前虚拟现实不仅仅是那些戴着头盔显示器和传感手套的技术，而且还应包括一切与之有关的具有自然模拟、逼真体验的技术与方法。其最重要的目标就是真实的体验和方便自然的人机交互，能够达到或部分达到这样目标的系统称为虚拟现实系统。虚拟现实系统有三个重要特性：

(1) 沉浸(Immersion)：能使参与者有“真实”的体验，这种体验就是“沉浸”或“投入”，理想的虚拟现实系统应该提供人类具有的一切感知能力。

(2) 交互(Interaction)：系统提供方便的、丰富的、基于自然技能的人机交互手段，能使参与者对虚拟环境进行实时的操纵，并能从虚拟环境中得到反馈的信息。

(3) 想象(Imagination)：想象力已成为虚拟现实系统设计中最关键的问题之一。

虚拟现实系统主要分为非沉浸类虚拟现实系统、沉浸类虚拟现实系统、分布式虚拟现实系统和增强现实系统四大类型。非沉浸类虚拟现实系统又称桌面虚拟现实系统、窗口中的虚拟现实系统，采用标准的显示器、声音技术，并可用多种空间操纵设备进行操纵。如全景视频系统、桌面虚拟现实 CAD(Computer Aided Design，计算机辅助设计)系统等，如图 1-5 所示。

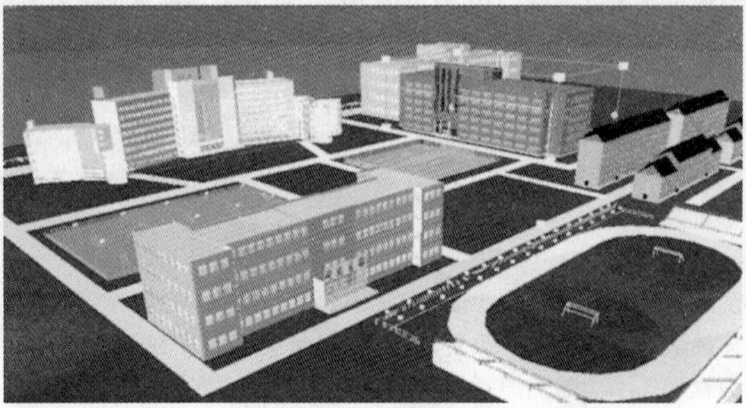

图 1-5　基于桌面虚拟现实技术的数字校园

(四) 多媒体技术的应用

多媒体技术的应用十分广泛，它不仅覆盖了计算机的绝大部分应用领域，同时还开拓了新的应用范围。毫无疑问，多媒体技术已经并将继续对我们传统的工作、学习和生活方式产生革命性的影响。

1. 多媒体应用的优势

随着电脑的普及，多媒体技术作为一种信息媒体迅速崛起。美国 1998 年的所有出版物中多媒体出版物的比例已超过了 40%，光盘代替其他媒体的潮流趋势已越来越明显。多媒体信息系统相对于传统媒体具有不可比拟的优势，这一点主要体现在以下几个方面：

(1) 内容丰富。多媒体可包含的内容十分丰富。书只能有文字和图片，电台播放的是声音，电视播放的是录像，而多媒体可包含声音、文字、图像和三维动画等多方面的表现形式，内容丰富，形式多样，引人入胜。

(2) 便于查阅。书籍和录像在查阅时检索起来比较麻烦，而多媒体软件只要在相应的条目上进行单击即可自动显示所要查阅的内容，简单快捷。

(3) 交互性好。书籍等传播媒体是单向性的,由人被动地操作,而多媒体技术具有交互性,对其下达指令,就能根据指令进行操作。

(4) 长久保存。书籍存放时间长会变黄,录像带时间长了会因磁性减弱而造成图像不清晰,而多媒体作为电子文件,只要保存得当,能保证永久不变。

(5) 灵活的存储和修改。整个多媒体系统作为历史资料来说可以长久保存,作为电子信息来说又可以很方便地修改更新。

(6) 强健的可适应性。多媒体系统既可以在触摸屏上供客户观看查询,也可以刻录成多媒体光盘送给客户,以便日后仔细观看查询。

2. 多媒体信息系统的作用

在公司和产品的宣传销售方面,多媒体信息系统的作用不可小视。

第一,能够全面真实地反映公司的实力,取得客户的信任。

第二,体现公司紧跟时代潮流,树立公司良好的公众形象。

第三,为客户提供便捷的咨询服务。

多媒体系统采用快速链接的形式,用户只要对感兴趣的地方轻轻一点,详细的多种媒体形式的内容就会展现在用户面前,为用户提供了既方便又生动形象的电脑咨询服务,使用户能够随时查询各类资料和数据,降低了工作人员的工作压力。

第四,做成的多媒体光盘既是一种极佳的宣传资料,又是一份别致珍贵的礼物。

运用多种媒体形式把公司或产品的相关内容进行概括性的描述,用非常生动的手段吸引观众,让观看者对公司或产品有所了解。当多媒体系统在一段时间内无人使用时,会自动进行本栏目的重新播放。

3. 多媒体技术的应用

(1) 学校教育。在学校教育信息化的进程中,人们发现,把多种媒体结合起来的教学,比使用单一媒体教学的课堂教学效果更加优化,因此应用系统观点设计的"多媒体组合"课堂教学一度成为教育技术学的热门话题,在这个意义上的"多媒体"从形式上看是多种单一媒体的合理有序的组合,从效果上看是媒体之间取长补短形成优化效果的一种传播信息的方式,在一定程度上减少了教育者(教师)的个性特点对教学的影响,统一设计的画面、音响、交互式选择方式,图文并茂、能提供最为理想的教学环境,更科学、更有逻辑的教育方式将通过多媒体技术可以让学生根据自己的基础和兴趣,选择学习进度、学习内容、学习方法。多媒体将导致教育思想、教育体制、教育内容、教育方法、教育手段等的根本革命。

(2) 企业 E-learning 培训。E-Learning(在线学习或网络化学习)主要是基于由多媒体网络学习资源、网上学习社区及网络技术平台构成的网络学习环境,在这个环境中汇集了大量数据、档案资料、程序、教学软件、兴趣讨论组、新闻组等学习资源,形成一个高度综合集成的资源库,这些学习资源对所有人开放。由于改变了传统企业培训的观念、体制、管理方式的条件和可能,信息传递及时、迅速,E-Learning 受到很多跨国公司和国内知名企业的欢迎。

(3) 电子出版物。光盘出版物(CD-ROM 出版物)、电子图书等的发展对传统出版业产生了严峻的挑战。光盘图书与普通的书刊、杂志相比,最大优点是信息量大,有声有色,图文并茂。电子出版物的主要内容有:教育教学辅导、百科全书、工具书、外语学习、旅游向导等。多媒体的出现带来了出版业的重大变革,出版物不再仅仅局限于纸张、音像磁带等传统形式。光盘成了一种新的出版载体,光盘上可容纳比纸张介质多得多的信息,更重要的是,这些信息可以以多媒体的形式提供给读者，使读者可以交互式获得全方位的信息。目前，出版多媒体百科全书是出版业最热门的多媒体技术应用。由于百科全书信息量大，涉及的范围广，用传统方式出版百科全书有诸多不足之处。首先，它无法记录音频、视频信息，也谈不上有什么交互性；其次，用纸来印刷的话，一套百科全书的体积和重量会非常大，不便于携带，价格也会很贵，再版的难度很大。而用光盘作介质来出版多媒体百科全书恰恰可以弥补这些缺点，充分发挥多媒体的优势。多媒体光盘百科全书的信息容量比书本大得多，价格也很便宜，还可以利用计算机来进行信息检索，而且由于媒体信息种类丰富，具有很好的交互性，大大提高了学习的乐趣和学习的效果。目前，许多大的出版公司都在制作出版多媒体百科全书，像《大英百科全书》、《中国大百科全书》这样较大规模的百科全书，现在都有了多媒体光盘版。比较著名的多媒体出版公司国外的有 DK(Dorling Kindersley)公司、Mdtimeia Corporation 公司、Dennis Publishing 公司等，国内也有了像北京金洪恩公司这样的专业多媒体出版公司，很受大家欢迎的电脑学习资料“开天辟地”、“万事无忧”和“畅通无阻”就是金洪恩公司的作品。

(4) 多媒体技术在影视业、游戏动漫产业中的应用。多媒体技术使得影视公司可以在计算机上构成更逼真的三维场景，更高效地制作各种特技，极大地扩展了影视制作的能力，提高了制作效率，降低了成本。3D 影片“阿凡达”就是多媒体电脑设计的杰作，其中大部分人物造型、场景和动作都是利用计算机进行图像合成的。电脑游戏是多媒体技术应用中的一个重要组成部分，多媒体技术的不断发展为制作出更复杂、更逼真的大型游戏创造了条件，使得电脑游戏不断推陈出新、更新换代。事实上，电脑游戏与计算机技术本身的发展有着极为密切的关系，早在个人计算机刚刚出现的时候，程序员和计算机爱好者们为了在工作之余能够放松一下，自行编制了一些小的计算机游戏软件，这些游戏大多都比较简单，如当时的桌面碰球游戏和打飞行物的游戏。随着个人计算机的普及，越来越多的人接触到计算机，对计算机上的游戏产生了浓厚兴趣，这时候出现了专业开发游戏软件的公司，并出现了专用于玩游戏的游戏机。游戏机操作简单、价格便宜，使得游戏得到进一步推广。多媒体技术的发展更使得电脑游戏面貌一新，使游戏从无声到有声，从平面到立体，界面和声效设计越来越人性化。而多媒体技术本身的发展在很大程度上也得益于游戏者对游戏软件提出越来越高的要求，这种强大的需求是促进多媒体技术不断发展的最有效的动力之一。

(5) 多媒体舞台光影艺术。其实人类自古以来就不知不觉、自然而然地常常利用各种媒体进行沟通、传达消息，古代的原始文化里面就有利用唱歌、乐器和舞蹈组合的祭祀活动。随着物质文明的不断提高，人们对精神的需求显得越来越迫切，北京奥运会、广州亚运会开幕式等大型活动中利用投影影像、LED 高清屏幕、高科技激光灯光技术与手段与演员的表演的交汇和融合，充分体现了现代社会的多媒体声光电技术与舞台艺术的完美结合。

(五) 多媒体应用软件

1. 多媒体软件的相关概念

(1) 多媒体素材创作工具。在多媒体应用软件的开发过程中，创作与加工处理项目所需的各种媒体素材是重要的一个环节，而这些制作文本、图形图像、音频、动画和视频影像等多媒体数据的各种专门工具就叫做多媒体素材创作工具，如 Word 是编辑文字的工具，Photoshop 是图片处理的工具，Cool Edit 主要进行声音素材的加工与处理，Vegas 可以进行数字视频的编辑。

(2) 多媒体开发工具。多媒体开发工具(Authoring Tool)又称多媒体创作工具或著作工具，是多媒体软件制作的编辑集成工具，用来集成、处理和统一管理文本、图形图像、声音、动画和视频影像等多媒体信息的编辑工具。与多媒体素材处理工具不同，多媒体开发工具的基本任务就是能支持一系列音频与视频等的数字信号输入设备，形成文本、图形图像、动画、视频影像和声音文件信息，在同一屏幕内融合各种多媒体要素，提供分支、循环等寻踪路径，使信息内容呈现更加生动、有趣，具有真正的人机会话方式。多媒体软件开发工具有简单实用的重在多媒体内容展示的 PowerPoint、ZineMake 等，也有 Authorware、Director 等擅长交互功能设计的开发工具，而动画场景设计专家 Flash，随着版本的升级在交互设计以及各种媒体素材的兼容性方面也大大提高，成为多媒体软件开发的热门工具。

Director、Authorware、Flash 被称为多媒体开发工具“三剑客”。Director 是基于时间轴的开发工具，而 Authorware 是基于流程线的多媒体著作工具，Director 相对于 Authorware 最大的优势在于提供灵活多变的动画技巧，而 Shockweave 3D 与 Shockweave 流媒体技术也是 Director 的特色技术。Director 能有效地管理系统资源，JavaScript 与 Lingo 语言有上千个指令，具有超强互动性，支持外挂，扩展性强，支持各种媒体格式。Flash 可以制作复杂且顺畅的动画与游戏，但运行时较耗费系统资源，其 ActionScript 脚本仅有数百指令。

简单实用的多媒体演示文稿工具 PowerPoint 是基于卡片/页面/slide 的多媒体开发工具，PowerPoint 2007 提供了更多的动画演示技巧，为了制作漂亮精美的演示文稿，我们可以利用网站上提供的各种类型的 PPT 模板，如 PPT 中国(http://www.1ppt.com/)、中国 ppt 模板网(http://www.pptcn.com)等下载 PPT 模板。

近几年 iebook、ZineMaker 等多种使用简单、操作方便的电子杂志制作工具推动了一种新的传媒形式——电子杂志的传播，如徐静蕾的《开啦街拍》、陈鲁豫的《豫约》、杨澜的《澜 LAN》、李湘的《相信》……，电子杂志制作工具为产品展示等提供了多媒体集成的平台，也可以用来制作简单的电子教材，网上也提供了电子杂志模板下载以及功能扩展的网站，如 http://zinemaker.xplus.com 等。

(3) 多媒体应用软件。我们常说的“多媒体软件的设计与开发”是指为了实现某一项目目标，利用多媒体著作工具，按照作者的构思，灵活运用文本、图像、动画、声音和视频影像等媒体元素，能够实现多媒体功能的应用程序。多媒体软件指的就是我们开发的应用程序，本实验教材指导学习者自主选题，独立或与人合作完成的多媒体作品，也是这类多媒体应用软件。

2. 多媒体软件的开发途径

(1) 利用程序设计语言工具。

① 传统语言包括：Basic、Pascal、C/C++ 等。

② 可视化语言包括：Visual Basic、Delphi、Borland C++ Builder、Visual C++、Power Builder 等。

③ Java 语言包括 JDK、Java WorkShop、Visual J++、J++ Builder、Synmatec Expresso、IBM Visual Age for Java、Visual Cafe Pro 等。

(2) 利用通用类著作工具。

① 基于卡/页/帧的工具：HyperCard、PowerPoint、ToolBook、HongTool、“神州之鹰”、“摩天”、方正奥思(Founder Author)、Media Shop 等。

② 基于流程图符的工具：Authorware、IconAuthor、HSC Interactive 等。

③ 基于时序、面向场景的工具：Director、Flash、Timeline、Animation Works Interactive、凯迪等。

④ 电子图书制作工具：iebook、ZineMaker 等。

(3) 利用学科类专门著作工具。如几何画板、超级几何画板等工具，广泛应用于中学数学、物理等学科教学课件的制作。

3. 多媒体作品的评价

表 1-2 是华南师范大学学生多媒体课件比赛的评价指标体系，非教学类型的多媒体作品的评分标准也可以参考该评分体系。从该评价指标体系我们可以看出，多媒体软件的内容设计是最重要的，技术和艺术是为内容服务的，好的多媒体应用软件应该是内容设计、艺术性与技术性的完美结合。

表 1-2 多媒体教学软件的评价指标体系

结构指标	单项指标	标准	分值	等级				得分
				优	良	中	差	
教学内容与教学设计(40 分)	教学定位	教学目标与学习对象明确，能解决教学中的重点和难点	10					
	科学性和规范性	内容准确，无科学性错误，语言、文字和符号规范	8					
	组织结构	符合教学内容的内在逻辑体系，体现认知规律，配有适当的习题和学习反馈	8					
	媒体选择	针对教学内容恰当选择和使用图像、音频、视频、动画等媒体表现形式	8					
	学习导航	有必要的学习帮助与导航，启发引导性强，有利于激发学生学习	6					
技术性(16 分)	交互方式	交互性强，界面直观、友好，符合联想方式，操作方便、灵活	8					
	可靠性	运行可靠稳定，无意外中断	5					
	可操作性	模拟实践环境，注重能力培养	3					
艺术性(14 分)	整体风格	风格统一、符合学科与年级特点，色彩协调	5					
	页面布局	布局合理，层次清晰，简洁美观	4					
	媒体元素	动画模拟逼真、声音效果自然	5					
原创与创新(20 分)	原创	教学主体内容的多媒体元素是作者原创	10					
	创新	内容设计与功能特色新颖且有创意	10					
演示与答辩(10 分)	演示	清晰、逻辑性强，熟练调控，有效排除干扰	5					
	答辩	情绪饱满、亲切、自然、准确规范	5					

五、实验内容与步骤

(一)多媒体计算机的配置

1. 检查多媒体计算机硬件系统的接口与外设的连接

(1) 打开主机机箱。

(2) 识别显卡的位置,检查与显示器的数据线的连接。

(3) 识别声卡的位置,检查与音箱、麦克风、耳机的连接,注意识别声卡的输入输出插口。

(4) 检查鼠标、键盘等输入设备的连接状况。

(5) 查看光驱等外部存储设备。

2. 启动计算机

注意音箱或耳机是否有系统启动的音乐,键盘和鼠标使用是否正常,如果不正常,请查看第一步的接口连接是否有问题。系统正常启动后,请右键单击“我的电脑＞属性＞硬件＞设备管理器”,出现如图 1-6 所示的界面。

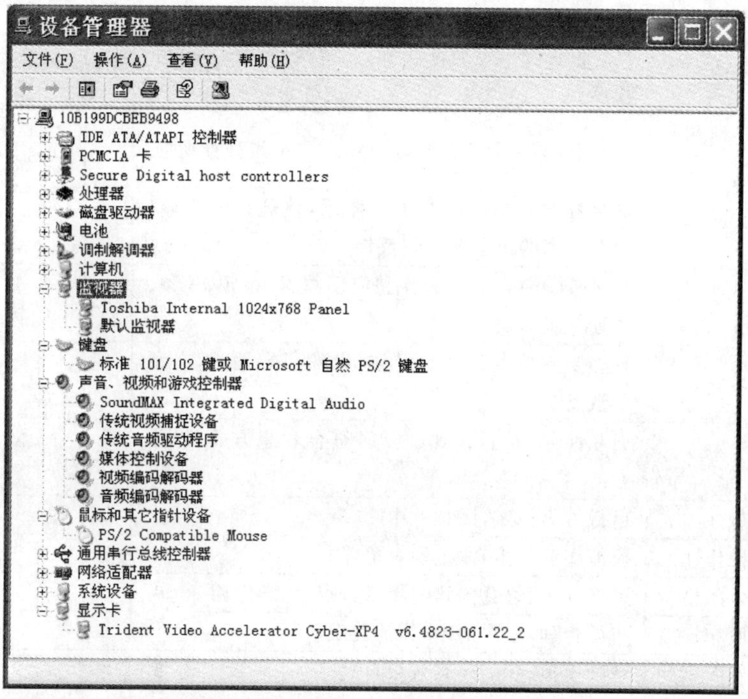

图 1-6 电脑设备管理器示意图

3. 对自己电脑的相关配置数据进行记录

将自己电脑的相关配置数据填入表 1-3 中。

表 1-3 电脑配置表

内容	类型/型号
操作系统	
CPU	
内存	
显示器	
显卡	
声卡	
网卡	
音箱	
鼠标	
键盘	
光驱	

4. 将自己的电脑配置成多媒体电脑

5. 完成实验报告，并写出实验过程中遇到的问题和解决方法

(二) PowerPoint 的基本操作

安装 Powerpoint，并利用它设计制作一个用于求职时展示的“自我介绍”。

利用 PowerPoint 设计制作多媒体演示文稿的一般步骤如下：

确定主题目标→搜集与筛选资料→设计正文架构→添加多媒体元素→准备备注与讲义→不断演练。

1. 注意事项

(1) 针对不同的听众，传达不同信息，了解听众的背景、兴趣、工作性质和知识水平，同时要从听众的角度出发，思考听众想要得到怎样的信息。

(2) 开场白和结尾是演示文稿最重要的地方，因为听众平时最关注开始与结束的几分钟，因此重点的摘要与最后的复习必不可免。

(3) 介绍内容时要尽量避免抽象的名词，尽可能以图表、形象化的实例来演示呈现。

(4) 每张幻灯片必须都有标题，以显示当前的重点，尽量以条列方式显示重点，避免整行文字。

(5) 注意整体时间的把握，演讲时要注意与观众的目光交流，根据听众的反映灵活调整演讲的内容与节奏。

2. 创建一个新的演示文稿

(1) 确定风格，选择设计模版、版面格式与版面的配色方案等。例如，红色代表热烈、庄重，白色有清新、自然的感觉等。色彩选择时也要注意到因为受到环境光线以及投影仪偏色等影响，投影的颜色与电脑颜色略有不同。

(2) 插入文字与设置文字格式。包括文字阴影的设置、文本框填充半透明色、文本框外框线条、项目符号、行距调整、插入艺术字等。

(3) 插入图形、图片、剪贴画、数据关系图、图表等。包括图片的剪辑与文件压缩，将 Excel 图表插入到 PPT 以及图表格式设置等。

(4) 动画与动作技巧。给对象添加动画并编辑动画方案。

(5) 添加动作按钮和超链接。包括画面之间的跳转、网页与外部文件之间的跳转。

(6) 添加多媒体元素。添加影片、声音、动画等多媒体元素。

3. 以小组为单位,展示自己的PPT作品

六、实验讨论与评价

(一) 思考与讨论

1. 简述媒体的概念、特征和分类。
2. 简述多媒体的概念和特征。
3. 多媒体系统的关键技术有哪些?
4. 简述多媒体系统的层次结构。
5. 简述多媒体技术的发展史。
6. 讨论多媒体技术广泛应用于哪些领域。
7. 通过互联网查找并阅览媒体界名人开办的电子杂志,如徐静蕾的《开啦街拍》、陈鲁豫的《豫约》、杨澜的《澜 LAN》、李湘的《相信》等,主要了解他们的主题选择、多媒体应用方式以及如何运作的。

(二) 评价

1. 每人评阅3份往届同学的多媒体优秀作品,并根据评价指标体系进行评分。
2. 为自己和小组其他同学制作的PPT进行评分,并说明特色和不足。

七、实验报告

撰写实验报告,注意写明实验过程中遇到的问题和解决方法。

实验二　多媒体作品的选题与策划

一、实验目的

1. 了解多媒体应用软件的开发步骤。
2. 掌握多媒体应用软件的基本设计原则。
3. 确定一个多媒体作品的选题，并写出选题报告和策划书。

二、实验设备与相关软件

1. 能够连接 Internet 的多媒体计算机。
2. Office 办公软件、MindManager、Visio、ZineMaker 等软件。

三、实验基本理论

（一）多媒体软件设计与开发流程

多媒体软件设计与开发项目的来源一般分为两大类型，一类是用户自身需求，随着信息技术应用的普及，多媒体软件设计与开发越来越“平民化”，一般用户开发多媒体软件会针对个人的需求利用多媒体创作工具，把自己想要表达的信息用多媒体手段进行加工与整合，如一般教师上课使用的多媒体演示文稿，个人的述职报告等；另一类是专业开发团队针对客户的需求进行开发，专业多媒体软件开发涉及的知识面比较广，要求比较高，难度也比较大，一般需要以下步骤，如图 2-1 所示。

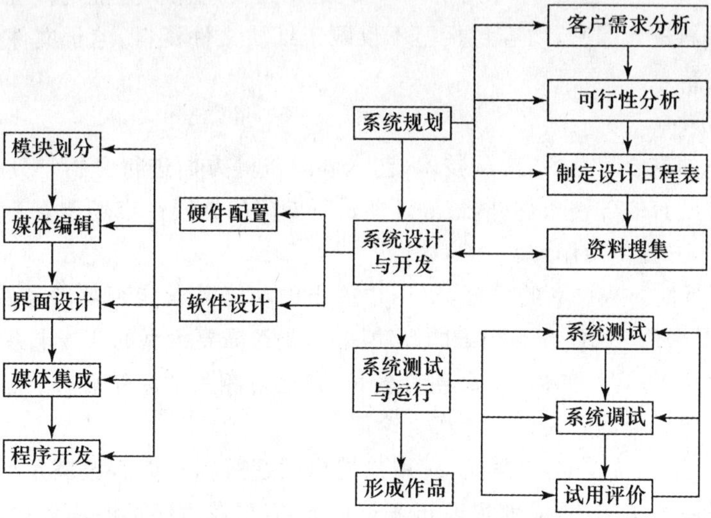

图 2-1　多媒体软件设计与开发流程图

1. 用户需求分析

设计多媒体软件的第一步就是分析用户的需求，用户的需要就是软件产品的开发目标，分析用户需求，确定软件的开发目标以规划整体方案。基于用户的设计（User-Centered Design）指的是软件设计过程中要以用户为中心设计软件、确定本软件所要实现的主要功能和需要完成的主要任务，而不是以某项新技术或者技术人员为中心去开发软件。

（1）通过分析用户提出的要求，来确定系统的主要功能。确定系统的综合要求主要包括：

① 展示信息的功能要求。用户要求展示的内容有哪些？哪些内容最重要？哪些内容可有可无？展示的先后关系有没有要求？内容是否要求随时更新？更新的方式怎样？这些信息将直接影响到多媒体软件的模块划分，通过用户访谈和用户观察等人种学的调查方法，明确要收集的多媒体信息的种类，制定表现手法以及要实现的主要目标。

② 系统性能要求。根据功能要求，确定制作此软件的计算机应具备的最低性能指标。

③ 软件运行要求。最低的软件环境和硬件条件。

④ 系统扩展要求。通过分析用户的要求和该软件所完成任务，明确提出一些扩展要求，这些虽然不是用户明确提出的要求，但是，根据发展用户很可能在使用过程中重新向创作者提出新的要求。如果事先考虑这些因素，就可以在软件设计中为软件功能的扩展留有接口，这是非常必要的。

（2）艺术设计需求分析。即使用户不是从事专业的艺术设计的，一般用户也有自己对色彩风格、音乐基调的喜好，一定要虚心听取用户关于多媒体软件在设计艺术上的要求，将自己的理解与用户进行协商和交流，也可以咨询用户能否提供相关的音乐、图文与动画视频等素材。

（3）安全保障需求分析。通常，用户还会提出软件系统安全保障方面的需求，如：软件的容错能力，也就是抗死机、抗误操作、避免非正常退出、能随时获取操作帮助信息等；信息管理能力，即媒体元素的搜集、整理、检索、更新和访问记录等；内部管理能力，即系统安装后的初始化、管理员权限内退出等；保密协议，用户通常还要求保护企业的商业秘密，对用户提供的一切信息资料进行保密，内容包括但不仅限于纸质文件资料、电子文件、光盘以及沟通中所获得的相关信息。

2. 可行性分析

了解到用户的需求信息后，应从技术、艺术和经济等方面进行分析。分析时，除了结合自身和用户双方已有的各种条件外，最好还能进行专门的软硬件市场调查。分析完毕，应撰写“可行性报告”，并提供给用户。

（1）技术可行性。从技术的角度，对用户提出的功能需求能否被满足做一个完整的分析。比如，用户是否需要3D虚拟场景的互动演示，是否需要大型的声光电系统展示，这些系统的技术水准怎样，稳定性如何，生命期有多长，自己对相关的系统软件、硬件是否熟悉，能否找到合适的合作者等都需要详细考察与论证。

（2）艺术可行性。从艺术的角度，对用户提出的视听需求能否被满足做一个完整的分析。有些效果是否无法实现，或者实现起来非常难，需要花太多的时间和精力，也有可能由于环境的局限性，使某些效果不适合等。

(3) 经济可行性。从经济效益上,看用户的投资预算与其对系统功能期望值是否对称。也就是说,用户出的经费能否开发出他所想要的多媒体软件系统,通常用户希望得到美观、实用和方便的作品,同时钱花得越少越好,而设计和开发者也希望开发精美的作品,但希望钱赚得越多越好,这就需要双方寻找一个都能接受的平衡点,需要双方根据经济可行性报告坦诚协商解决相关问题。

3. 制定日程表

系统设计日程表是保证多媒体软件设计与开发工作有序进行的有效措施,制定得越细致越能起到督促作用。日程表包括软件开发周期有多长、分为几个阶段、各个阶段应该完成的任务、负责人是谁、阶段成果提交的形式等。

4. 资料搜集与管理

资料搜集与管理工作在撰写选题报告之前就要开始进行了,在进行需求分析的同时也要注意资料的搜集,围绕展示主题通过多种渠道进行资料搜集。一般情况下,绝大多数资料可以由用户提供,也可以对用户提供的实物进行扫描或实景拍照、摄像。另外,还可以通过互联网查找与下载、图书馆借阅或者直接购买相关的专业图书或者素材光盘等资料,这些资料可以直接构成软件展示内容的一部分,也可以作为创意的启示等。

对搜集的资料进行科学规范的管理,将会大量节省软件设计过程中资料检索的时间,从而大大提高软件设计的效率。对资料进行科学管理的方法,主要是要对搜集的素材资料进行合理命名、科学分类,将不同类别的资料文件放置在不同的文件夹中,这就是"文件夹管理法",文件夹通常以素材类型,如文本、图片、声音和视频等进行分类,也可以按照资料内容所属的章节进行划分。

(二) 选题报告与策划书的撰写

选题就是选择、确定制作多媒体软件的课题。选择课题是与选择信息媒体表现的手段相互关联的。多媒体软件开发选题范围一般是没有限制的,但必须经过认真思考和文献研究,并遵循以下两个原则:

一是扬长避短原则,多媒体不是"万能的",多媒体软件的选题应选择能充分发挥多媒体软件的长处的课题,如化抽象为具体。直观形象化是多媒体的优势,发挥多种媒体整合的优势,而不是单一媒体的优势,寓教于乐,通过生动性、趣味性调动观众或学习者的注意力,通过多种人机交互手段,增强互动性,让观众参与到课件的学习活动当中。

二是媒体选择率原则,媒体选择率就是产品的效益与制作所花的人力、物力成本之比值:

$$媒体选择率=\frac{产品效益}{制作成本}。$$

因此,一般的只作为演示或展示用,我们首先考虑用 Powerpoint 等演示文稿工具,制作简单演示方便;内容稍微复杂,需要时尚动态元素的我们可以考虑用电子杂志编辑工具;较多的动作性和运动变化过程的演示,可以考虑利用视频编辑工具制作。而适用面比较广的,一些重点、难点或热点的内容才考虑作为多媒体软件的课题进行设计与开发,此外,作者也应尽量选择自己熟悉或者感兴趣的主题。

主题确定后，撰写选题报告和策划书一般包括以下内容：

1. 用户的分析报告

包括：用户基本信息、用户的计算机应用水平、扩展用户、用户的一般特点和使用风格或者学习风格等的分析。

软件开发先驱 Alan Cooper 将用户分为新手用户（Beginner）、中间用户（Intermediate）和专家用户（Expert）三类，提出了没有用户愿意永远做新手用户，只有少数用户才会成为专家用户的概念。因此，大多数用户都是永久的中间用户（Perpetual Intermediate User），设计应该为中间用户优化。①

2. 系统环境与功能分析

包括：用户使用场合的基本硬件、软件环境和辅助设备等的分析与应对策略。

3. 成本效益分析报告

包括：系统管理效益、经济效益、市场潜力；人力投入、资金预算；时间花费；资金消耗、资金来源；信息的使用价值；使用频率（指要使用的多媒体数据）。

4. 系统内容分析报告

包括：系统总体设计流程；系统的内容框架图也是软件制作完成后呈现给用户的内容导航图。

多媒体系统的内容框架结构设计就是规划和设计多媒体软件的内容信息结构和链接关系，要求从全局和整体的角度，设计各部分界面之间相互链接的拓扑结构，并用框架图或演示文档的方式描绘出来。框架图属于精炼、简洁、图表式的逻辑设计表达，通过框架，能够反映出交互设计是否合理、思路是否清晰。

常见的内容框架结构图有线性结构、树状结构和网状结构。

（1）线性结构。线性结构表现较单一，通常可以按照时间顺序、空间方位或者内容逻辑结构层层递进的方式展开，这类结构适用于内容较单一的多媒体作品的设计，如图 2-2 所示。

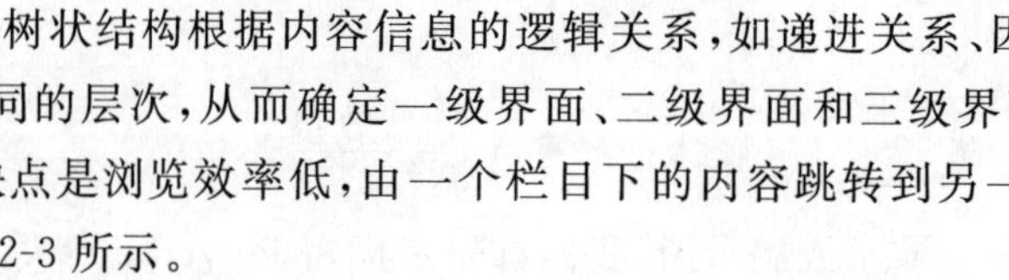

图 2-2　线性框架结构图

（2）树状结构。树状结构根据内容信息的逻辑关系，如递进关系、因果关系和条件关系等，将内容划分为不同的层次，从而确定一级界面、二级界面和三级界面，其优点是条理分明，访问路线清晰；缺点是浏览效率低，由一个栏目下的内容跳转到另一个栏目的内容通常要经过主菜单，如图 2-3 所示。

① （美）Alan Cooper，Robert Reimann. About Face 2.0 软件观念革命——交互设计精髓[M]. 詹剑峰，张知非，译. 北京：电子工业出版社，2005：35.

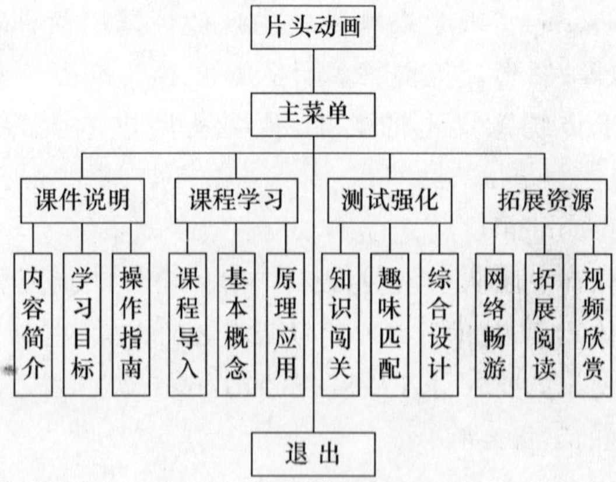

图 2-3 树状框架结构图

(3) 网状结构。网状结构中的每个界面之间几乎都建立了链接,其优点是浏览方便,没有明显的级别区别,缺点是必须在每个界面内设计专门的导航按钮来设置超链接,容易造成浏览者的“迷航”,降低了内容访问的有效性,如图 2-4 所示。

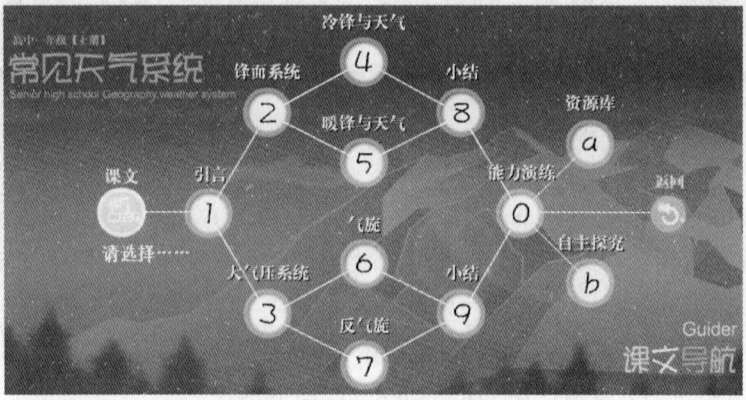

图 2-4 网状框架结构图

(三) 多媒体软件开发的人员构成

多媒体应用软件开发人员由项目管理、创意设计和技术开发人员构成。

1. 项目管理人员(Project Management)

项目管理人员也叫项目经理,他们需要具有多媒体开发项目的经验,甚至应该熟悉各个开发人员的具体工作,具有良好的组织协调能力,把掌握开发过程和了解项目需求的技术人员组织在一起。项目管理者负责搜集材料,划分开发进程,分配预算,并且尽可能使项目进展顺利。

2. 创意设计人员(Creative)

创意设计是一个企业也是一个产品得以生存的源泉,软件的创意设计人员一般包括软件的文字脚本编写设计人员和图形交互界面设计人员。文字脚本编写设计人员也叫教学设计师(Instruction Designer),教学设计师的主要设计采用何种策略组织信息,包括信息的设计与信息的架构等;图形交互界面设计人员也称为交互设计师(Interaction Designer),交互设计师不同于传统意义上的美工,他要从用户体验的角度去进行人性化的设计。

3. 技术开发人员(Technical)

在一个典型的多媒体开发团队中,创意设计与技术开发小组要紧密合作。创意设计小组为项目设计结构和媒体元素,技术开发小组以最有效的方式去实现,这需要彼此了解对方的角色和责任。技术开发人员要求对各种语言(如 Lingo、C++ 和 Java)和软件平台有良好的了解,有各种系统平台的工作经验。

(四) 脚本的编写

1. 脚本的类型

脚本可以分为文字脚本和分镜脚本。

(1) 文字脚本。文字脚本一般包括多媒体软件的使用对象与使用方式的说明,内容框架结构的设计,以及软件画面呈现效果的描述,对于教学软件文字脚本多数是对教学知识点与教学目标的分析,参见附录。

(2) 分镜脚本(Storyboard 故事板)。分镜脚本也叫做制作脚本,即故事板,源自电影拍摄程序的记事板,指在影片的实际拍摄或绘制之前,以图表、图示的方式说明影像的构成,将连续画面分解成以一次运动镜头为单位,并且标注运镜方式、时间长度、对白、特效等,也有人将故事板称为"可视剧本"(Visual Script),让导演、摄影师、布景师和演员在镜头开拍之前,对镜头建立起统一的视觉概念。相关信息可以参考下列网站:

http://www.dicomics.com/storyboardschool/

http://www.pingmag.jp/2006/10/27/storyboard-design/

http://www.adobe.com/education/digkids/lessons/storyboards.html

在多媒体软件设计中,通常用简笔画的形式辅助说明画面的内容结构与转场动画效果等,如图 2-5 所示。此外利用表格方式的故事板也很常见,如表 2-1 所示。

图 2-5 简笔画故事板

表 2-1　表格式分镜脚本

<table>
<tr><th>页面效果</th><th>页面文字</th><th>语音</th></tr>
<tr><td>对应语音，出现相应的内容。
当语音读到“非洲向来打赤脚”时，用“一双黑色的光脚图”表现。
分别用卡通人物和动作、表情来表现两个推销员“沮丧而回”、“发大财而回”的情形。
在画面上表现两个推销员不同的想法、不同的结果，形成对比</td><td>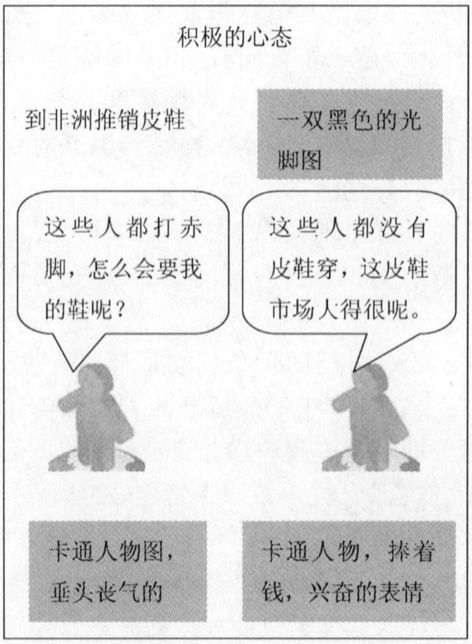
</td><td>（旁白）：第一部分，积极的心态。
管理上有一个经典的故事：两个欧洲人到非洲去推销皮鞋。
但非洲人向来都打赤脚。第一个推销员看到这情形，立刻失望起来：“这些人都打赤脚，怎么会要我的鞋呢？”于是他放弃努力，沮丧而回；另一个推销员则惊喜万分：“这些人都没有皮鞋穿，这皮鞋市场大得很呢。”他引导非洲人买皮鞋，成功而回</td></tr>
</table>

2. 脚本设计与编写要求

(1) 流畅性。拿到一个脚本，最起码的要求是文字读起来要非常流畅、朗朗上口，如果连基本的语句都读不通，用户听起来就会觉得很累。影响语句流畅性的因素主要是脚本人员本身就没有把问题说清楚，这可能和自己的理解能力及表达能力有关，也可能是问题本身就很难表述。这就需要脚本人员在实际编写过程中不断加以改正和积累经验，碰到相应情况后应该能够找到解决方法。在编写过程中应该尽可能地形成一个统一规范，避免个人色彩太浓，避免方言的掺杂。

(2) 通俗性。我们的最终目的是要教别人学会这种软件，如果写出来的文字别人看都看不懂，无法理解，这个产品就是一个失败的产品。通俗易懂、一学就会是一种理想情况，为了给人以说服力，可以给脚本增加适当的专业性，但我们的解释一定要通俗，既要让人一看就懂，又要留有探索研究的余地。要是你的软件别人看一遍就会了，那就没有购买的必要了，因此也应该有值得回味的地方。

(3) 生动性。生动性和趣味性可以激发用户观看多媒体演示的兴趣。注意演示的表现手法的多样性，充分发挥 Director 的多媒体特性。我们可以通过产品本身的生动性和趣味性给用户增加一种学习的愿望。这样一来，哪怕是不想学这种软件的人，看到我们的产品很有趣，也有可能会购买。就好像公司里大家都喜欢看三维动画的宣传光盘一样。脚本的生动性还体现在文字优美动听，不生硬。有的脚本虽然很生动，列举了一些生活中有趣的实例，但语句组织的不好，最终效果还是不尽如人意。有时为了增加脚本的生动性，我们会在脚本中增加一些调侃的语句，特别是在脚本中有人物和场景的情况下，此时就应该避免脚本中的调侃语句过多。就像上课时间老师在和学生进行聊天，学生学不到东西，学生就会有抱怨。

(4) 科学性。产品本身一定要做到正确和科学。就好像老师教学生,如果老师教的是错误的,后果将是不堪设想的。对相关术语的解释,除了参考相关的书籍外,最主要的还是以该软件的帮助文件为主,帮助文件中没有的解释就需要脚本人员自己进行分析了。对于实在无法解释的知识点,可以暂时回避一下。同时,相关的解释一定要相对严谨,不能含糊不清,不能似是而非,模棱两可。科学性的体现还表现在对各知识点的划分是否科学,因为我们是要由浅到深地向用户传授知识,所以脚本结构和知识点的划分应该具有一定的科学性,符合人们学习的一般过程和掌握速度。

(5) 逻辑性。脚本的逻辑性主要体现在内容的前后安排上。一般过程都是由浅到深,逐步深入的。在写脚本前要对所有知识点进行归纳概括,脚本要合乎逻辑,也要合乎条理,最好能参考某一本教材的目录。

(6) 亲和度。一个产品如果能有自己的形象代表是最好不过了,因为熟悉的对象会给人一种亲切感和信任感,这就需要在脚本里添加适当的人物角色和场景。脚本应该体现出一种人性化的色彩。用户在学习的过程中应该感觉到轻松愉快的心情,而不是紧张和压抑,这也是多媒体教学软件不同于常规课堂教学的一大特点,在脚本中体现出来就是要避免像“你必须……否则的话……”这样的句子出现,可以采用第一人称以“我们可以……”来替代,要让用户觉得是有人在带着他一起学习,而不是强制他去学习。

(7) 幽默性。幽默性的体现可能是脚本中最难达到的一点要求了。幽默不仅对文字本身有较高要求,而且更主要的是要体现出其内涵,让人觉得有韵味,让人在笑后回味深长。当前的教学软件几乎没有一个能达到这一要求的,偶尔有的一些则显得较为做作。幽默并不要在全篇脚本中处处都有,每个实例都能体现一点是最好不过了。

(8) 附属文档。脚本写完后,还要编写本产品的内容简介和包装盒上的说明文字。内容简介应该富有概括性和生动性,能够准确表达本套产品的主要内容,能够表现本公司教学产品的教学方式。编写包装盒的生动文字时还应该截取具有代表性的几幅图片。

3. 对脚本编写人员的要求

(1) 熟悉要编写脚本的软件内容主题。脚本编写人员最基本的要求是绝对熟悉准备编写脚本的软件主题内容,这需要脚本编写人员要深入研究该主题的相关内容,如果连自己都不会就谈不上采用何种教学策略去教别人了。

(2) 具有一定的想象力和创造力,能够根据脚本制定人物和场景。在编写脚本之前,首先可以考虑需不需要在脚本中增加人物对话和场景等。如果需要人物,则人物的起名、表情、动作和相关身份等都应该有个大致的规划设想。如果需要场景,则要考虑具体为什么场景,是在一个教室里、办公室里还是其他地方等。脚本编写人员可以先提出一个大致的蓝图,然后和美工人员进行商讨。同时,脚本本身除了具体的实例讲解外,还应该有一点其他的创作手法,例如在实例后面添加对本例知识点的巩固方式,例如原有的练习题,在上一个实例中给出下一个实例的提示等,这都需要脚本人员具有相当的创造性。

(3) 能够向美工传达自己所要表达的意思。在具体编写脚本的过程中,应该能够根据相关内容进行发挥,有的地方可能需要一幅图片或一个动画,能够向美工传达自己所要表达的意思。

(4) 具有从全局把握软件的能力。在编写脚本之前,脚本人员需要对软件进行全面分析,制定软件的教学策略,总结出哪些内容是重点,应该选用哪些典型的案例进行讲解等。

(5) 拥有较强的专业技能和一定的艺术修养。多媒体软件要求技术和艺术的完美结合,因而要求脚本编写人员不仅了解当前多媒体技术所能实现的功能,也需要带给观众美的享受,因而需要脚本编写人员具有一定的艺术修养。

(6) 具有较强的分析问题和阐述问题的能力。产品的最基本目的就是为了让人能学会一种软件,因此我们的脚本一定要把问题说清楚。对各知识点的讲解一定要有条有理、有根有据。如何把复杂的问题说得通俗,如何把简单的问题变得有趣,如何对少的内容进行发挥、补充和扩展,如何对重复的内容进行精简压缩,这都需要脚本编写人员具有一个聪明的头脑。

(五) 媒体的选择与设计

1. 媒体的选择

没有任何一种媒体在所有的场合都是最优的,每种媒体都有各自擅长的特定范围,各种媒体功能参考如下:

(1) 文本。从戴尔的"经验之塔"中可以看出,文本的抽象层次比较高,在表现概念和刻画细节时可用其表现。多媒体作品中文本的呈现时间等因素还可以让用户自主控制,提高了阅读的灵活性;超文本链接技术更加方便学习者的阅读与理解。

(2) 图形、图像。图像能够提供逼真、生动、形象的较高质量的感知材料。图形是较为抽象化地表达思想轮廓或蕴含于大量数值数据内的趋向性信息。图形、图像在空间信息表达方面有较大的优势。

(3) 动画。动画有利于描述事物运动、变化的过程,通过夸张等手法,忽略次要因素突出强化其本质要素。创造设计生动有趣的动画,有利于激发学习者的学习兴趣和积极性。

(4) 音频。音频属于过程性信息,有利于限定和解释画面。标准的解说、动听的轻音乐有利于集中用户的注意力使对话信息突出,特别是在与文字、动画和视频等媒体结合时能传递大量的信息。

(5) 视频。与动画相比,视频多用来表现来自现实世界真实生活的事件和情景。但随着数字视频特技与三维动画等技术的发展,声像结合的视频影像在多媒体作品的片头动画等部分的表现中,具有信息量大、感染力更强的优势。

2. 媒体选择的结合与互补性原则

我们在媒体设计的过程中要注意媒体间的结合与优势互补性原则。

(1) 人们在问题求解过程的不同阶段对信息媒体有不同需要。一般可以在最初的探索阶段采用能提供直观形象的具体信息的媒体,如语音、图像等;后面的分析归纳阶段,可以采用描述抽象概念的文本媒体。而一些直观形象的图形、动画等元素,适合于中间过程性知识的理解与探索。

(2) 媒体结合是媒体设计的重点。媒体之间可以互相支持,也会互相干扰,多种媒体应密切相关,扣紧一个表现主题,不应把不相关的媒体内容拼凑在一起。媒体结合在技术上主要通过空间结合的手段,即在一个窗口中提供多种媒体的信息组合;而对于这些图文声像等,随时间变化的动态同步效果的实现,就是媒体结合的时间序列组合的手段。

(3) 媒体资源并非越多越好。有的时候,简单就是美。除了要能够把信息表达得形象生动,思路清楚,还要注意遵循信息最小量原则。屏幕画面中过多的信息资源,容易分散用户注意力,增加用户记忆负担。

3. 媒体设计的注意事项

在为用户设计制作多媒体信息系统时,媒体设计方面应该注意以下几点:

(1) 形象的统一性。在界面等设计上保持和公司形象的统一,体现公司的规范化。

(2) 设计的创意性。设计上不落俗套,力求创意,体现产品的人性化,突出公司的实力。

(3) 表现形式的多样性。制作上运用多种表现形式,充分展示多媒体多姿多彩的魅力。

(4) 方便导航和检索。在多媒体软件的每一页面,都设有导航图标,可切换到导航栏目,此栏目是整个光盘的导航地图,用户通过单击导航地图上的任一节点,可直接跳转至感兴趣的栏目而无需层层进入。另外主页上的帮助图标可以为不会操作者提供使用帮助。

(5) 提供方便的媒体控制。如视频自动播放形式使表现形式更加活泼,操作更加简单;而增加声音控制功能,用户可以在主界面上随时选择声音的开或关。

(6) 提供高质量的媒体素材。例如,各种媒体素材图片、视频等,最好能够自己拍摄制作,不仅能有独立的版权,也能够保障素材质量,而解说配音的内容可请专业配音演员录制。

四、实验内容与步骤

(一) 确定合作伙伴

两人一个小组,合作伙伴可以自由结合,也可以由老师随机指定。

自由结合的小组成员可以取长补短,采用优势互补的原则,比如一位同学擅长平面设计、动画制作,另一位同学负责脚本编写、进行交互设计;一位同学负责内容设计与策划,另一位同学负责系统设计与功能实现。由老师随机指定的小组,容易产生两位从来没有合作经验的搭档,来共同完成选题策划以及以后的软件设计与开发,更能培养学生的合作精神和合作能力。

(二) 查找资料确定选题

1. 查看历届优秀学生作品,寻找选题思路。

2. 可以从个人的兴趣和爱好出发,也可以追寻当今社会的热点问题,通过互联网、图书馆等手段查找相关资料,确定选题,注意作品要有一定的实际应用价值和特定的用户群。

(三) 确定作品总体印象

作品的总体印象是对课件的目的、内容、风格、结构、顺序、屏幕显示布局等的粗略形象的表述,为进一步详细设计提供初步的轮廓。

1. 初步构思

初步构思主要通过开展头脑风暴活动来进行。“头脑风暴”原意是指精神病患者神经错乱和胡言乱语,而现在转义为设计人员可以无拘无束、自由奔放地思考问题,用来鼓励针对某个问题或者议题而产生各种各样点子的技巧的创造性思维活动。

项目成员坐在一起，由一个人开始引出关于项目的话题，例如软件类型或交互方式，提出自己的设想，其他成员在很短的时间里，随之自由选择话题发言，不加任何限制地去思索、讨论提出来的问题，连锁式地产生众多意见，但不对他人的意见做任何评论。讨论时如果思路很多，可以有顺序地围绕一个又一个思路展开头脑风暴。要注意把大家的思路全写下来，最好写在黑/白板或者大纸上，以便大家都能看到，还要有专人来做整理。这种方法的好处是可使与会者互相启发、互相影响、互相刺激，产生灵感，诱发创造性设想。

头脑风暴活动是不做价值判断的集思广益的方法，目的是产生尽可能多的创意，结果将产生大量有见解的想法。在头脑风暴产生设想的基础上，按照多媒体软件总体印象的各个方面进行归纳和筛选，例如，创意设计是否符合用户的年龄等特征分析，是否受到系统软硬件条件的限制，是否超出了开发人员的能力范围等，最终形成较为可行的初步构思。

头脑风暴的四项准则：①

第一，说出忽然想到的想法（无拘束、多样化、差异）。

第二，鼓励思路数量。

第三，沿着他人的思路进行外推、类比、对比。

第四，不批评（既不批评自己，也不批评别人）。

2. 思维导图工具 MindManager 的应用

项目成员人数相对较少，或者个人解决复杂问题时，经常利用如图 2-6 所示的 MindManager 来创建概念图，其基本操作如下：

（1）双击节点输入文字。

（2）按 Enter 键产生同级新节点。

（3）按 Insert 键增加下一级节点。

（4）鼠标在节点时，单击右键可以创新节点的超链接、设定图标示等。

（5）把文件夹的资料直接拖至概念图，可以创建新的节点及链接。

（6）使用查看菜单中的简报模式播放、讲解思维导图。

图 2-6　思维导图工具 MindManager

---

① （美）瑞奇. 头脑风暴[M]. 黄蓓蓓，孟涛，译. 北京：金城出版社，2005.1：3.

3. 快速原型法

原型是软件最终产品的模拟版，反映最终产品的部分重要特征，主要用于评价和反馈，以便完成最终产品。快速原型法是在开发过程中快速制作并即时得到反馈意见的原型，可以用多媒体开发工具如 Director 等制作，原型的屏幕对象可以用简单的图形或文本框等示意各种媒体元素，只需完成几个有代表性的页面即可。制作快速原型也可以与头脑风暴结合，在制作中根据项目成员的意见修改，或是同时制作几个不同版本，通过讨论或直接拿给客户以确定最终的设计方案。

4. 如何更有创意

知识是良好的创造性思维的根本，但只死记硬背一些知识是远远不够的，这些知识必须被消化，而且最终以“鲜活的结合和崭新的关系”这样的形式出现。爱因斯坦把这称为直觉，而 James Webb Young 则认为这是获得新的顿悟的唯一途径，James 认为有创意的人有以下共性①：

第一，对阳光下的一切都感兴趣。

第二，泛涉猎各个领域的信息，汲取营养。

第三，旧元素，新组合。

第四，先做对，后做好。

(四) 撰写作品策划书

1. 作品策划书要求

主题表达明确；需求分析合理；有明确的使用对象和用户分析；画出内容框架图；还要包括功能设计与整体风格设计以及合作分工、工作进度计划等内容。

2. 完成策划书

以小组为单位，利用 ZineMaker 等电子杂志工具，将小组作品策划书以电子杂志的形式制作并展示给其他小组，由老师或其他小组对其项目策划书提出修改意见。

五、实验讨论与评价

(一) 思考与讨论

1. 简述多媒体软件设计与开发的步骤。
2. 多媒体软件项目开发小组需要怎样的人员构成？他们各需要怎样的素质和能力？
3. 多媒体作品的成败关键在于创意设计，我们如何才能设计出有创意的作品？

(二) 评价

1. 教师课堂演示并评析历届学生优秀作品，以开阔学生的选题思路。
2. 教师评价与反馈学生作品策划，注意选题不宜过大，尽量引导学生选择“小而精”的主题，在模仿他人作品的基础上设计出具有自己风格和特色的作品。

① (美) James Webb Young. 创意[M]. 李旭大，译. 北京：中国海关出版社，2004.10：20.

六、实验报告

撰写实验报告，注意写明实验过程中遇到的问题和解决方法。

附　录

"教育传播系统"多媒体教学软件文字脚本

软件名称	教育传播系统		
文字脚本编写	刘梦莲		
编者单位	华南师范大学教育信息技术学院		
制作单位	—		
适用对象	教育技术专业本科生		
使用方式	1. 资料库	2. 课堂演示	3. 操练复习
	4. 个别化系统学习	5. 仿真试验	6. 其他

教学内容知识点划分

教学单元	知识点	教学目标
教育传播系统概述	传播的概念、教育传播系统的概念 教育传播系统的构成要素及其相互关系 教育传播系统的结构和功能 教育传播系统的控制	1. 明确系统、教育传播系统、要素、教育传播控制系统等概念。 2. 阐述教育传播系统的组成要素以及要素间的相互关系。 3. 阐明教育传播系统的整个功能。 4. 分析教育传播系统的信息控制过程
教育传播过程和模式	传播的模式 教育传播过程 教育传播过程的几种主要模式	1. 阐述模式的概念和功能。 2. 理解传播过程的基本要素和几个阶段。 3. 分析集中典型的传播模式
教育传播信息	信息的界定 教育信息	1. 理解信息的含义。 2. 阐述教育信息的类型与特征
教育传播符号	符号的本质 符号的类型	1. 阐述传播符号的本质意义。 2. 理解传播中的语言符号与非语言符号。 3. 理解教育中常用的传播符号
教育传播通道和媒体	教育传播通道 教育传播媒体	1. 理解教育传播通道的组成要素。 2. 理解媒体以及媒体在教育中的应用

序号	画面及文字	制作说明	解说词	备注
1	T：教育传播系统（各种利用媒体进行教育传播的画面组成一个系统） T1：H1 系统概述 T2：H2 系统构成 T3：H3 典型教育系统	H1：跳到序号 2 H2：跳到序号 3 H3：跳到序号 4	教育传播系统是一个传递教育信息，实现一定的教育目的，由各种相互联系、相互作用的要素构成的，具有教育功能的综合体。教育传播系统具有教育性、整体性、开放性、动态性和多样性等特点	

续表

序号	画面及文字	制作说明	解说词	备注
2	T：系统概述 T1：H4 传播的概念、教育传播系统的概念 T2：H5 教育传播系统的构成要素及其相互关系 T3：H6 教育传播系统的结构和功能 T4：H7 教育传播系统的控制	H4：跳到序号 5 H5：跳到序号 6 H6：跳到序号 7 H7：跳到序号 8	系统就是有两个以上相互作用和相互联系的组合要素结合而成的，是有特定的整体结构和适应环境的特定功能的有机整体	
3	T：系统构成 T1：H8 教育传播过程和模式 T2：H9 教育传播信息 T3：H10 教育传播符号 T4：H11 教育传播通道和媒体 T5：H12 教育传播的教师和学生 T6：H13 教育传播环境 T7：H14 教育传播效果	H8：跳到序号 9 H9：跳到序号 10 H10：跳到序号 11 H11：跳到序号 12 H12：跳到序号 13 H13：跳到序号 14 H14：跳到序号 15		
4	T：典型教育系统 T1：H15 课堂教学传播 T2：H16 远距离教育传播 T3：H17 自学传播	H15：跳到序号 16 H16：跳到序号 17 H17：跳到序号 18		
5	T：传播的概念、教育传播系统的概念 T1：H18 传播 T2：H19 教育传播系统 T3：H20 返回目录	H18 跳到序号 19 H19 跳到序号 20 H20 返回 2		
6	T：教育传播系统的构成要素及其相互关系 T1：教育传播系统的构成要素：…… T2：教育传播系统各要素之间的关系：…… T3：H21 返回目录	H21 返回 2	关于教育系统的构成要素，有多种回答。有二要素说、三要素说、四要素说、五要素说和六要素说。我们这里采取四要素说	
7	T：教育传播系统的结构和功能 T1：教育传播系统的结构：…… T2：教育传播系统的功能：…… T3：H22：返回目录	H22 返回 2		
8	T：教育传播系统的控制 T1：教育传播控制系统：…… T2：H23：返回目录	H23 返回 2		
9	T：教育传播过程和模式 T1：H24：传播的模式 T2：H25：教育传播过程 T3：H26：教育传播过程的几种主要模式	H24 跳到序号 21 H25 跳到序号 22 H26 跳到序号 23	教育传播是人类传播活动的一种特殊的、复杂的传播活动。人类在对传播活动进行研究的过程中，建立了多种模式	

续表

序号	画面及文字	制作说明	解说词	备注
10	T：教育传播信息 T1：H27：信息的界定 T2：H28：教育信息	H27 跳到序号 24 H28 跳到序号 25	信息是教育传播系统的主要要素之一。弄清信息的本质与特性，对研究教育信息的传送、接收与加工处理具有重大意义	
11	T：教育传播符号 T1：H29：符号的本质 T2：H30：符号的类型	H29 跳到序号 26 H30 跳到序号 27	表征信息的方式多种多样，可以用语言来描述，也可用文字来描写，或者用拍摄电影、电视的活动图像去呈现。这里所用的语言、文字和图像就是表征信息的符号	

注：脚本中出现的 T、H、M、G、S、B 分别代表各种不同的教学内容表达形式：

T——文字；H——热字(同时采用下划线表示)；M——动画；G——图形；S——声音；B——按钮。

实验三 图像素材的获取与编辑

一、实验目的

1. 了解数字图像的基础知识。
2. 学会图像素材资源获取的一般方法。
3. 学会使用屏幕截取软件采集电脑屏幕显示的图像。
4. 熟练应用 Photoshop 软件进行图像处理与合成。

二、实验设备与相关软件

1. 能够连接 Internet 的多媒体计算机。
2. 数码相机、扫描仪各一台。
3. Photoshop 等软件。

三、实验基本理论

(一) 图形和图像

图形(Graphics)通常指用计算机绘制(Draw)的图画,如直线、圆、圆弧、矩形、任意曲线和图表等;图像(Image)一般指在自然界中真实存在的图案,是客观反映事物的载体,如数码照片等。

计算机中图片可分为两大类:位图(位映象)图像和矢量(向量)图形。位图是对图像的数字化,它易于描述真实景物,而真实世界中的景物或对象可以通过数码相机、扫描仪等仪器生成,能够在计算机中显示;而矢量图是易于表达艺术家设计的图形。

1. 位图图像

位图图像是由像素组成,将图片作为一系列的像素点进行定义,每个像素都被分配一个特定位置和影像色彩信息,位图也称为"点阵式"的图形。像素(Pixel,Picture Element 的缩写)是屏幕上可以显示和表示的单个图点的最小单位。位图通过显示器像素点的颜色和亮度来反映原始的图像效果,适合表现照片图像或色彩较丰富、形状较繁杂的图形。

位图图像具有以下特点:

(1) 文件所占的存储空间大。

(2) 位图放大时会出现马赛克现象,放大到一定倍数后,会产生锯齿,如图 3-1 所示。

(3) 位图图像在表现色彩、色调方面的效果比矢量图更加优越,尤其在表现图像的阴影和色彩的细微变化方面效果更佳。

常用的位图编辑软件有 Photoshop、Painter、Fireworks 等，在 Director 等多媒体编辑平台中性能良好，可同时使用上百张位图。

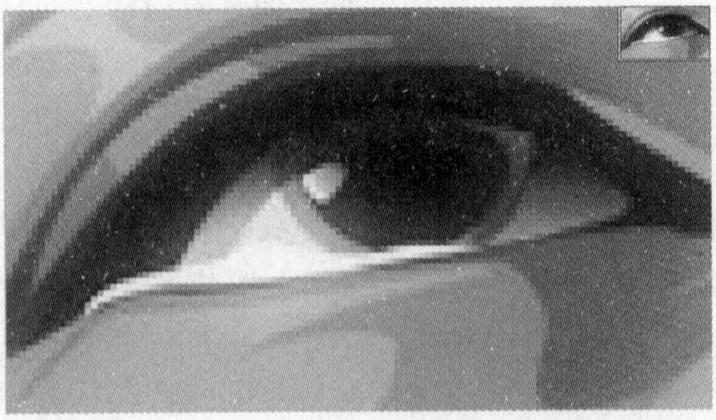

图 3-1 位图图像

2. 矢量图形

矢量图形是对图形几何外形的数学描述，它所描述的几何信息包括线条的粗细、填充的颜色以及其他一些可以使用数学方法描述的特性。矢量图形比较适合用于卡通或一般色彩较不复杂的图像。

矢量图形具有以下特点：

(1) 矢量图形文件与分辨率和图像大小无关，只与图像的复杂程度有关。与位图相比，矢量图形所占据的存储空间更少，从而在从因特网上对矢量图形下载的时候，速度比位图要快得多。

(2) 矢量图在放大的时候不会失真，图像可以无级缩放。对图形进行缩放、旋转或变形操作时，图形不会产生锯齿效果。

(3) 可采取高分辨率印刷，矢量图形文件可以在任何输出设备上以打印或印刷的最高分辨率进行打印输出。

常用的矢量图编辑软件有 Flash、Illustrator、Freehand、CorelDRAW 等，在 Director 等多媒体编辑平台中性能较差，使用大量复杂的矢量图，会使得电影播放变得缓慢且延迟。

(二) 常用数字图像的参数

1. 分辨率

分辨率是指在单位长度内所含有的点(像素)的多少，分辨率可以分为以下几种类型：

(1) 图像分辨率。图像分辨率指的是每英寸(1 英寸＝2.54cm)图像含有多少个点或像素。分辨率的单位为 dpi(Dot Per Inch)，例如，250dpi 表示的就是该图像每英寸含有 250 个像素点。在 Photoshop 中也可以用 cm 为单位来计算分辨率。

(2) 设备分辨率(Device Resolution)。又称输出分辨率，指的是各类输出设备每英寸上可产生的点数，如显示器的屏幕分辨率一般在 60～120dpi 之间，而打印机的设备分辨率则通常在 180～720dpi 之间，数值越高，图像效果越好。

(3) 位分辨率(Bit Resolution)。位分辨率又称像素分辨率或色彩深度，即位深，是用来衡量每个像素储存信息的位数。如一个 24 位的 RGB 图像，表示该图像的三原色 R,G,B 各用了 8bit，三者共用了 24bit。

2. 图像深度与颜色

图像深度是指图像中每个像素的数据所占的位数，也就是通常所说的图片颜色的位深(Color Depth)，如8b图像、16b图像。图像的每个像素对应的数据通常可以是1～36b，用来存放该像素点的颜色、亮度等信息，数据位数越多，所对应的颜色数量也就越多。如1b图像只能呈现黑白两色的效果，2b图像能呈现黑色、深灰色、浅灰色和白色4种颜色。同理，4b图片能表现的颜色有16($2^4=16$)种，8b图片能利用256($2^8=256$)种颜色描绘出更加美丽的图案，16b图片能够使用2^{16}种颜色，24b的图片能够表现出2^{24}种颜色，这1 600万种颜色差不多可以呈现出所有肉眼能辨识的颜色了。而32b图像并不是颜色更多，而是加上了一层Alpha通道(Alpha Channel)，就是一张24b的图片加上一个8b的灰阶Alpha Channel图形，从而结合成一张32b图像。Alpha通道可以当作“屏蔽”(Mask)来使用，通过Mask可以制作半透明的效果，也叫做边缘柔化效果，如灯光、影子、云雾、火光等，如果想使用带有透明背景的图像时，也可以直接使用32位的图形文件。

3. 色相、明度和纯度

色相也叫色别，指颜色具体的色彩面貌，如玫瑰红、柠檬黄、翠绿等，色相是颜色最明显的特征，主要用来区别各种不同的色彩，辨别色彩的色相一是靠观察，二是靠比较。

明度也称为亮度、光度或鲜明度，指颜色本身的深浅程度。明度有两种含义，一是指同一种颜色由于受光强弱不同而形成的明暗、深浅程度。如，同一种绿色可有明绿、绿、暗绿等由明到暗的色彩变化。二是对于不同的色彩来说，也同样有明度的问题，如赤橙黄绿青蓝紫七种颜色中，黄色最亮，蓝色较暗，其他几种色彩的明度处于亮与暗之间。

纯度也称颜色的饱和度，是指图像颜色的纯粹程度。当一种颜色的色素含量达到极限时，颜色纯度最纯的是该色彩的固有色，即该色相的标准色，我们通常说这个颜色达到了饱和的程度。白色和灰色都是中性色，在一种颜色中不断加入白色或灰色，不会改变原来颜色的色别，只是改变了色彩的纯度，使其纯度降低。一般设计少年儿童使用的多媒体课件色彩纯度要求比较高，而随着用户年龄的增长，界面色彩纯度有所降低。

色相、明度和纯度称为色彩的“三要素”，是决定画面色彩效果的主要因素。

4. 数字图像的颜色模式

计算机图像的颜色模式包括RGB模式和CMYK模式两种。在专业图像处理软件中，都能采用这两种颜色模式进行工作，而且提供了两种颜色模式的相互转换。

(1) RGB模式。RGB模式是显示器模式，指光的三原色Red(红)、Green(绿)、Blue(蓝)按照一定的比例混合，可以产生无穷多的颜色，几乎可以包括人类视力所能感知的所有颜色。

(2) CMYK模式。CMYK模式是印刷色彩模式，指颜料的三原色Cyan(青)、Magenta(品红)、Yellow(黄)按照一定比例混合，可以产生无穷多的颜色，用以表达色彩丰富的图像。K代表black黑色，从理论上来说，CMY加在一起就应该得到黑色。但是由于目前制造工艺还不能造出高纯度的油墨，CMY相加的结果实际是一种暗红色，因此这种模式也把黑色作为一种原色。

(三) 常见图像文件的格式

随着计算机图形学的应用领域不断扩展，在数以百计的应用程序中所使用的图像格式有几十种之多，每种图像格式都有各自的特点，它们之间通常还可以相互转化，以下仅对多媒体课件中常用的几种格式进行介绍。

(1) BMP(Bit Map,位图)格式。BMP 格式称为设备无关位元映射(Microsoft Device Independent Bitmap)的图像文件格式,其文件扩展名为".bmp",是 Microsoft Windows 标准的点阵式图像文件格式,最早应用于 Windows 系统,该格式结构简单,不采用任何压缩,但数据量较大,不适合网络传播。

(2) GIF(Graphics Interchange Format,可交换图片)格式。GIF 格式是 CompuServe 公司指定的动态位图图像格式,由于 CompuServe 公司开放了该格式的使用权,所以它的应用较广,适用于各种计算机平台,各种软件一般均支持这种格式。它包括三种格式,均为 8 位位图,即最大支持 256 色,但几乎可以保持原始图像的清晰度,可对图像进行交织处理,可将图像做成透明、动画等形式。GIF 格式有两种:一种格式是静态 GIF 图片,不支持动画格式;另外一种格式是动画的 GIF 格式,支持图像透明。这两种格式的名字分别为 GIF89a 和 GIF87a。将多幅图像存成一个图像文件,逐幅读出并显示到屏幕上,就可以构成一种最简单的动画效果,也就是 GIF 动画,很多软件都可以绘制或制作 GIF 动画。GIF 格式的文件在网络上的应用也非常普遍。

(3) JPG 或 JPEG(Joint Photographic Experts Group,联合图像专家组规范)格式。JPEG 是由 CCITT(国际电报电话咨询委员会)和 ISO(国际标准化组织)联合组成的一个图像专家组制定的一个压缩静态数字图像的国际标准,其标准名为"连续色调静态图像的数字压缩和编码(Digital Compression and Coding of Continuous-tone Still Image)"。JPEG 格式通过精确地记录每个像素的光亮,同时平均它们的色调,将人眼无法分辨的细节删除,以节省存储空间,对图像质量影响不大。采用 JPEG 压缩算法压缩的图像,其压缩比约为1∶5至1∶50,甚至更高,支持 1 600 多万种格式,不支持任何透明方式,可以很好地再现全彩色图像,较适合摄影图像的存储,由于它的高压缩比,JPEG 图片在网络上应用非常普遍。

(4) PNG(Portable Network Graphic,便携网络图形)格式。PNG 是作为 GIF 的无专利替代品开发的,用于在 World Wide Web 上无损压缩和显示图像。与 GIF 不同,PNG 支持 24 位图像并产生无锯齿状边缘的背景透明度,也支持无 Alpha 通道的 RGB、索引颜色、灰度和位图模式的图像,不支持动画效果,是 Firework 软件的默认图像文件格式。

(5) TIFF(Tagged Image File Format,标记图像文件)格式。该文件体积较大,该格式支持 256 色、24 位真彩色、32 位色、48 位色等多种色彩位,同时支持 RGB、CMYK 以及 YCbCr 等多种色彩模式,支持多平台,便于各种图像软件之间的图像数据交换,因此应用很广泛,该格式有压缩和非压缩两种,非压缩的 TIFF 格式可独立于软件和硬件环境,压缩的 TIFF 格式采用 LZW 编码压缩。

(6) PCX(Personal Computer Exchange,个人电脑交换)格式。它是 MS-DOS 下的常用格式,在 Windows 中还没有普及使用。PCX 支持 256 色调色板或全 24 位的 RGB,图像大小最多达64K×64K 像素。它不支持 CMYK 或 HSI 颜色模式,Photoshop 等多种图像处理软件均支持 PCX 格式。该格式与 BMP 格式一样,结构也较简单,压缩方法基本一样,压缩比适中,压缩和解压缩较快,各种扫描仪生成的图像多采用这种格式。

(7) PSD(Photoshop Date,Photoshop 软件的数据文件)格式。PSD 格式是 Photoshop 的一种专用存储格式,支持分层,支持背景透明的 Alpha 通道。PSD 格式采用了一些专用的压缩算法,在 Photoshop 中应用存取速度很快,在 Director 中使用也很方便。

(四) 图像素材的采集与处理

1. 图像素材获取的一般方法

(1) 使用彩色扫描仪描仪输入。利用扫描仪可以将照片、印刷图片、美术作品等扫描到计算机中，变成通用的数字图像，扫描仪可将其变成全彩色的位图图像。利用高分辨率的彩色扫描仪，可以获得高质量的数字图像。

(2) 利用数码照相机拍摄。数码相机，是一种能够进行拍摄，并通过内部处理把拍摄到的景物转换成数字格式存放图像的特殊照相机。数码相机可以直接连接到计算机、电视机或者打印机等设备上，对拍摄下的数字图像进行即时处理，是多媒体软件开发过程中获取图片素材的重要渠道。

(3) 屏幕捕捉或屏幕复制。利用不同的软件播放工具与操作平台，在电脑屏幕上常常能够展示许多效果不错的图像画面，利用屏幕捕捉或屏幕复制方法直接捕捉这些美丽的画面，省去了软件平台与文件格式之间转换的繁杂程序。

屏幕捕捉，也称抓图、截取图像，很多软件都具有这个功能，如 Windows 本身就具有捕捉屏幕的功能，按键盘上的“Print Screen”印屏幕键即可拷贝全屏画面，按“Alt + Print Screen”拷贝当前活动窗口的画面，然后再到任何一个图像编辑工具中“粘贴”获取捕捉到的屏幕画面。QQ 网络聊天软件也提供了抓图工具“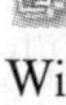”，由于其简单方便，也为大家所喜爱。Snagit、Pizazz、CapPicture、Hysnap、VFW(Video for Win)、SnapVideo 等也都是常用的专门图像捕捉工具。此外，Video for Windows、Primere、超级解霸等工具还可以捕获视频帧的图片。

(4) 使用绘图软件。如 Windows 的系统工具“画笔”(PaintBrush)以及 Photoshop、Painter、AutoCAD、CorelDraw 等专门的图像编辑软件和工具，都可以编辑生成很多常用的图形文件。利用专业动画制作软件如 Animator Pro/Animator Studio、3DS MAX、Maya、Poser、Flash 等也可以绘制或合成二维或三维的图像。

(5) 网络下载或购买图片素材库。通过 Internet 搜索与下载所需的图形、图像，或者直接购买专业的数字化图形图像素材库光盘(包括点阵图、矢量图和三维图形等)，也是我们常用的图像素材获取的方法。

2. 常用的图像处理技术

(1) 常用的图像处理技术。常用的图像处理技术包括图像格式的转换；改变图像比例、大小；对图像文件进行压缩处理，减少存储空间；对比度处理、亮度修正、噪声滤除、边缘增强等图像增强技术；以及图像恢复、图像识别、图像编码、点阵图转换为矢量图等常用的图像处理技术。

(2) 图形、图像的特技处理。图形、图像的特殊处理技术通常有模糊、锐化、浮雕、旋转、透射、变形、水彩化和油画化等多种效果。

四、实验内容与步骤

(一) 图片素材的获取

1. 利用扫描仪采集图片素材

(1) 安装扫描仪驱动程序与扫描应用程序。所有的扫描仪都配有扫描应用程序，不同的扫描仪应用程序可能不同，界面也有差异，但采集的过程类似，都需要预扫、确定扫描区域、正式扫描、保存扫描信息四个步骤。

(2) 在 Photoshop 中调用扫描仪。利用扫描仪把照片、图片甚至小的实物扫描到计算机中存储为数字化的图片，在 Photoshop 等图片编辑软件中可以直接调用扫描仪驱动程序获取这些图像信息。

(3) 实验注意事项。在扫描过程中，要注意有两个因素直接影响到图片的质量：一是扫描设置的分辨率越高，扫描得到的图像越清晰，但图像文件也越大，扫描的速度也会越慢；二是扫描仪的动态范围越大，扫描得到的图像越清晰。

2. 利用数码相机拍摄照片

要能熟悉数码相机的基本操作，拍摄捕捉瞬间的镜头画面；利用数码相机拍摄书本上的图片；将数码相机连接到电脑上，并将拍摄的数字图片导入到电脑的指定位置。

3. 网络下载图片资源

(1) 利用网络搜索引擎查找与检索图片素材。

① 浏览相关搜索引擎的帮助页面。常用的搜索引擎很多，如百度、Google、Yahoo 等，一般都具有专门的图片搜索功能。但各个搜索引擎的使用技巧和特点略有不同，建议首先浏览相关搜索引擎的帮助页面，图 3-2 所示的为百度图片搜索的帮助信息。

② 在图片搜索框中输入关键词，如"篮球"，即可查找到大量与篮球相关的图片。

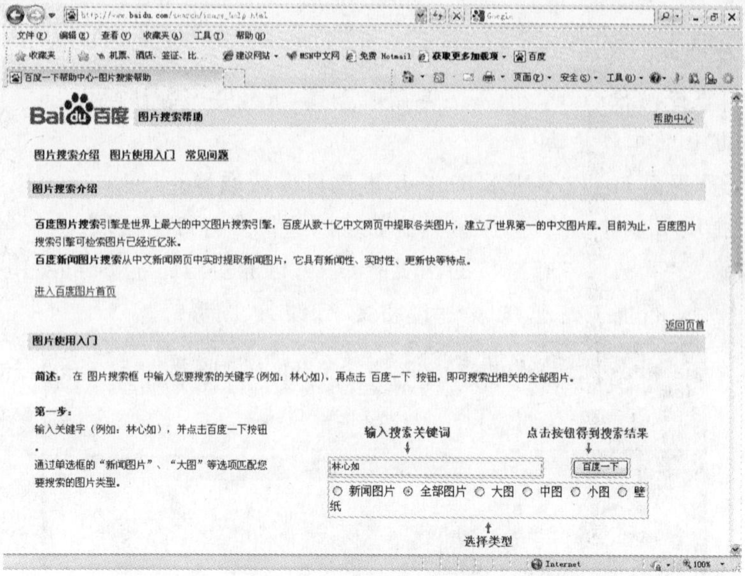

图 3-2 百度图片搜索帮助

(2) 图片的下载与保存。在搜索结果的缩略图列表中，挑选所需的图片，单击打开网页链接，可以呈现该图片最大分辨率的效果，在该图片上单击鼠标右键，在弹出的快捷菜单中选择"图片另存为"，如图 3-3 所示，即可将该图片下载保存在电脑的指定位置。

(3) 高级使用技巧。上机操作，尝试以下操作：

查找并下载"篮球"矢量图形。

查找并下载 PNG 格式的"篮球"图片。

查找并下载"篮球"的黑白色调图片。

小提示：为了提高多媒体作品的质量，从网络上下载的图片尽量选择"大图"。

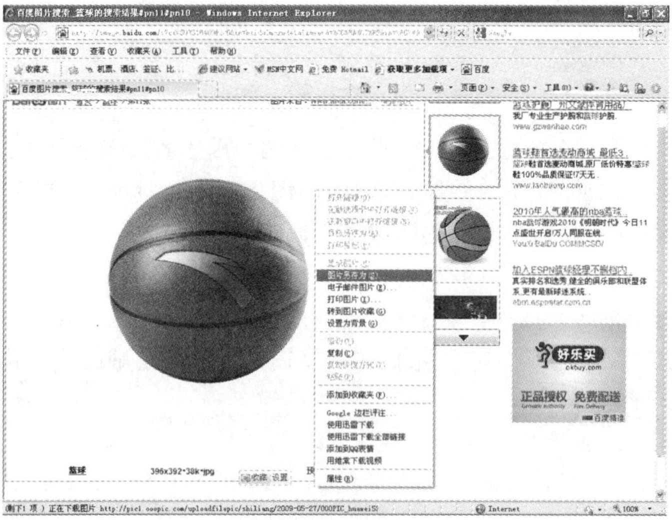

图 3-3　图片下载保存

（二）屏幕图像的截取

1. 屏幕图像截取工具的下载与安装

通过搜索引擎查找 Snagit 等屏幕图像截取工具，下载并安装该软件。

2. 熟悉 Snagit 的工作界面

Snagit 的工作界面如图 3-4 所示，Snagit 不仅可以截取静止图像，也可以录制视频动画等，屏幕截图时提供了多种模式进行选择，比如可以选择多窗口的截取、全屏截取、截取带有光标的菜单、截取文字、截取带有链接的网页等，还可以通过自带的 Snagit Editor 编辑软件直接对截取的图片进行加工处理，如添加说明文字、线条、图形等。

图 3-4　Snagit 的工作界面

3. 具体操作

截取多媒体开发工具软件 Director 的一个工作窗口，并利用 Snagit 编辑功能对该窗口中的相关功能按钮进行解释说明。

（三）图片素材的加工与处理

1. 熟悉 Photoshop 软件的工作界面

2. 抠像技术

在制作多媒体作品的时候，经常需要从现有的图像素材中选取一部分合成到其他图片或场景中使用，这就需要用到抠像技术。在 Photoshop 中，图像抠取的方法很多，魔术棒、钢笔工具、魔术橡皮擦工具等都可以用来实现。

（1）在 Photoshop 中打开一张图片，把它复制到第二个图层，删除原来被锁定的图层。

（2）工具的选取：当选取的区域颜色和别的颜色差别比较大而且均匀时，可以选用魔术棒工具“”；当选取的区域边缘清晰或者是几何体，可以用路径工具、钢笔工具“”等。

（3）如图 3-5 所示的实例中，选择了魔术棒工具“”，在选项栏中保持默认参数，并确保“连续”复选项“”为勾选状态；

“容差”：用于确定选定图像的颜色范围，数值越小，选择的范围就越小。“连续”：勾选此复选项，将会只选择与鼠标落点处颜色相近且相连的颜色；如果不勾选，则会选择图层中所有与鼠标落点处颜色相近的颜色。

（4）选中背景区域。移动鼠标到背景区域单击一下，与鼠标落点处颜色相近且相连的黑色区域被选中，如图 3-5 所示。

（5）执行下拉菜单“选择＞反选”命令，或快捷键“Ctrl＋Shift＋I”，选中主体即“汽车”，即可将其复制粘贴到其他图形文件或背景图层中，这个过程一般称之为“抠像”。

图 3-5　用魔术棒选背景区域

3. 图片透明背景的设置

在制作多媒体作品的时候，为了使图形对象可以更好地融入相关的场景，经常需要背景透明效果的图片素材。

(1) 其制作步骤同“抠像技术”，也是要先选择背景区域，选中后单击键盘“Delete”删除键，即可将不需要的背景去掉，如图 3-6 所示。

(2) 将图片文件另存为支持背景透明的 PSD、PNG、GIF 或者 TIF 格式，注意 JPG 文件不支持透明背景效果。

(3) 背景透明的图片可以直接导入 PPT、Director 等多媒体工具的多媒体场景中使用，如图 3-7 所示。

图 3-6　删除背景后的图片效果

图 3-7　背景透明的图片导入到 PPT 的效果

五、实验讨论与评价

(一) 思考与讨论

1. 常见的图片格式有哪些，各有什么特点?
2. 简述位图和矢量图的区别。
3. 当电脑显示器的屏幕分辨率设置为 800×600 时，能否欣赏到分辨率为 1 600×1 200 的照片效果?
4. 利用数码相机拍摄和利用扫描仪进行图片扫描，哪一种方式更加快捷方便? 各有什么优势?
5. 如何设置背景透明的图片效果?

(二) 评价

以小组成员互评的方式，检验并评价获取与加工处理的图片素材的质量。

六、实验报告

通过上机操作实践，将图片素材获取与加工处理的方法与步骤写入实验报告，注意写明实验过程中遇到的问题和解决方法。

实验四　数字音频资源的获取与编辑

一、实验目的

1. 了解数字音频资源的常用格式。
2. 学会数字音频资源的获取方法。
3. 能够对数字音频资源进行简单的加工处理。

二、实验设备与相关软件

1. 能够连接 Internet 的多媒体计算机。
2. 带麦克风的耳机。
3. Cool Edit Pro 或 Adobe Audition、超级解霸、千千静听等软件。

三、实验基本理论

(一) 多媒体作品中的数字音频

声音是多媒体作品中不可缺少的元素，恰当地应用声音不仅可以辅助视觉传达信息，还可以起到烘托气氛、增加多媒体作品感染力的作用。多媒体作品中的声音主要包括配音解说、音响效果声和背景音乐。配音解说要求语言准确、优美动听；音响效果声要真实、形象；背景音乐要选材合理、衔接自然流畅，三种声音比例要适当、协调，在多媒体作品中充分发挥各种声音媒体的艺术感染力。

1. 配音解说

配音解说主要指多媒体作品中人物对象之间的对话、知识点的讲解和课文的朗读等，具有启发学习者的逻辑思维，承上启下、以声达意的作用。解说词要求科学、准确、精练、简明、通俗、口语化，其作用是补充画面、提示画面、概括画面和强化画面。

多媒体作品中的解说配音最好请有播音经验的专业解说员。配音前解说员要熟悉解说词，弄清楚各种专业名词术语的规范读音，控制好解说速度，一般每秒 2～3 个字，达到字正腔圆、抑扬顿挫的语言艺术效果。在声音录制过程中，如发现有错漏，不必停止录音，只需重新读一遍正确语句，编辑人员可以在数字语音文件中进行剪辑与加工处理。

2. 音响效果声

音响效果声主要包括自然界的声响、机器的音响和人的非语言音响等。风声、雨声、雷声、波涛声、流水声、动物叫声都是自然界的声响；汽车、火车、飞机、大炮、车床以及电脑按键等发出的声响都属于机器的音响；人们的笑声、哭声、心脏搏动声等都属于非语言音响。

音响效果声主要用于还原现场的真实感，揭示客观事物的本质，帮助用户认识客观事物的规律，还能烘托环境气氛，扩大与加强画面的表现力。音响效果声可以通过现场录制，再进行数字化处理的方法制作。随着多媒体技术的发展，自然界的音响效果也可以利用多媒体技术手段进行加工模拟合成。

多媒体作品中常用的效果声在互联网上都可以找到相关的素材库，下载应用即可。效果声通常不要与背景音乐混合配音，多媒体作品中运用音响效果时，既可以与画面同步出现，也可以在画外运用。画外运用有两种情况：

画面没有声源，只能听到画外的音响。例如，夏夜的虫鸣、蛙叫等。

画面出现声源，但声响往往出现在画面之前或之后。例如，热烈的掌声可以放在鼓掌人群之前，引起观众对即将出现画面的注意，也可以将掌声持续到下一组演讲者的画面，说明掌声的持续性以及效果。

3. 背景音乐

音乐是一种具有感情色彩的听觉艺术，能演奏出喜、怒、哀、乐、舒缓、紧张等各种曲调，它能表现和激发人们的情感。利用音乐的感染力，恰当地将优美的音乐作为背景音乐融入多媒体作品，不仅可以带给用户以遐想的空间，放松心情，也可以为作品创设情境，让人更容易理解作品的主题含义。另外，音乐有助于形成节奏感，画面的运动与组接配合着音乐的节拍，将给用户带来声画和谐的多媒体感受。

在多媒体作品中应用背景音乐要慎重，不宜过多，不能从头至尾都灌满音乐声，注意设置背景音乐开关，供用户随时调整。音乐一般用于作品的片头和结尾，开头部分运用音乐有利于引起用户对多媒体作品的关注并产生兴趣，结束部分运用音乐可帮助渲染学习和工作后的愉悦心情并得到满足的情绪，在章节或段落转场处也可以适当插入背景音乐给观众紧张的注意与思维得到一定的松弛和缓冲。

选取背景音乐时要注意以下几点：

(1) 要与主题风格一致。例如，古诗赏析的多媒体作品配以恰当的中国古典民乐，可创造出与古诗文相关的意境，达到事半功倍的效果。

(2) 不能喧宾夺主。背景音乐是为主题服务的，在有画面解说、音响效果声的时候要自动关闭背景音乐，或音量设置到最小。

(3) 注意选取积极向上的具有时代感的轻音乐。一般选用没有歌词的纯音乐，班得瑞(Bandari)音乐以环境音乐为主，以其轻柔、纯净、空灵缥缈的风格为多媒体作品所青睐。

(二) 常用数字音频文件格式

1. WAV 文件格式

WAV 文件是 Windows 操作系统中标准的声音文件格式，Windows 和 Macintosh 操作系统中大多数软件都支持该文件类型，扩展名是“.wav”，通常称为波形文件，波形文件基本上是按照声波的实际振动的波形进行存储，是一种最直接的表达声波的数字形式，主要用于自然声音的保存与重放。这种存储方式对声音的再现是十分容易的，但是文件所占的存储空间比较大，不适合在网上播放。

2. CD文件格式

CD-DA音频文件是标准激光盘文件,其扩展名为CDA,该格式的文件数据量大、音质好,在Windows环境中,使用CD播放器进行播放。CD存储采用了音轨的形式,又叫做"红皮书"格式,记录的是波形流,是一种近似无损的格式,缺点是文件长度太大,无法编辑。

3. MIDI文件格式

MIDI是Musical Instrument Digital Interface(乐器数字接口)的缩写,它是由世界上主要电子乐器制造厂商建立起来的一个通信标准,它定义了计算机音乐程序、数字合成器以及其他电子设备交换音乐信号的方式。MIDI文件中包含音符、定时和多达16个通道的乐器定义,每个音符包括键、通道号、持续时间、音量和力度等信息,可以模拟多种乐器的声音。MIDI文件记录的不是乐曲本身数字化后的波形数据,它记录的是一些描述乐曲演奏过程中的指令,因此占用存储空间比WAV文件要小很多。例如,演奏5分钟乐曲的MIDI文件存储空间小于20KB,同样的内容用波形文件格式则需要10MB以上的存储空间。虽然MIDI文件比较小,容易编辑,但由于音色比较单调,层次感稍差,所以不太适合用来表现人声和自然界的声音。

MIDI文件播放方式有两种:一种是在计算机上通过声卡实现,这种方式在声卡上必须含有MIDI的合成器(其中包括音序器Sequencer),根据MIDI音序指令,将合成器输出的音频信号送到混音芯片中进行混音,再由功率放大器放大后送至扬声器。另一种播放的方式是通过计算机的MIDI接口,将MIDI数据传送到电子乐器中,电子乐器在收到MIDI数据的时候就用自身的MIDI合成器(音序器),根据MIDI参数演奏音乐。

4. MP3文件格式

MP3是MPEG(Moving Picture Expert Group) Audio Layer-3的简称,是目前应用广泛的音频压缩格式,其扩展名为".mp3"。MP3对音频信号采用的是有损压缩方式,它丢弃掉脉冲编码调制(PCM)音频数据中对人类听觉不重要的数据,即所谓的"感官编码技术",将声音以1∶12的高压缩比压缩成更小的文件,同时保持高保真的效果。每分钟音乐的MP3文件只需要1MB左右大小,每首歌曲约3~4MB。由于MP3的音质好,文件小,因此被广泛应用于多媒体作品中,既可用于背景音乐,也适合解说和效果声,还便于网络传播。

5. WMA文件格式

WMA是Windows Media Audio的缩写,是微软开发的一种网络音频编码格式,以减少数据流量但保持音质的方法来达到更高的压缩比,通常其压缩比可以达到1∶18,而其音质与MP3相当,甚至略好。WMA通过DRM(Digital Rights Management)技术保护,可以防止复制、限制播放时间与播放次数等功能,有效地防止了盗版。WMA还支持音频流(Stream)技术,即一边下载一边播放,因此WMA可以很轻松地实现在线广播。因为Windows系统的标准软件配置中的Windows Media Player即可播放WMA文件,因此WMA在多媒体作品中应用也较为广泛。

6. RA、RMA文件格式

RA(Real Audio)、RMA(Real Media Audio)是由Real Networks公司推出的面向音频的网络流媒体文件,它是为了解决网络传输带宽资源而设计的,主要目标是压缩比和容错性,其次才是音质,因此,其特点是可以在非常低的带宽下(低达28.8Kbps)提供足够好的音质让用户能在线聆听。Real Media 的这一特点使得它不适于编辑，所以相应的处理软件并不多。Real Media 非常适合网络音频广播、网络语音教学和网上语音点播等，也可以用于单机版的多媒体作品。

7. SWA 文件格式

SWA (Shockwave Wave Audio)是 Adobe 公司开发的 Shockwave 流媒体技术的声音文件格式，一般应用于因特网上，由于运用 Adobe 公司的 Director、Authorware 等多媒体开发工具可以直接将 WAV 波形声音文件压缩成 SWA 格式的文件，压缩比通常可以达到 1∶20，而音质基本保持不变，因此在多媒体软件开发中也经常使用。

在 Director 软件中执行“Xtras>Convert WAV to SWA”命令，打开如图 4-1 所示的 SWA 转换窗口。首先单击“Add Files”按钮，选择添加准备压缩的 WAV 文件；然后选择压缩设置，在 Bit Rate(位率)下拉列表中选择合适的位率，选择的位率值越小，对 WAV 文件的压缩比越大，声音播放得就越流畅，但会牺牲声音的品质，一般选择默认的 64 位即可。Accuracy 是指压缩的精确性，可以选择 Normal 或 High，选择是否将立体声转换成单声道等选项，并设置压缩转换成 SWA 文件后保存的文件夹，单击“Convert”按钮即可开始压缩。

图 4-1 Convert WAV to SWA 窗口

(三) 数字音频基础

1. 声音的物理特性

声音是多媒体技术的重要特征之一，它是通过空气传播的一种连续的波，一般称为声波，声音的传播携带了多种信息，是人与人之间信息交流的一种重要媒体。

声波可通过频率(Frequency)、振幅(Amplitude)与周期(Period)来衡量。

(1) 频率。声音信号的频率是指每秒的振动次数。声音的频率与音调有关，频率快则音调高，声音听起来比较尖细；频率慢则音调低，声音听起来比较低沉。不同种类声音的频带宽度如表 4-1 所示。

表 4-1 不同种类声音的频带

声音的类型	频带宽度
男性语声	100Hz～9kHz
女性语声	150Hz～10kHz
电话语音	200Hz～3.4kHz
调幅广播	50Hz～7kHz
调频广播	20Hz～15kHz
宽带音响	20Hz～20kHz

声音按频率分为三种类型：次声，频率＜20Hz；可听声，20Hz＜频率＜20kHz；超声，频率＞20kHz。

(2) 振幅。振幅指的是声波波形的最大位移，它表示声音信号的强弱程度。振幅的大小和强弱决定了声音的音量，即音强，也称为响度。振幅大则音量大。

(3) 周期。周期指两个相邻信号波峰之间的时间间隔。而频率则表示每秒钟波峰的数目或周期数量。它们互为倒数，即，周期＝1/频率，$1\ \text{s}=\frac{1}{1\ \text{Hz}}$。

振幅和周期均为常数的声音称为纯音或单音，这种声音听起来十分单调。语音、音乐和大自然中大部分声音都不是纯音，而是由不同频率和不同振幅的声波组合起来的复音。

2. 音频的数字化过程

声音是机械振动，振动越强，声音越大。话筒把机械振动转换成电信号，模拟音频技术以模拟电压的幅度表示声音的强弱，模拟声音的录制实际是将代表声音波形的电信号转换到适当的媒体上，如磁带和唱片，播放时将记录在媒体上的信号还原为声音波形。

在计算机内，所有信息均以数字表示，各种幅度的物理量也是以不同的数字表示，声音信号同样也是用一系列的数字表示的，被称为数字音频。数字音频的特点是保真度高、动态范围大。

音频的数字化包括采样(Sampling)和量化(Quantization)两个步骤。

模拟声音在时间上是连续的，数字音频是一个数据序列，在时间上只能是断续的，根据傅立叶定理，只要在连续流量上等间隔地取出足够多的点，函数就可以把这些离散量精确还原成原来的模拟量。因此把模拟声音变成数字声音时，需要每隔一个时间间隔，从这些连续音频信号上取一个幅度值，该幅度值被称作样本，其执行过程叫采样，如图 4-2 所示，亦即以固定的时间间隔对波形的值进行抽样采样。把采样得到表示声音强弱的模拟电压用数字表示，用数字表示音频幅度时，只能把无穷多个电压幅度用有限个数字表示，即把某一幅度范围内的电压用一个数字表示，称为量化。

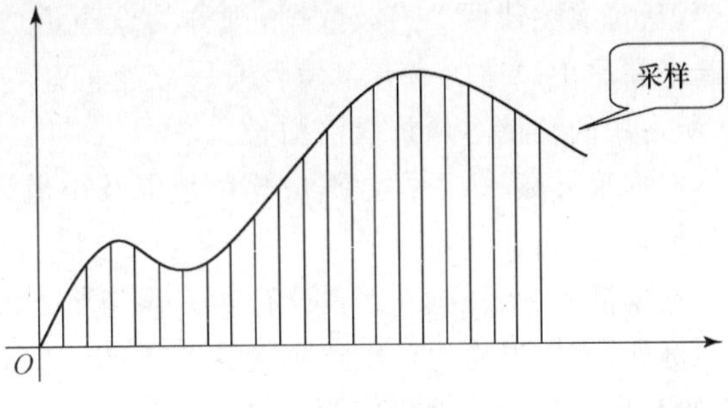

图 4-2 模拟音频信号的采样过程

数字音频是通过采样和量化把模拟量表示的音频信号转换成许多由二进制数 1 和 0 组成的数字音频文件。采样和量化过程由声卡的 WAVE 合成器(模/数转换器)来完成；在数字音频回放时，还是通过声卡数字/模拟的转换器（数/模转换器），将数字信号转换成原始的电信号。采样精度决定了数字音频的还原清晰度，采样精度包含采样频率和采样数据位数，这两项指标是衡量声卡等级的重要标准。

3. 数字音频的主要参数

（1）采样频率。采样频率是指在一秒钟时间内采样的次数，采样频率越高，声音的保真度越好，但产生的数据量也会越大，所要求的存储空间也就越大。根据 NyQuiSt 抽样定理①，对于随时间连续变化的模拟信号波形，必须用该信号所含的最高频率的 2 倍进行采样，才可保证原模拟信号的质量。也就是说，假如一段频率为 10kHz 的声音，如果要求采样后的信号重放时不失真，那么采样频率必须大于 20kHz，所以理想的采样频率应是人耳所能听到的最高声音频率 20kHz 的两倍，以目前流行的采样频率 44.1kHz 声卡来看，其可以还原的声音最高频率为 22.05kHz，可以达到相当好的保真度。在多媒体计算机声音处理技术中，常见的采样频率有：

① 11.025kHz：一般用于中等或较低质量要求的讲话中，有一些声音失真和背景噪声。

② 22.05kHz：主要用于质量较高的音乐和对话，音质与较好的 AM 电台相似。

③ 44.1kHz：类似 CD 的高保真效果。

（2）量化位数。采样数据的二进制位数称为量化位数，量化位数的多少反映了计算机度量声音波形幅度的精度。其比特数越多，度量精度越高，声音的质量就越好，而需要的存储空间也相应增大；相反，比特数越少，度量精度越低，声音的质量就越差，需要的存储空间也就越少。常用的采样数据位数有四种：8 位（bit）、12 位、16 位、20/24 位，8 位量化级表示每个采样点可以表示 256 个（0～255）不同的量化值，而 16 位量化级可表示 65536 个不同的量化值，量化级的大小决定了声音的动态范围，即被记录和重放的声音最高与最低之间的差值，16 位的量化级足以能够表示出从人耳刚刚能听得见的极细微的声音，到感觉难以承受的巨大噪声这么大的声音范围。

（3）声道数。声音通道的个数称为声道数，是反映音频数字化质量的另一个重要因素，是指一次采样所记录产生的声音波形个数。记录声音时，如果每次生成一个声波数据，称为单声道；每次生成两个声波数据，则称为双声道（立体声）。立体声不仅音色与音质好，而且听起来要比单声道的声音丰满且有一定空间感，但需要两倍的存储空间。随着声道数的增加，所占用的存储容量将成倍增长。

根据采样频率、采样数据量化位数以及声道数，即可以计算出声音被数字化后每秒所需的数据存储量：

数据量＝（采样频率×量化位数×声道数）/8（单位为字节数/秒，或 B/s）。

例如：CD 唱片的采样频率为 44.1kHz，采样数据位为 16 位、双声道，一张 60 分钟的 CD 唱片所占用的存储空间为：$44.1\times1\,000\times16\times2\times3\,600/8\approx600$(MB)。

（四）声卡的原理及使用

声卡是多媒体计算机系统中最基本的部件之一，连接与管理声音信号的输入输出设备，进行模/数和数/模转换。

---

① 赵士滨，张旭旭. 多媒体技术与创作[M]. 北京：人民邮电出版社，1999：305.

1. 声卡的组成及工作原理

声卡一般由DSP数字信号处理器、模/数和数/模转换器、MIDI合成器、混合器、CD-ROM接口、MIDI电路接口、板卡接口电路等组成，其结构示意图如图4-3所示。

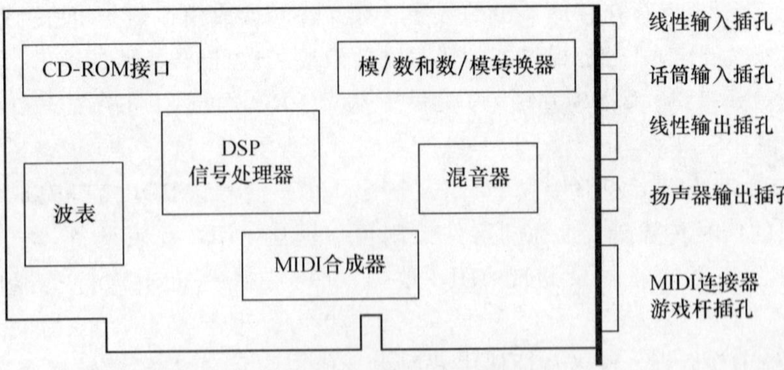

图4-3　声卡结构示意图

(1) DSP数字信号处理器。声卡使用数字信号处理器管理所有声音的输入和输出以及MIDI的操作，DSP数字信号处理器带有自己的RAM和EPROM，可存放声音处理、编码/译码程序和中间运算结果。

(2) MIDI合成器。标准的多媒体计算机通过MIDI合成器播放MIDI文件，MIDI合成器的类型目前有两种，频率调制FM合成和波形表合成，采用波形表方式合成音乐的效果更逼真。

(3) 混音器。声卡上的混音芯片可以对数字化声音(DAC)、调频FM合成音乐(FM)、CD音频(CD-ROM)、线路输入(AUX)、话筒输入(MIC)及PC声音输出(SPK)等音源进行混合。混音器提供了可编程接口，可以通过软件控制音源音量，也可以控制数字化声音输出的音量。对于调频FM合成音乐，可以设置单声道、双声道输出和静音方式，控制CD音频音量；对于线路输入控制，指外部声源经声卡输出音量大小的控制；对话筒混音指调整话筒输出音量大小；此外混音器通过总音量控制，可控制整体音频媒体表现效果。声卡混音器控制示意图如图4-4所示。

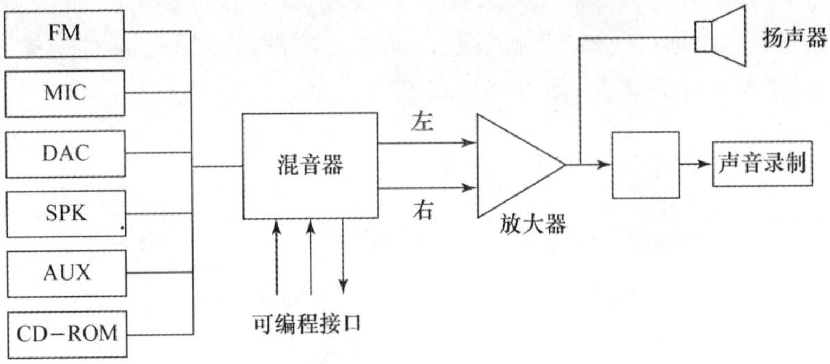

图4-4　声卡混音器控制示意图

(4) 模/数(ADC)转换和数/模(DAC)转换器。模/数转换和数/模转换是声卡上的数据处理器件。

模/数转换是声音数字化处理的主要工作，在进行录音时，通过声卡上的模/数转换器把输入的模拟信号(从麦克风或线形输入)转换成数字信号，并以文件形式保存。模/数转换的质量主要取决于声卡对声音信号的采样频率和采样量化数据位数。

数/模转换负责把保存在存储器中的数字音频文件转换成模拟信号，使之成为连续变化的声音波形信号回放出来。数/模转换的质量主要取决于数/模转换器的速度。

(5) CD-ROM 接口。CD-ROM 接口提供了从 CD-ROM 的 CD-DA 的输出信号到声卡音源输入的通路。

(6) MIDI 接口。声卡能够接收、录制及输出 MIDI 信号，MIDI 接口完成电子音乐设备与声卡之间的信号传输通道，通过软件控制可以演奏 MIDI 音乐设备，反之，也可以将电子音乐设备上演奏的音乐录制成 MIDI 数据文件，在计算机中进行模拟播放或编辑修改。

(7) 声卡的工作原理。声卡从话筒中获取声音模拟信号，通过模数转换器，将声波振幅信号采样转换成一串数字信号，存储到计算机中。重放时，这些数字信号送到数模转换器，以同样的采样速度还原为模拟波形，放大后送到扬声器发声，这一技术称为脉冲编码调制技术(PCM)。

2. 声卡的主要功能

声卡的主要功能有以下几个：

(1) 录制、编辑和回放数字声音文件。

(2) 控制声源音量、混合后进行数字化。

(3) 在记录和回放数字声音文件时进行压缩和解压缩。

(4) 可以通过语音合成技术，使计算机朗读文本。

(5) 可以通过软件实现语音识别功能。

3. 声卡的连接

在播放音乐和录制声音前，必须确保声卡与声音的输入输出设备连接正确。麦克风和耳机通过计算机主机机箱上的插孔与声卡连接，如图 4-5 所示。在麦克风的插头上有一个清晰可见的“麦克风”图标，与之对应的主机插头旁边也有一个类似的“麦克风”图标；同样地，耳机插头上有一个清晰可见的“耳机”图标，与之对应的主机插头旁边也有一个“耳机”图标。将插头分别插入正确的插孔，即可成功将其连接完成。

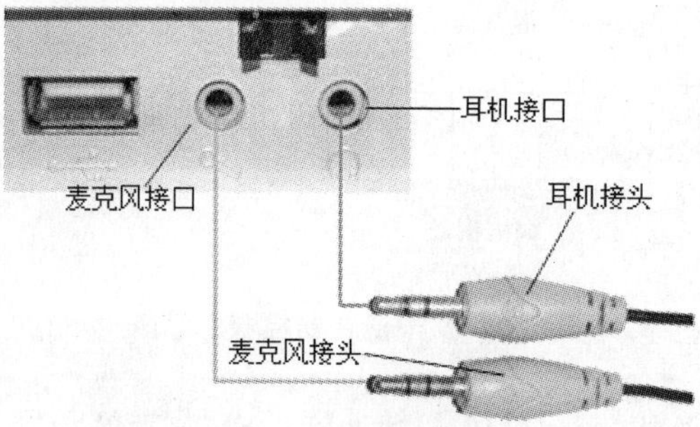

图 4-5 耳机连接声卡图

四、实验内容与步骤

(一) 音频素材的采集

音频素材的采集有三种常见方式：一是声音的录制，包括通过声卡对外部声源进行录制和直接对计算机内部声音的录制；二是通过抓轨（记录轨迹）的方式记录 CD 唱片中的声音；三是分离视频文件中的声音。

1. 录制声音素材

可以利用 Windows“附件”提供的“录音机”进行声音的录制。这种方法录制到的音频文件是波形音频文件，其扩展名为“. wav”。

(1) 连接麦克风、耳机或音箱等声音输入输出设备。

(2) 录制前的准备。首先，播放一段音乐，试听耳机或音箱是否有声音，测试检查相关设备是否连接好，声卡的驱动程序是否安装正常。

其次，双击电脑桌面右下角的声音图标“”，在打开的主音量窗口中，单击“选项＞属性”，在弹出的属性窗口中，在混音器的下拉菜单中选择 Realtek HD Audio Input 选项，勾选麦克风音量、立体声混音等选项，如图 4-6 所示，单击确定按钮。

最后，在弹出的如图 4-7 所示的录音控制窗口中，如果选择麦克风音量，则接下来录制的是来自麦克风拾音的外部声源的声音；如果选择立体声混音，则可以录制计算机内部与麦克风外部拾音的立体声混音效果，如果不连接麦克风等外部拾音设备，将是直接对计算机内部声音的录制。

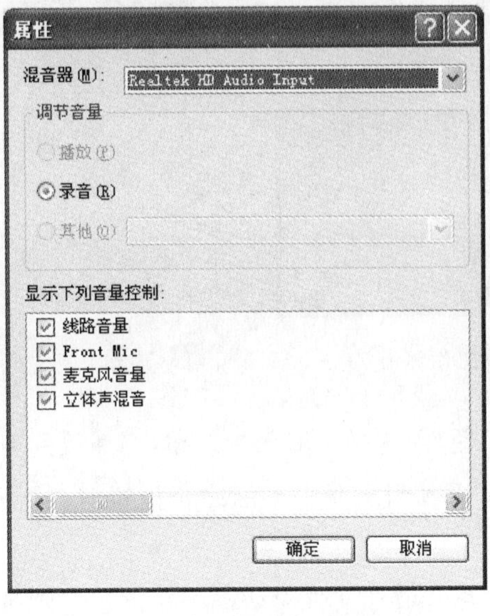

图 4-6　混音器属性窗口

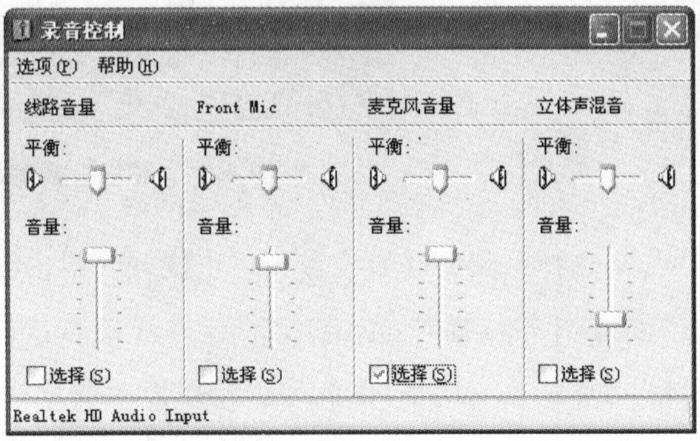

图 4-7　“录音控制”窗口

(3) 录制来自麦克风的声音。首先，单击“开始＞所有程序＞附件＞娱乐＞录音机”命令，启动录音机程序，如图 4-8 所示。

其次，单击“”键开始录音，单击“”键结束录音，单击“”可回放录音效果，若不满意，可重新录制。

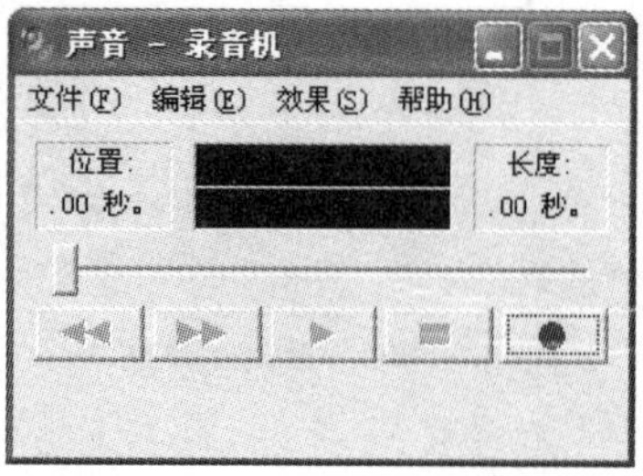

图 4-8 Windows 自带的录音机

最后，保存音频文件。单击“文件>另存为”命令，则弹出另存为对话框，在此输入文件名，并设置文件保存的位置，单击确定按钮，则录制的音频文件以输入的文件名保存在指定的位置。

（4）录制计算机内部播放的声音。拔掉麦克风等计算机的外部拾音设备。在如图 4-7 所示的录音控制窗口中，选择立体声混音。打开千千静听音乐播放器，播放音乐。利用 Windows 自带的录音机进行录制，具体操作同步骤(3)。保存并回放录制的声音文件。

录制计算机内部播放的声音的方法，也可以用于没有提供下载的来自网页上的声音的录制，但注意录音机一次录制的声音不能超过 1 分钟，可以单击“”按钮，停止录制后，继续单击“”按钮开始录音，以获得更长的录制时间。

（5）上机实践。

① 启动 Windows 提供的录音机，录制一段自己的声音。

② 启动 Windows 提供的录音机，录制一段来自网页的音乐。

2. 采集光盘的音频素材

使用“超级解霸”中的“超级音频解霸”工具软件可以截取 CD 光盘的音频信息，并且可将它们保存为“ *.wav”格式和“ *.mp3”格式。

（1）WAV 音频素材的采集。

① 单击“开始>所有程序>豪杰超级解霸>超级音频解霸”命令，启动超级音频解霸。

② 在如图 4-9 所示的工作界面中，单击“文件>打开”命令，则弹出打开影音文件对话框，选择要播放的 CD 文件(文件后缀为“.cda”)并开始播放。

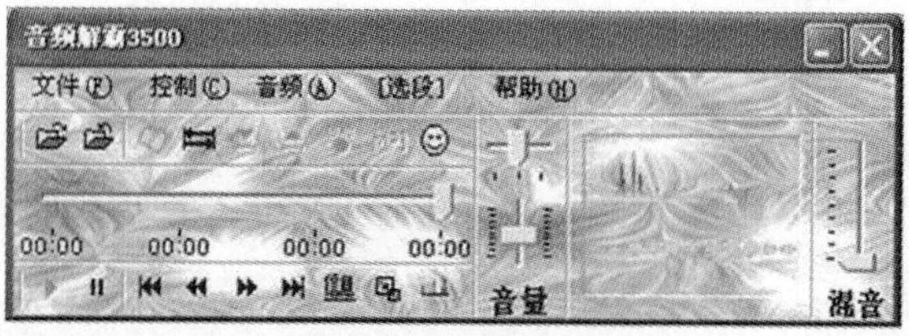

图 4-9 “超级音频解霸”的工作界面

③ 选择采集的起始位置和终止位置。单击“”循环/选择录取区域按钮，当播放到需要采集的开始位置时，单击“”选择开始点按钮；当播放到需要采集的终止位置时，单击“”选择终止点按钮，单击“”按钮停止播放。

④ 单击“控制>播放并且录音”命令，则弹出保存声音波形文件对话框。在此选定要保存的声音文件位置，并为文件命名，然后单击保存按钮，此时开始播放并且录音。

（2）录制成 MP3 格式音频素材。

① 启动超级音频解霸，选择采集的起始位置和终止位置，同上一步操作。

② 单击“”按钮，弹出保存音频流对话框，选择要保存的声音文件的位置，并为文件命名，然后单击保存按钮，此时开始播放并且录音。

（3）上机实践。

① 启动“超级音频解霸”，截取 CD 光盘的音频信息并分别以“＊.wav”格式和“＊.mp3”格式保存在个人文件夹下。

② 比较两种类型文件的数据量和音质，并在实验报告上分析它们差异的原因。

3. 音频素材的格式转换

使用 Windows“录音机”录制的声音为“＊.wav”格式，由于这种格式的数据量较大，通常可以将 WAV 格式压缩为 MP3 格式，这样的格式转换在“超级音频解霸”中同样可以完成，其步骤如下：

（1）启动超级音频解霸。

（2）单击“文件＞打开”命令，在弹出打开影音文件对话框中选择要播放的 WAV 文件并开始播放。

（3）单击“”循环/选择录取区域按钮，再单击“”按钮停止播放。

（4）单击“MP3”按钮，在弹出的保存音频流对话框中，选择要保存的声音文件的位置，并为文件命名，文件后缀为“.mp3”，然后单击“保存”按钮，此时开始播放并且录音，播放并且录音完毕则转换成功。

上机实践：选择一个“.wav”格式的文件，将其转换为“.mp3”格式，并保存在个人文件夹中。

4. 从视频文件中分离声音

如果需要用到视频文件中的声音，可以使用计算机内部的录制功能，但需要花费比较多的时间。我们也可以利用 Adobe Audition 等音频编辑工具利用命令“文件＞从视频文件中提取”直接选择视频文件进行提取，也可以利用 Vegas 等视频编辑软件，直接把视频文件中的声音分离出来。其步骤如下：

（1）在 Vegas 视频编辑软件中打开一视频文件。

（2）单击“选项＞参数选择”，在参数选择窗口中设置首选音频编辑软件为 Cool Edit Pro，通过浏览找到 Cool Edit Pro 的安装路径，单击确定。

（3）在音轨上单击鼠标右键，在弹出的菜单中选择在音频编辑软件中打开副本，如图 4-10 所示。

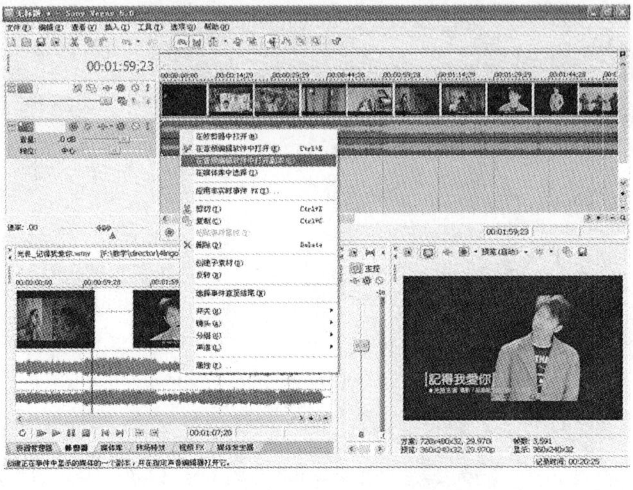

图 4-10　Vegas 视频编辑界面

(4) 软件将自动调用 Cool Edit Pro，并打开从视频文件中分离出的音频文件的波形图，如图 4-11 所示，可以对该音频文件进行编辑，也可以保存成相关的音频文件格式。

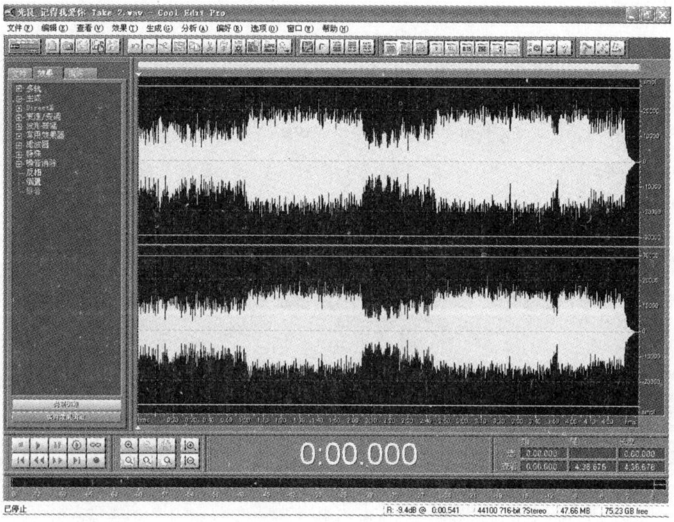

图 4-11　在音频编辑软件中打开视频的音频信息

5. 从互联网上下载数字音频素材

(1) 利用搜索引擎，搜索音频素材。常用的音乐素材下载网站有百度 MP3 网站、搜狗音乐网、九天音乐网等，以百度 MP3 网站为例，搜索音乐素材的步骤如下：

① 打开百度 MP3 网站

双击"ⓔ"图标，打开 IE 浏览器，在地址栏中输入百度 MP3 网站地址："http://mp3.baidu.com/"，单击 Enter 键确定，页面跳转至百度 MP3 网站。

② 输入需要搜索音乐的名称和选择音乐的格式类型

如图 4-12 所示，在百度 MP3 的搜索栏中输入需要搜索的音乐的名称，然后在"○视频 ○歌词 ○全部音乐 ⊙mp3 ○rm ○wma ○其它格式"中选择音乐格式的类型，单击"百度一下"按钮，开始搜索。

图 4-12　百度 MP3 搜索窗口

(2) 音频文件的下载与保存。

① 试听音乐。在搜索出来的音乐列表中选择其中一首进行试听，单击试听按钮，弹出如图 4-13 所示的百度音乐盒，播放歌曲，并试听音乐质量。

② 下载保存歌曲。选择试听的音乐达到所需的要求后，单击复制链接按钮即可使用迅雷等工具进行下载，弹出文件下载对话框，输入音乐文件保存名称，单击保存按钮即可。

(3) 从未提供下载链接的网站下载声音素材。对于没有提供下载链接的网站中的声音素材，可以通过内录的方法将需要的声音素材录制并保存下来，其步骤同"录制计算机内部播放的声音"。

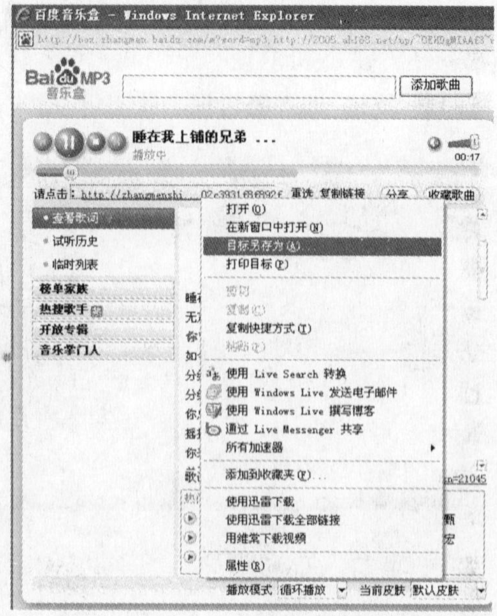

图 4-13　百度 MP3 音乐盒

(二) 数字音频素材的处理

对数字音频素材进行后期的处理,使之更符合在多媒体作品中表现的需要。常用的音频处理软件有 Adobe 公司的 Audition,其前身为 Syntrillium 公司出品的多音轨编辑工具的 Cool Edit Pro,2003 年 5 月被 Adobe 收购,改名为"Adobe Audition";声卡附带的声音处理软件包,如 Creative 的 Wave Studio(录音大师);Sonic Foundry 公司的 SoundForge;Ulead 公司的 Media Studio 以及方便实用的 GoldWave 等,Windows 自带的"录音机"也可以进行简单的声音素材编辑。本实验以 Cool Edit Pro 为例,介绍数字音频素材的处理方法。

1. 音频编辑

(1) 熟悉 Cool Edit Pro 工作界面。双击 Cool Edit Pro 图标,打开 Cool Edit Pro 工作界面,如图 4-14 所示。

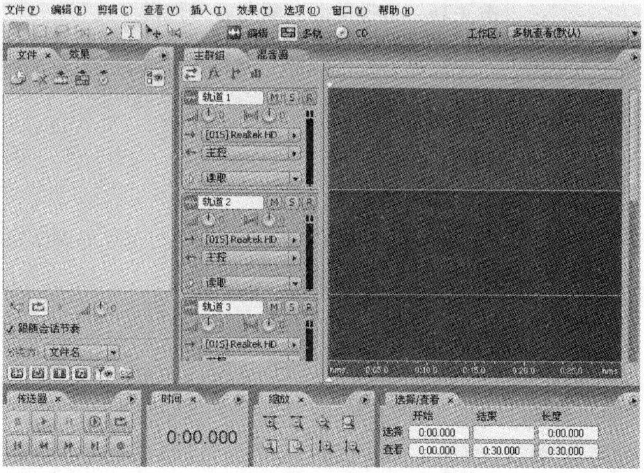

图 4-14　Cool Edit Pro 界面

（2）打开音频文件。选择“文件＞导入”，在弹出的导入窗口中选择需要编辑的音频素材，单击打开按钮，将音频素材导入到 Cool Edit。

（3）单击工具栏中的“编辑”按钮，进入编辑视图状态，如图 4-15 所示。

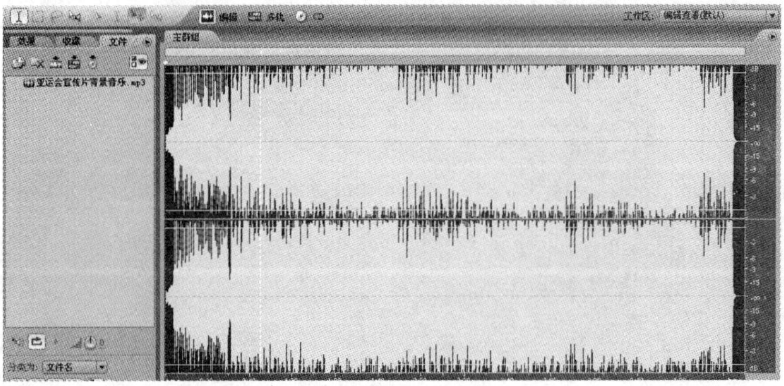

图 4-15 编辑视图状态

（4）选择需要剪辑的音频片段。单击选择工具“”，用选择工具直接选取音频区域，或者在“选择/查看”窗口中输入音频开始和结束的时间段点，被选择的音频波形如图 4-16 所示。

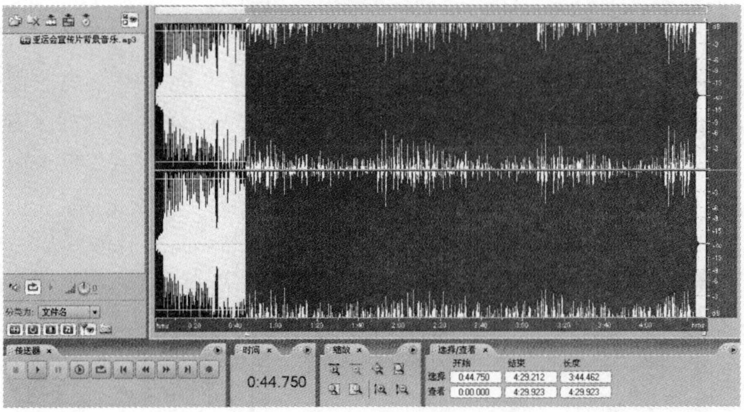

图 4-16 选择需要剪辑的音频片段

（5）对选择的音频片段进行编辑处理。在被选取的音频波形上单击鼠标右键，在菜单中选择删除、剪切等操作，可以对选取的音频片段进行相应的编辑。

2. 调整音量

通过自己录制、网络下载等方式获取的数字音频资源，音量的大小不一定一致，这就为接下来的多媒体作品的创作带来了不便。文件的音量太大或太小时，我们可以通过设置振幅增益或振幅衰减来实现音量的放大或缩小，在 Cool Edit Pro 中，可以通过设置放大效果器里左右声道的增益量或衰减量，来实现音量的调整。

打开音频素材，进入编辑视图界面，单击“效果＞幅度”，双击放大，在弹出的窗口中单击预设效果下拉菜单，如图 4-17 所示。

按照需要选择适当的增益，如图 4-18 所示，选择之后可以单击“”进行试听，完成试听以后单击确定按钮，完成音量放大或减小的调整。

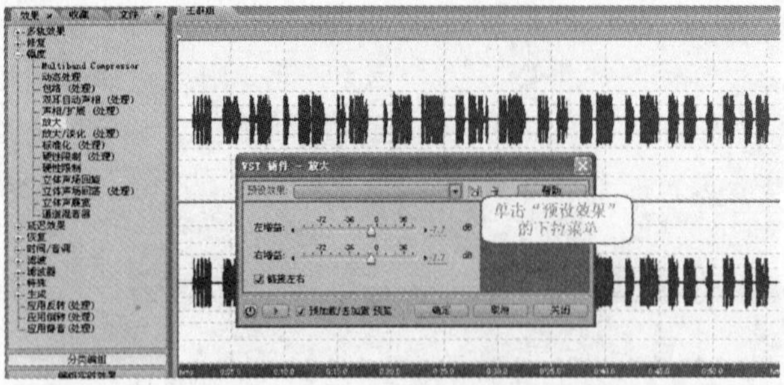

图 4-17　预设效果设置

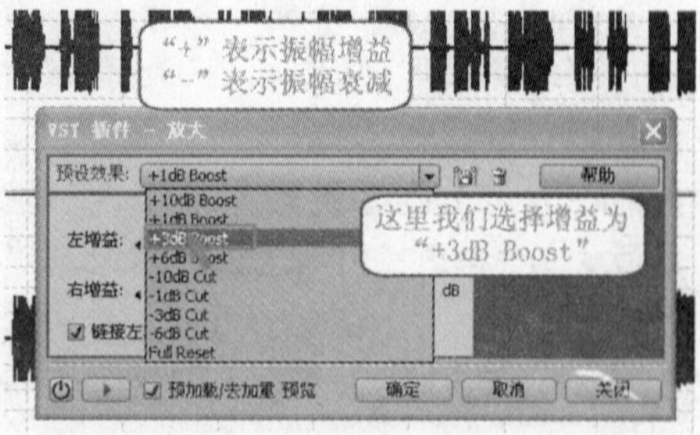

图 4-18　选择适当的增益

3. 特效处理

(1) 淡入淡出效果。很多音频在开始或是结尾的部分采用淡入淡出的效果，淡入是指声音开始时音量很小甚至无声，然后声音逐渐响起直至正常音量。淡出效果是在声音的结尾部分，音量缓缓地降低，直到无声，其波形图如图 4-19 所示，多媒体作品中运用淡入淡出的声音效果，可使音效过渡自然流畅。

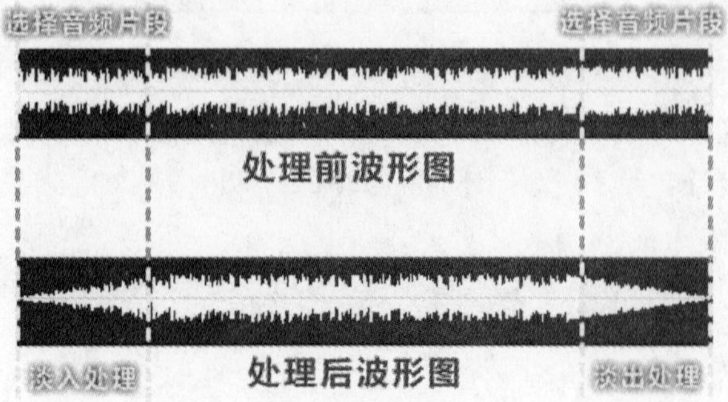

图 4-19　淡入淡出声音效果

① 打开需要处理的声音文件，用选择工具“[I]”选择需要淡入处理的波形片段，如图 4-20 所示。

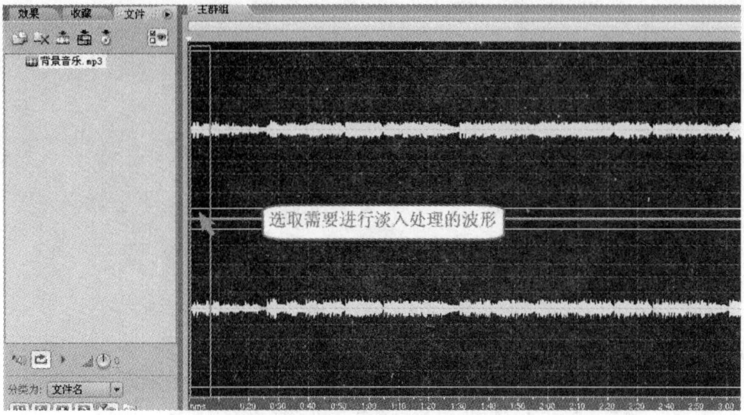

图 4-20　选取需要淡入处理的波形片段

② 单击“效果>幅度>放大/淡化(处理)”,在弹出的放大/淡化设置窗口中,拖动滑块进行相应的设置,如图 4-21 所示。初始放大与最终放大以 0 为界点,小于 0 则音量减小,大于 0 则音量放大,等于 0 则音量不变。淡入效果音量逐渐变大,设置初始放大值<0,最终放大值=0;淡出则音量逐渐变小,应设置初始放大值=0,最终放大值<0。这里,我们设置初始放大值为“－18dB”,最终放大值为“0dB”。

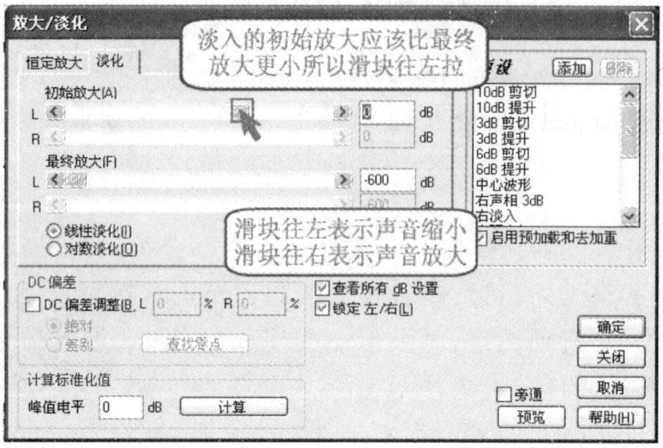

图 4-21　放大/淡化设置窗口

③ 单击预览按钮,可以试听处理后的效果。单击确定按钮,完成淡入处理。

④ 按照相同的方法,选择音乐的后半段,设置初始放大值为“0dB”,最终放大值为“－18dB”,完成淡出处理。

(2) 音调调整。根据作品配音的特殊需要,有时一个人可以同时配几个人的声音效果,如男生变女生、女生配老人声音等,都可以利用音调调整效果实现。

① 导入音频素材,进入编辑视图界面,单击“效果>时间/音调”,双击移调,弹出 VST 插件-移调窗口,如图 4-22 所示。

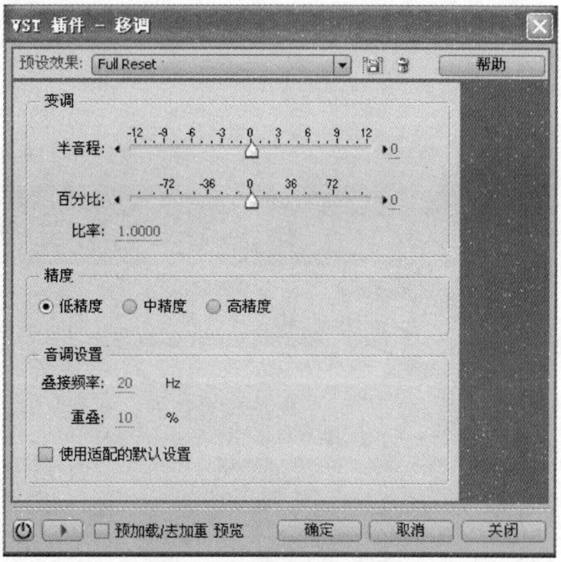

图 4-22　VST 插件—移调

② 通过移动半音程滑块改变音调，设置值小于0，则实现降调；设置值大于0，则升调，还可以进行精度等的设置。

③ 单击“”按钮，预览试听效果，满意后单击确定按钮，完成音频的移调处理。

(3) 降噪处理。我们自行录制的声音中由于条件有限，往往夹杂一些环境背景噪声，本实验将利用采样降噪的方法进行降噪处理。采样降噪首先获取一段纯噪声的频率特性，然后在掺杂噪声的音乐波形中，将符合该频率特性的噪声从声音中去除。

① 导入要进行降噪处理的音乐素材，进入编辑视图界面。会看到波形开头部分显示出一个较低的电平，如图4-23所示，即没有语音的一小段波形，这个噪声就是基础噪声，在波形图上不明显的时候，我们也可以通过在正式录音前单独录制一段环境噪音，然后对这段基础噪声进行“采样”。

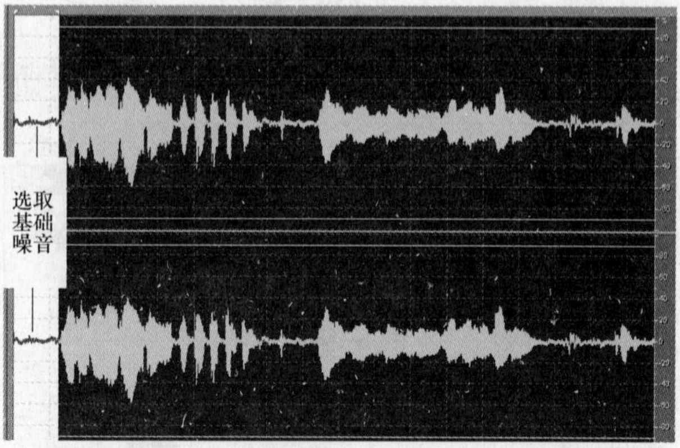

图4-23 选取基础噪声波形进行“采样”

② 选取基础噪声，单击“效果＞噪音消除”，双击“降噪器”，弹出降噪器窗口，如图4-24所示，单击噪音采样并保存采样。

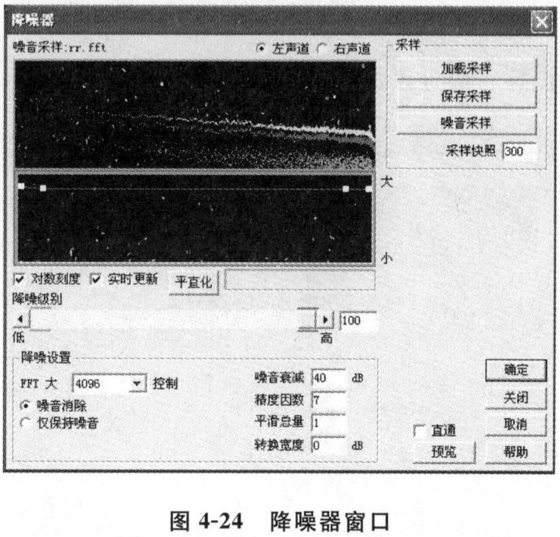

图4-24 降噪器窗口

③ 选取全部波形，单击“效果＞噪音消除”，双击降噪器，单击加载采样，将保存的采样加载进来，单击确定，则完成降噪处理，降噪后的波形图，如图4-25所示。

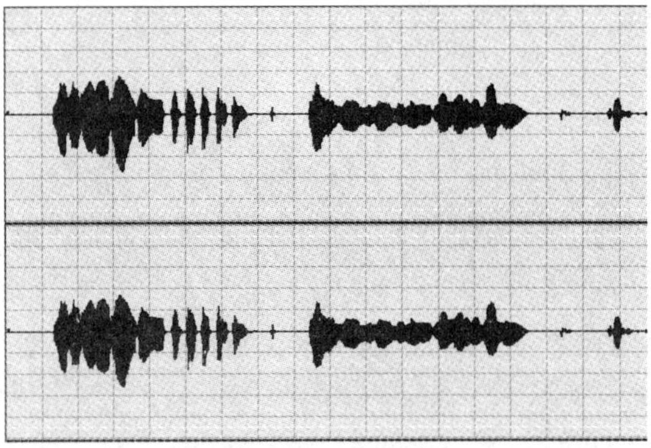

图 4-25　降噪后波形

④ 消除嘶声。录制好的声音中，如果出现持续的“嘶嘶”的噪音，可以通过“嘶声消除”进行处理，如图 4-26 所示，可以在预置选择高嘶声、轻微嘶声和标准嘶声减少的方案，也可以通过拖动滑块的方式微调调整环境噪音。

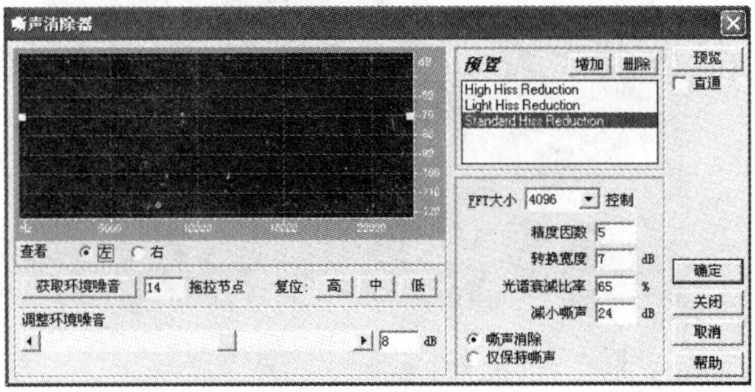

图 4-26　嘶声消除器

⑤ 消除咔嗒声/噗声。咔嗒声、噗声也是常见的噪声，可以通过爆音消除器进行消除，如图 4-27 所示。通过预置栏提供的四种方案，并设置灵敏度和识别即可。注意较低的数值可以找到更多的爆音，但也会消除一部分正常的人声，所以需要反复预演直至找到最合适的数值。

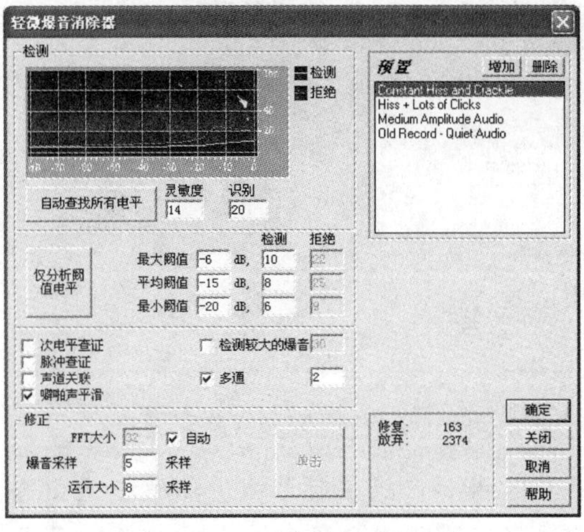

图 4-27　爆音消除器

(4) 人声消除。通常一首歌曲包括原唱和伴奏音乐，但有时为了配音需要把歌曲中的原唱人声消除。原唱有两个特征：一是人声的声像位置在整个声场的中央(左右声道平衡分布)；二是声音频率集中在中频和高频部分。所以只要把左右声道的对等声音且频率集中在中频和高频部分的声音消除，即可消除歌曲中的人声。

① 导入歌曲素材，进入编辑视图界面。

② 单击“效果＞波形振幅”，双击声道重混缩，打开声道重混缩设置窗口，如图 4-28 所示，在预置栏中选择 Vocal Cut。

③ 调整新建左声道和新建右声道中的值到适当位置，单击预览试听效果，直到最佳，单击确定并保存文件，即可得到音乐伴奏带。

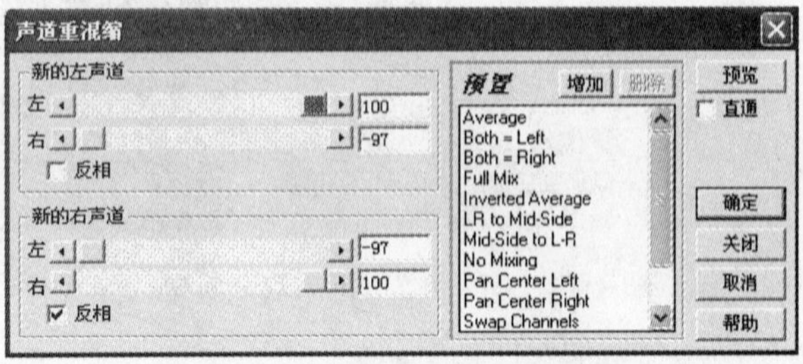

图 4-28 “声道重混缩”设置窗口

④ 对比消除人声前后波形变化图，并记录在实验报告中。

4. 音频合成

在对音频处理时，很多时候需要进行音频合成，音频的合成需要用到多轨。多轨音频合成是指将多个音轨和谐地合并在一起，例如将背景音乐和解说合为一个单独的音频文件。

(1) 认识多轨编辑界面。

① 多轨视图界面是对工程文件中每个音轨进行整体性编辑与宏观处理的工作平台，如图 4-29 所示，单击工具栏中的“多轨”切换按钮，切换到多轨视图模式。

图 4-29 多轨视图界面

② 在文件列表中，选中音频文件，然后单击“ ”按钮，即可将音频文件插入到音轨中，也可以直接拖动文件列表中的声音文件到相关的音轨，还可以在音轨上单击鼠标右键直接插入声音文件，如图 4-30 所示。

③ 通过单击“移动/复制＞剪辑工具”对音频文件进行移动或剪辑。

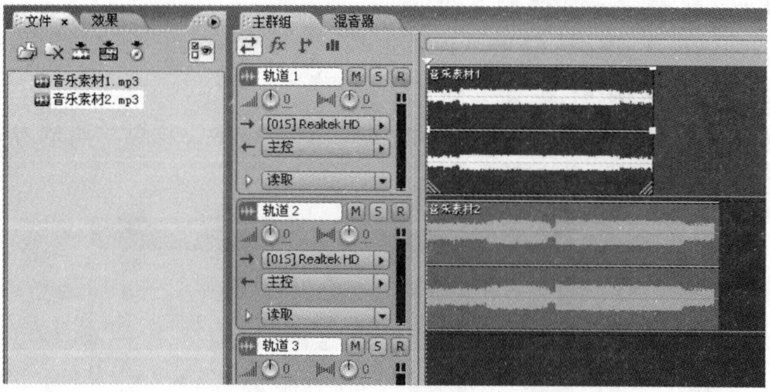

图 4-30　将音频文件插入到音轨中

(2) 多轨合成实践。

以小组为单位，制作一个配乐朗诵的音频作品。

要求：背景音乐要与朗诵材料主题一致。背景音乐用淡入淡出的效果。朗诵的语音部分要进行降噪处理。将朗诵与背景音乐以多轨合成的方式，保存为 MP3 格式的文件。

五、实验讨论与评价

(一) 思考与讨论

1. 获取数字音频资源主要有哪几种方法？

2. 利用 Windows 自带的录音机录制来自麦克风的声音时，录制不成功的原因可能有哪些？

3. 影响数字音频质量的因素主要有哪些？我们如何提高声音质量？

(二) 评价

小组成员之间互相检查和评价音频作品的质量，注意：

1. 背景音乐是否与朗诵主题风格一致。

2. 音乐、音效过渡是否自然流畅。

3. 噪音、噗声是否去除。

六、实验报告

撰写实验报告，注意写明实验过程中遇到的问题和解决方法。

实验五　视频与动画素材的获取

一、实验目的

1. 了解视频和动画资源的常用格式。
2. 学会视频和动画资源的获取方法。
3. 能对数字视频资源进行简单的加工处理。

二、实验设备与相关软件

1. 连接 Internet 的多媒体计算机。
2. 数字摄像机、数码照相机。

三、实验基本理论

（一）多媒体作品中的数字视频与动画

数字视频是由一组连续播放的数字图像和一段随图像同时播放的数字伴音共同组成的多媒体集合，它以生动直观等特点在多媒体作品中得到广泛应用。动画与数字视频很相似，只是动画画面以绘画或模型为主，视频画面多是对现实世界的真实记录，但随着多媒体技术的发展，视频画面中往往夹杂着电脑绘制的人物或场景，数字视频与动画的概念界限越来越模糊。

多媒体作品中数字视频可以借助计算机的控制能力，实现视频的播放、暂停、单帧播放、反序播放等效果用来表现事物细节，呈现一些对学习者感觉比较陌生的事物，视频的信息量比较大，具有更强的感染力，通常视频采用声画结合的形式，即在呈现事物图像的同时，伴有解说效果或背景音乐。视频文件通常比较大，应用在多媒体作品中的数字视频都是经过压缩的，但采用压缩标准不同，视听品质良莠不齐，我们在保证图像质量的同时，应尽可能地缩小画面尺寸或分割文件。

动画是对事物运动、变化过程的模拟。动画分为二维动画和三维动画，动画的设计制作一般利用多媒体计算机软件突出强化了事物运动、变化过程中的本质要素，忽略了次要因素，因此，动画有利于描述事物运动、变化的过程。此外，经过创意设计的动画增加了夸张、幽默等元素，使动画更加生动有趣，有利于激发学习者的兴趣和积极性。

数字视频与动画的基本单元都是帧(Frame)，一屏画面就是一帧，通常用时间码来识别和记录数据流中的每一帧画面。动画和电视工程师协会 SMPTE(Society of Motion Picture and Television Engineers)使用的时间码标准格式为："小时：分钟：秒：帧"，其播放速度的单位常用的是 FPS(帧每秒，Frames Percent Second)。

（二）常用数字视频文件格式

1. AVI 格式

AVI(Audio Video Interleaved)格式，即音频、视频交错格式，文件扩展名为“*.avi”，可以将视频和音频交织在一起同步进行播放。AVI 是 Microsoft 公司推出的视频格式，优点是图像质量好，通用性好，可以跨平台使用，一般的媒体播放器均可播放 AVI 格式的视频文件；缺点是文件体积过于庞大，压缩标准不统一。AVI 文件格式不具有兼容性，经常遇到高版本 Windows 媒体播放器播放不了早期编码编辑的 AVI 格式视频，低版本 Windows 媒体播放器又播放不了采用最新编码编辑的 AVI 格式视频。在实际应用中，为了高质量地保存电影、电视等各种影像的原始素材等影像信息，往往以 AVI 格式进行保存，确保图像不失真。

2. MPEG 格式

MPEG(Moving Picture Expert Group)，即运动图像专家组格式，VCD、SVCD、DVD 就是这种格式。MPEG 文件格式是运动图像压缩算法的国际标准，它采用了有损压缩方法来减少运动图像中的冗余信息。目前 MPEG 格式有三个压缩标准，分别是 MPEG-1，MPEG-2 和 MPEG-4。

(1) MPEG-1。MPEG-1 制定于 1992 年，为工业级标准而设计，是针对 1.5Mbps 以下数据传输率的数字存储媒体运动图像及伴音编码而设计的国际标准，它对于较低的传输速率、窄带宽的应用相当完善。文件扩展名主要包括“*.mpg”、“*.mlv”、“*.mpe”、“*.mpeg”及 VCD 光盘的“*.dat”等。

(2) MPEG-2。MPEG-2 制定于 1994 年，设计目标是高级工业标准的图像质量以及更高的传输率。MPEG-2 所能提供的传输率为 3～15Mbps，在 NTSC 制式下的分辨率可达 720×486，MPEG-2 可提供并能够提供广播级的视像和 CD 级的音质。大多数 MPEG-2 解码器也可播放 MPEG-1 格式的数据，如 VCD。由于 MPEG-2 的出色性能表现，已能适用于 HDTV，使得原打算为 HDTV 设计的 MPEG-3，还没出世就被抛弃了。MPEG-2 的文件扩展名主要包括“*.mpg”、“*.mpe”、“*.mpeg”、“*.m2v”及 DVD 光盘的“*.vob”等。

(3) MPEG-4。MPEG-4 制定于 1998 年，是为了播放流式媒体的高质量视频而专门设计的，可利用很窄的带宽，通过帧重建技术压缩和传输数据，以求使用最少的数据获得最佳的图像质量，它能够保存接近于 DVD 画质的小体积视频文件。MPEG-4 的文件扩展名主要包括“*.asf”、“*.mov”、“*.DivX”和“*.avi”等。

3. QuickTime 格式

QuickTime 是 Apple 公司开发的一种音频、视频文件格式，文件扩展名为“*.mov”，具有较高的压缩比率和较完美的视频清晰度，支持 25 位彩色和领先的集成压缩技术，具有跨平台性，不仅支持 MacOS，同样支持 Windows 系列。由于得到业界的广泛认可，目前已成为数字媒体软件技术领域的工业标准。

QuickTime 也是一种常见的网络流媒体格式，能够自动选择网络传输速率和不同的图像质量，可实现边传输边播放视频图像的流式传送方式。QuickTime 还可以提供基于虚拟现实技术的 QuickTime VR 全景视图的图像格式，用户可以利用鼠标或键盘进行 360°的图像欣赏。

4. Windows Media Video 格式

Windows Media Video 是 Microsoft 公司推出的一种采用独立编码方式并且可以直接在网上实时观看视频节目的文件压缩格式，其文件扩展名为“*.wmv”。由于可在 Windows 系统自带的媒体播放器 Windows Media Player 中即可播放，所以成为多媒体作品中常用的视频素材格式。由于 WMV 格式的视频压缩码率高，存储容量小，传输速率快，因此是网络上主流的流媒体格式之一。

5. RealMedia 格式

RealMedia 是 Real Networks 公司开发的一种主要用于网络实时传输视频和音频的视频压缩文件格式，文件扩展名为“*.rm”和“*.rmvb”。RealMedia 可以根据不同的网络传输速率制定出不同的压缩比率，利用流媒体传输技术，在 Realplayer 播放器上实现接收低速率的网络影像数据的实时传送和播放。RMVB 是 RM 视频格式升级延伸的视频格式，它打破了原先 RM 格式那种平均压缩采样的方式，在保证平均压缩比的基础上，合理利用比特率资源，在静止和动作场面少的画面场景采用较低的编码速率，留出更多的带宽空间用于快速运动的画面场景。这样既保证了静止画面质量，也大幅提高了运动图像的画面质量，从而在图像质量和文件大小之间达到了较好的平衡。

6. FLASH VIDIO 格式

FLASH VIDIO 格式，文件扩展名为“*.flv”，是一种全新的流媒体视频格式，它利用了网页上广泛使用的 Flash Player 平台，将视频整合到 Flash 动画中。也就是说，网站的访问者只要能看 Flash 动画，自然也能看 FLV 格式视频，而无需再额外安装其他视频插件，FLV 的压缩与转换非常方便，适合制作短片。FLV 视频的使用给互联网视频传播带来了极大便利，已迅速成为网络传播的主流视频动画媒体文件格式。

(三) 常用动画文件格式

1. SWF 格式

SWF(Shockwave Flash)格式动画，即 Flash 动画，是 Adobe 公司推出的 Flash 软件的交互式矢量动画格式。Flash 动画是利用矢量技术制作的，其文件小、方便网络传输，并且不管用户将画面放大多少倍，画面仍然清晰流畅，不会失真，所以特别适合描述几何图形组成的动画，还能辅之 MP3 音乐。Flash 动画其实是一种“准”流(Stream)形式的文件，也就是说，我们在观看的时候，可以不必等到动画文件全部下载到本地再观看，而是可以边下载边欣赏，用于教学演示和网上播放恰到好处。

在 Director 中，可以轻松地使用 Flash 制作出来的交互式多媒体素材。Director 还提供了一套内置的 Flash 组件。Director 具有完全控制 SWF 文件细节的能力，能够改变 SWF 文件原有的交互，SWF 文件可以通过 ActionScript 语言与 Director 进行通信。Director 虽然也能制作动画，但表现力与精美程度远不如 Flash，因此利用 Flash 制作交互式矢量动画素材，再用 Director 对其进行整合和控制，不失为制作优秀多媒体作品的选择。

2. GIF 动画

GIF 动画即 GIF 格式的动画文件。GIF(Graphics Interchange Format)格式的文件由于采用了无损数据压缩的方法，文件数据量较小，因此被广泛采用。在专门技术的支持下，

GIF格式的文件可以保存多画面的连续图像，当打开此类文件时，这些画面会自动循环播放，这就是我们常说的GIF动画了，它的文件扩展名为“.gif”。目前Internet上大量采用的彩色动画多为这种格式。GIF动画的特点有三：其一，图像色彩不超过256色，因此几乎所有显示器都支持GIF动画，用户不必考虑显示器的色彩失真问题；其二，GIF格式采用了LWZ压缩方式，压缩和解压缩速度快，不会耽误显示时间且图像清晰度高；其三，制作GIF动画的软件众多，且直观、生动、小巧，易学易用。

3. AVI动画

AVI动画即AVI格式的动画文件，AVI格式是对视频、音频文件采用的一种压缩的方式，可将音频和视频混合到一起，其文件扩展名为“.avi”。使用三维动画软件制作的动画通常会生成AVI格式的文件。由于AVI格式是Microsoft公司的Video for Window支持的文件格式，所以在Windows环境下无需专门的播放器即可播放，因此应用广泛。

（四）视频素材的获取

数字视频素材的采集有五种常见方式：

第一，利用数码相机、摄像机直接录制数字视频信息。

第二，通过网络下载视频素材。

第三，通过软件录制计算机屏幕视频。

第四，截取并转换影视DVD、VCD光盘中的视频片段。

第五，通过视频捕捉卡，将录像带或摄像机中的模拟视频信号转换为数字信号储存在计算机中。

对于采集获取到的视频素材，一般还需要利用软件工具进行编辑加工处理，常用的软件有Adobe Priemere、Ulead Media Studio会声会影、Video Studio、Sony Vegas、超级解霸等，具体操作在本系列实验教材《广播电视摄、录、编》中有详细介绍。

四、实验内容与步骤

（一）视频素材的采集

1. 利用DV摄像机录制视频素材

(1) 建立摄制小组。

(2) 确定拍摄主题与分工。

(3) 撰写分镜头脚本。

(4) 确定拍摄时间、地点与实验器材的借用。

(5) 进行拍摄，注意摄像机电池的电量、存储卡（或录像带）的容量等。

2. 搜索并下载网络视频资源

当前的网络视频文件以FLV格式为主，一般可以利用迅雷、Flashget等通用软件下载工具进行下载，也可以利用维棠FLV视频专用下载软件，利用土豆网、优酷网提供的播放器也可以进行下载。

(1) 通过网络搜索下载“维棠”最新版本，并进行安装。

(2) 利用百度视频，输入关键词，则可以搜索到与关键词相关的视频资源，如图 5-1 所示。

图 5-1 百度视频搜索

(3) 单击视频缩略图，打开相应的网页查看视频，对于需要下载的视频网页，可以单击视频下方的“分享”按钮，则弹出视频地址的菜单，如图 5-2 所示。单击视频地址栏后面的复制按钮，如果 IE 浏览器弹出“确实允许此网页访问‘剪贴板’吗？”请选择“允许访问”，则“复制成功”。

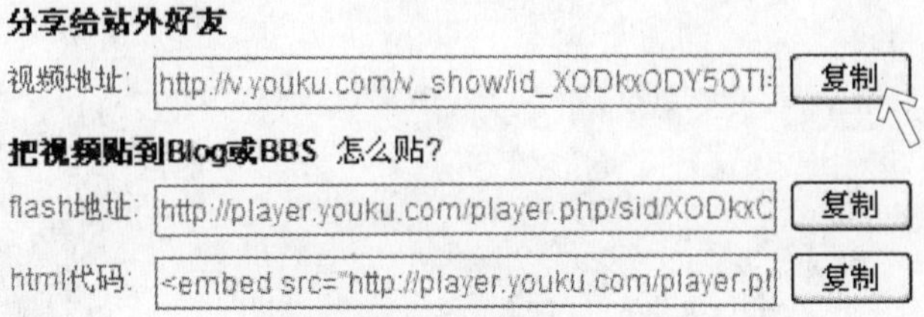

图 5-2 分享视频网址

(4) 打开维棠 FLV 视频下载软件，单击“新建”按钮，则弹出添加新的下载任务对话窗口，如图 5-3 所示。我们可以注意到上一步复制的网址已经自动出现在视频网址栏中，选择好下载文件保存的文件夹路径，单击确定即可进行下载。

(5) 下载完成后，找到该文件，利用维棠 FLV 播放器浏览该视频文件。

(6) 上机实践，通过互联网查找并下载关于简笔画的网络视频教程。

3. 利用录屏工具录制视频素材

在计算机操作类的一些课程教学中，经常需要演示与示范计算机的操作过程，如果能将操作过程以视频的方式记录下来供学生课后自主学习，将会大大提高教学效率。录制计算机屏幕变化过程的常用视频软件有 Snagit、屏幕录像专家、Camtasia Recorder 等，使用它们

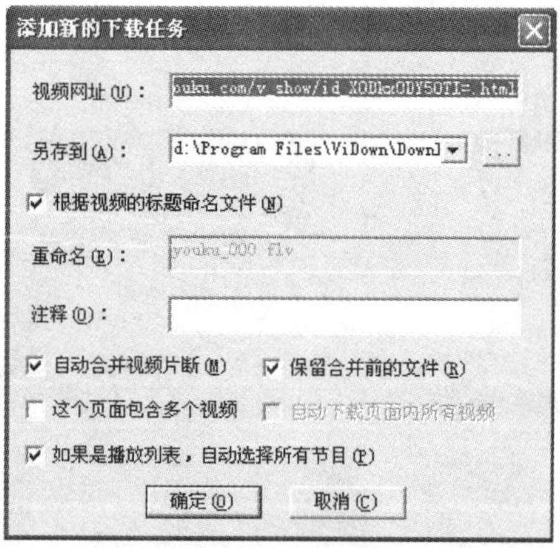

图 5-3　维棠下载任务对话窗口

可以轻松地将电脑屏幕上的操作过程、网络教学课件、网络电视、网络电影、聊天视频等录制成 FLASH 动画、WMV 视频、AVI 动画或者自动运行的 EXE 应用程序文件等，它们的操作和功能大同小异，本实验将“屏幕录像专家”为例，实践其操作过程。

(1) 通过网络搜索并下载安装“屏幕录像专家”共享版软件。

(2) 启动屏幕录像专家软件，其工作界面如图 5-4 所示。

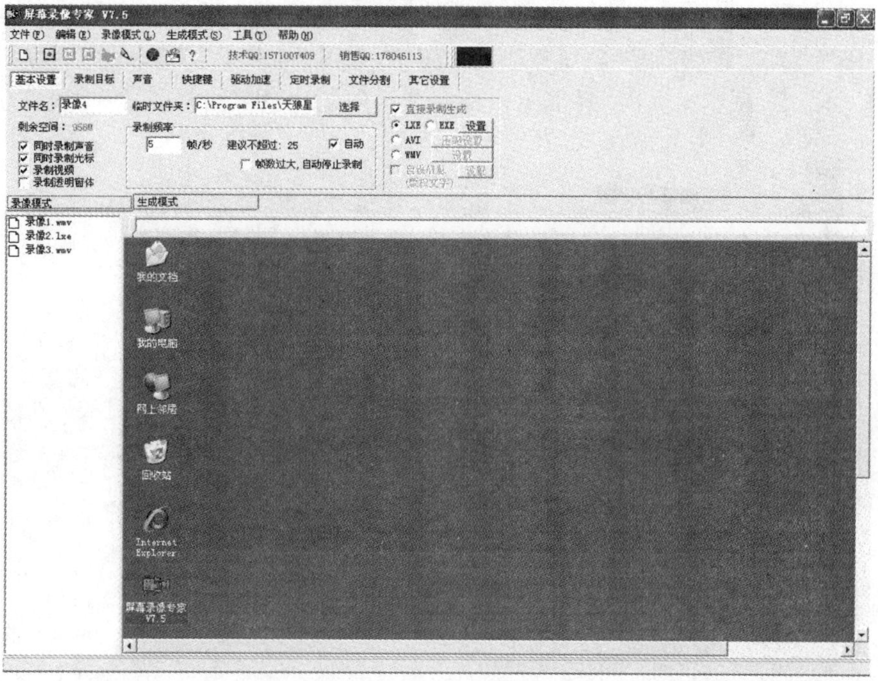

图 5-4　屏幕录像专家工作窗口

(3) 选择面板上直接录制生成和 WMV 格式，在弹出的对话窗口中，设置输出图像尺寸。

(4) 选择临时文件夹的路径，设置输出文件的保存位置。

(5) 选择是否同时录制声音、光标、视频等选项。

(6) 上机实践。

① 打开中国网络电视台的电视直播栏目(http://bugu.cntv.cn/live/index.shtml),录制一段在线直播的新闻节目,注意视频要全屏显示。

② 录制一段鼠标动态操作过程的 SWF 格式动画视频,讲解屏幕录像专家软件的主要功能和使用方法,注意要配有解说录音。

4. 采集光盘的视频素材

利用“超级解霸”软件可以截取 DVD、VCD 光盘中的精彩影视片段,操作步骤如下:

(1) 播放 DVD 影视文件。启动“超级解霸”程序软件,单击“”按钮,即可播放 DVD 或 VCD 光盘中的影视文件,其控制窗口如图 5-5 所示。

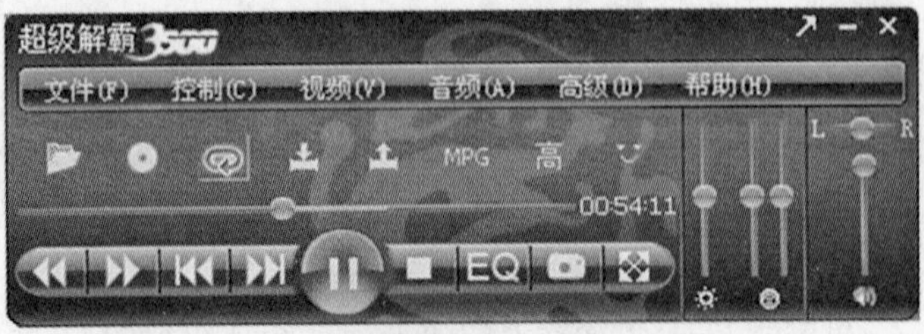

图 5-5 “超级解霸”控制窗口

(2) 选择采集的起始位置和终止位置。单击“”可以看到当鼠标接近播放进度条时图标变为双箭头。拖动鼠标到欲截取的片断的起始位置,单击“”选择开始点,再将游标拖至采集区域的终止位置,单击“”选择结束点,黄色的部分就是选定的要截取的片段。

最后单击“MPG”按钮,将指定区域录制为 MPG 或 MPV(MPV 文件只有视频无音频)文件。系统会提示输入视频的文件名,请注意选择正确的文件类型。

(3) 视频格式的转换。豪杰视频通是一款常用的视频转换工具,支持直接从 DVD 光盘转为 VCD 格式;也支持把 AVI、DAT、VOB、MPG 等视频文件格式转化为 MPEG1、MPEG2、RM、GIF 动画,其工作界面如图 5-6 所示,其操作简单明了,在此不作详细介绍。

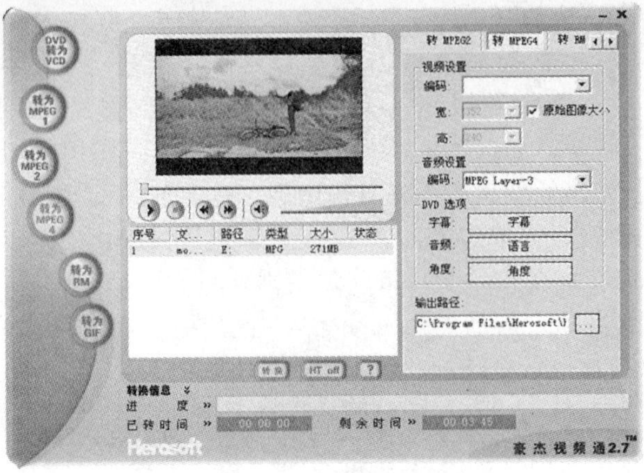

图 5-6 “豪杰视频通”工作界面

（4）上机实践

使用“超级解霸”软件，截取 VCD 或 DVD 光盘中的影视片段，并利用豪杰视频通将该视频片段转换成 RM 格式，保存在个人文件夹下。

（二）GIF 动画的制作

GIF 格式的动画采用了压缩的文件存储方式，读取方便，广泛应用于网页与多媒体作品中。GIF 动画制作的常用软件有 Adobe ImageReady、Adobe Firework、Animator 等，Adobe ImageReady 是内嵌于 Photoshop 中的一个软件，继承了 Photoshop 的图片处理功能，比较适合同一张画面的变化生成的动画过程，而 Animator 比较适用于不同、但有一定逻辑联系的画面的组合形成的动画，其操作步骤如下：

（1）通过网络下载最新版本的 Animator 工具软件并安装，这里我们推荐 Easy GIF Animator 绿色汉化版。

（2）启动 Easy GIF Animator，其工作界面如图 5-7 所示。

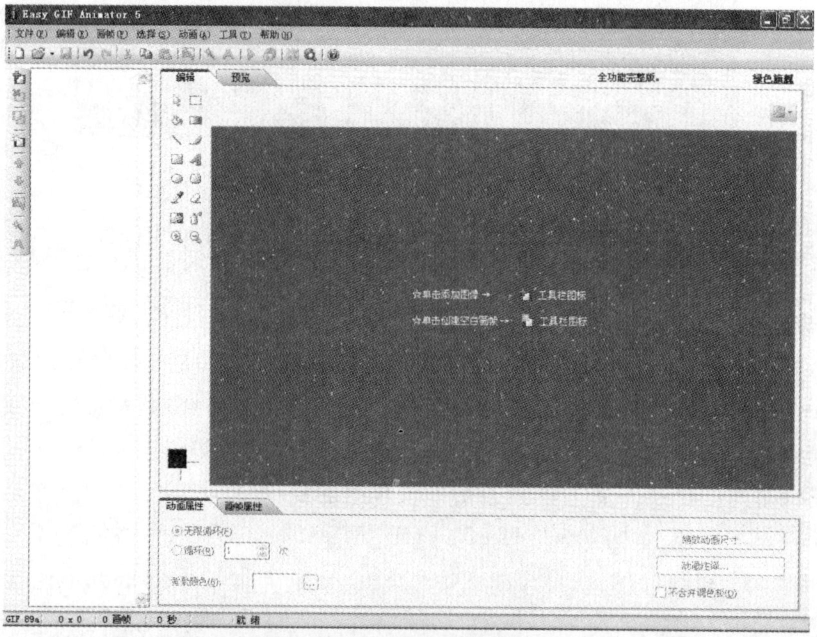

图 5-7　Easy GIF Animator 工作界面

（3）单击“添加图像”或“ ”按钮，选择导入几张准备制作动画的图片素材。例如，我们选择了 2010 世博会中国馆展出的不同时代中国家庭客厅的变迁的四张照片，通过编辑工具可以对每张照片画面进行简单的加工处理，也可以对每张画面的延迟时间、画面播放顺序等进行调整，如图 5-8 所示，单击预览可以欣赏动画效果。

（4）单击动画属性按钮设置动画为无限循环播放，缩放动画尺寸宽度为“320”像素，注意选中平滑缩放和保持比率两个选项。

（5）单击“ ”保存即可生成一个四张图片连续播放的 GIF 格式动画。

（6）上机实践：利用数码相机拍摄几张图片，制作成 GIF 格式动画，要注意图片的衔接有一定逻辑关系，可以是方位关系、因果关系等，照片素材的像素不宜过大。

图 5-8　设置每张图片效果的编辑窗口

五、实验讨论与评价

(一) 思考与讨论

1. 获取数字视频资源主要有哪几种方法?
2. 数字视频与动画素材的区别与联系是什么?
3. 在保证素材图像的质量基础上,怎样使视频文件容量更小?

(二) 评价

小组成员之间互相检查和评价:

1. 拍摄的 DV 作品素材的质量,以及编辑处理后的效果。
2. 自行录制的电脑屏幕视频动画的质量,以及解说配音的效果。
3. GIF 动画的制作,动画画面是否连贯、流畅,并有一定的意义。

六、实验报告

撰写实验报告,注意写明实验过程中遇到的问题和解决方法。

实验六　Director 基本操作

一、实验目的

1. 熟悉 Director 基本工作窗口 Stage、Cast、Score、Property Inspector。
2. 掌握演员创作工具 Paint、Tools、Vector Shape、Text 的基本功能。
3. 体验利用 Director 工具创作多媒体作品的基本步骤与方法。

二、实验设备与相关软件

1. 能够连接 Internet 的多媒体计算机。
2. Director 等软件。

三、实验基本理论

（一）Director 的功能

Adobe Director 是一个功能强大的专业多媒体著作工具，堪称开发多媒体电影的“梦工厂”，我们可以利用它创作并发布精美的多媒体作品，制作各种多媒体演示程序或者更为复杂的交互式游戏软件、Demo 原型以及 E-Learning 课程等，应用在企业局域网或 Internet 网络上。不论是制作高质量的 CD 或 DVD 光盘、用于各种广告展示、开发教育软件，还是着力于娱乐业的应用，Director 都能兼容最广泛的媒体类型，为充分施展我们的创造力提供了一个互动平台。而要实现这些功能，用户甚至可以不必具备任何编程知识，“好用”、“易用”正是 Director 能成为当今多媒体主流开发工具的原因。

利用 Director 我们可以：

(1) 在多媒体作品里插入各种媒体格式，包括位图、音频、FLV 视频、DVD 视频、Windows 媒体格式、Real 格式、QuickTime 格式、Flash 格式以及 3D 模型等媒体内容。

(2) 与其他 Adobe 系列产品实现无缝连接，包括 Adobe Flash、Adobe Photoshop 等。

(3) 利用 Xtra 插件扩展 Director 的编辑环境和播放引擎，使用第三方 Xtra 插件或者自己编写的脚本去控制外部设备，诸如游戏操作杆和照相机等，完成复杂的操作系统的任务。

(4) 通过 Director 提供的多种编辑工具以及脚本语言，利用 Lingo 语言、JavaScript 句法或者二者的组合为作品增加交互或自动放映等效果。

(5) 利用 Director 提供跨平台的作品发布功能，同时发布 Macintosh 和 Windows 平台运行的不同格式的应用程序。

欣赏制作完成的 Director 电影可以通过两种不同方式，一种是直接在用户电脑上以独立的应用程序的形式播放；一种是发布成 Adobe Shockwave 格式，利用安装了 Adobe Shockwave Player 播放器插件的网络浏览器在线观看，Adobe Shockwave Player 可以在 Adobe(http://get.adobe.com/shockwave/)网站上免费下载。

（二）Director 的工作环境

Director 即“导演”的意思。谁是导演？导演就是使用 Director 多媒体创作工具的用户自己，导演根据需求确定开发多媒体作品的主题和内容组织形式，选择外部的多媒体素材工具或利用 Director 提供的工具，创建各种需要的多媒体素材即电影演员，然后指挥它们在舞台上进行表演。因此可以把 Director 整个的创作环境看作是一个电影制片厂，在 Director 中的各种基本操作都和制作电影有着极大的相似性。Director 制作的文件称为 Movie，即“电影”的意思。Director 的工作环境主要包括演员表 Cast、舞台 Stage、剧本 Score、控制面板 Control Panel、属性检查器 Property Inspector 和脚本 Script 窗口等，如图 6-1所示。

图 6-1　Director 的工作环境

1. 演员表 Cast

单击快捷工具栏“”按钮或执行菜单“Window＞Cast”命令，或使用快捷键“Ctrl＋3”都可以切换打开/关闭演员表窗口。Director 电影中各种类型的素材和脚本被称为演员，演员表(如图 6-2 所示)是组织和存放各种类型演员的窗口。利用演员表，用户不仅可以创建或导入新的演员，还可以查看和编辑已经存在的演员。

Director 电影中的演员表分为内部演员表和外部演员表两种类型，演员可以放置在内部演员表中，也可以放置在外部演员表中，用户可以以同样的方式来使用不同类型演员表中所有的演员。在创建一个新电影文件的时候，Director 会自动创建一个内部演员表 Internal。内部演员表保存在电影文件的内部，不能被其他电影文件所共享。

外部演员表以“*.cst”的文件格式独立保存在电影文件之外的，外部演员表必须链接到电影文件中，才能被该电影所使用。一部电影可以链接多个外部演员表，一个外部演员表可

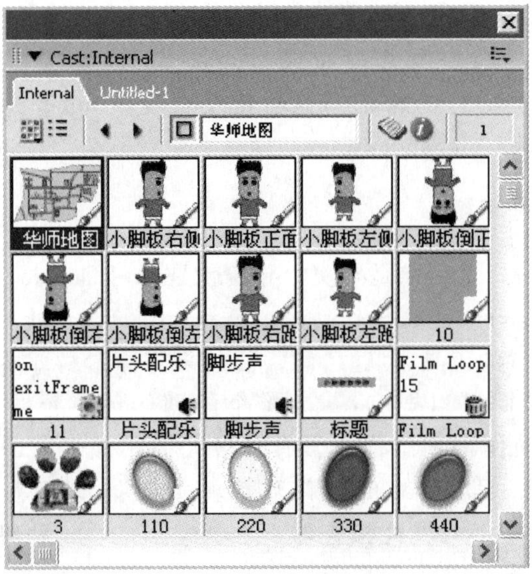

图 6-2　演员表窗口

以被链接到多个电影文件中，因此外部演员表可以作为常用的电影素材库，一般需要在多个场景中重复使用的按钮、音效或脚本演员都可以放在外部演员表中为多个电影文件共享，以提高资源的利用率，减小文件的数据量。

(1) 创建演员表。创建新的演员表，通常有两种方式，可以执行菜单栏“File＞New＞Cast”命令，或者单击演员表窗口左上角的“”Choose Cast 按钮，选择“New cast”命令，打开新建演员表对话框如图 6-3 所示。

在 Name 文本框中输入所要创建演员表的名称，在 Storage 存储类型选项中，选择 Internal 可以创建内部演员表，选择 External 将创建一外部演员表。

选中 External 后，Use in Current Movie 复选框默认也是被选中的状态，即新建的外部演员表将自动链接到当前的电影文件中。单击 Create(创建)按钮，则所创建的外部演员表“按钮”显示在演员表列表中。

单击“”保存，弹出保存外部演员表的对话框窗口，将该演员文件保存在与链接的电影文件的同一个作品文件夹中，则完成创建外部演员表，如图 6-4 所示。

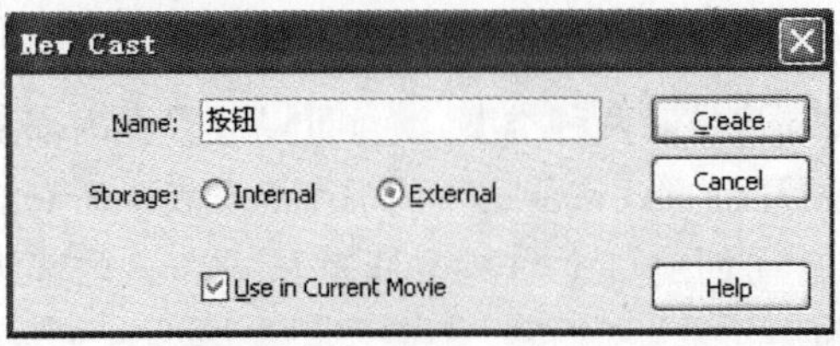

图 6-3　新建演员表对话框

图 6-4　保存外部演员表

(2) 演员表的管理。执行“Modify>Movie>Cast”命令(在 Windows 操作系统中的快捷键为“Ctrl+Shift+C”,在 Macintosh 操作系统中的快捷键为“Shift+Command+C”),打开如图 6-5 所示的 Movie Casts 演员表的管理窗口,将看到本影片所链接的所有演员表的列表。

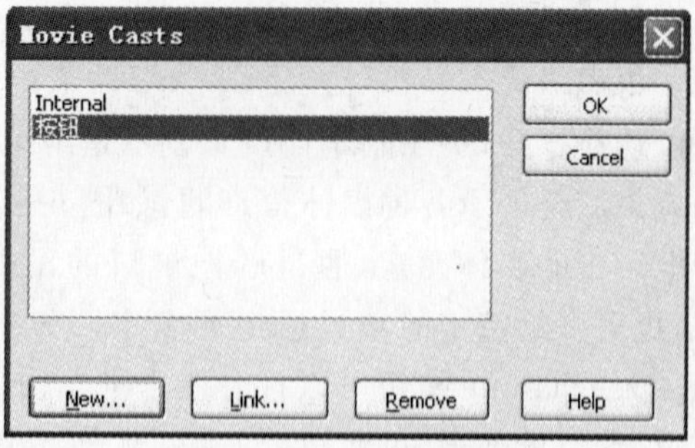

图 6-5　Movie Casts 对话框

单击 New 则打开图 6-3 所示的新建演员表对话框,可以创建新的演员表。

单击 Link,则可以导入并链接外部的演员表。

在列表中选中某一演员表名称,单击 Remove 按钮,则将该演员表从列表中删除,并解除与电影文件的链接关系。

2. 舞台 Stage

单击快捷工具栏“□”按钮或执行菜单“Window>Stage”命令,或使用快捷键“Ctrl+1”可以切换打开/关闭舞台窗口。舞台(如图 6-6 所示)是演员演出的场所,是演示与测试多媒体软件的地方,类似于电影的拍摄现场,也是电影制作完成后,呈现在观众面前的交互式的电影屏幕。在创作电影的时候,用户可以通过属性窗口定义舞台的属性,如舞台的大小、颜色等;通过舞台左下角的视图比例调节可以在不同比例下查看舞台效果;舞台下方还配有播放控制面板。

3. 属性检查器 Property Inspector

单击快捷工具栏“ⓘ”按钮或执行菜单“Window>Property Inspector”命令,或使用快捷键“Ctrl+ALT+S”打开属性检查器窗口,如图 6-7 所示。属性检查器提供了一种非常方便的方式来显示和改变电影中任何选中的单个或多个对象的属性。一旦选中了某一对象,与之相关

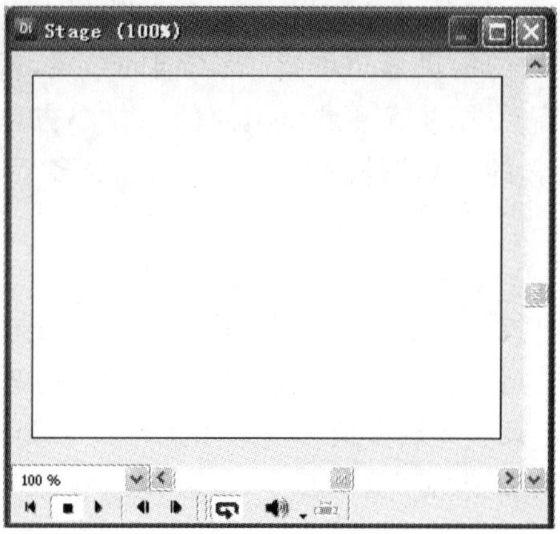

图 6-6　舞台窗口

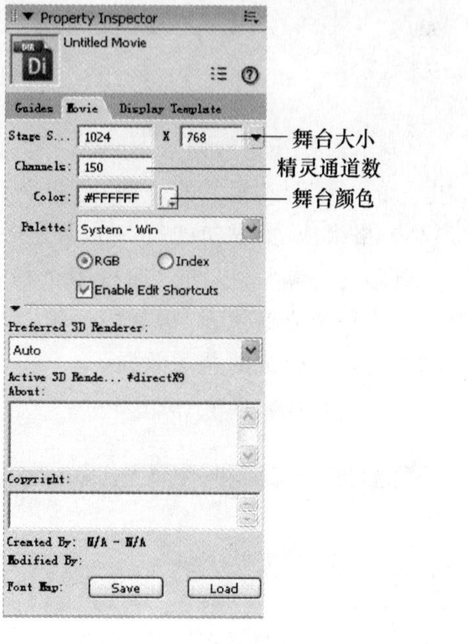

图 6-7　属性检查器

的属性将自动显示在属性检查器窗口中。例如单击舞台空白处，可以在属性窗口中设置电影屏幕的大小，即多媒体作品的屏幕分辨率，舞台颜色即多媒体作品的背景色等相关属性。

4. 剧本 Score

单击快捷工具栏“”按钮或选择菜单“Window＞Score”命令，或使用快捷键“Ctrl＋4”可以切换打开/关闭剧本窗口。剧本是组织与控制电影内容表现形式的平台，是以时间序列的方式综合展示各种媒体信息的，如图 6-8 所示。剧本窗口默认有 150 个通道，主要用来控制电影中的媒体元素，通过属性窗口的设置最多可包含 1 000 个精灵通道，他们以编号显示，也可以给特定的精灵通道起名字以方便查找。单击剧本窗口右上角的“”Hide/Show Effects Channle 按钮可以打开位于剧本窗口顶部的特殊效果通道，从上到下依次为帧速率通道、调色板通道、过渡效果通道、声音 1 声道、声音 2 声道以及帧脚本通道，它们可控制所对应的精灵通道相应帧的播放速度、调色板属性、过渡效果、声音效果以及行为脚本等。

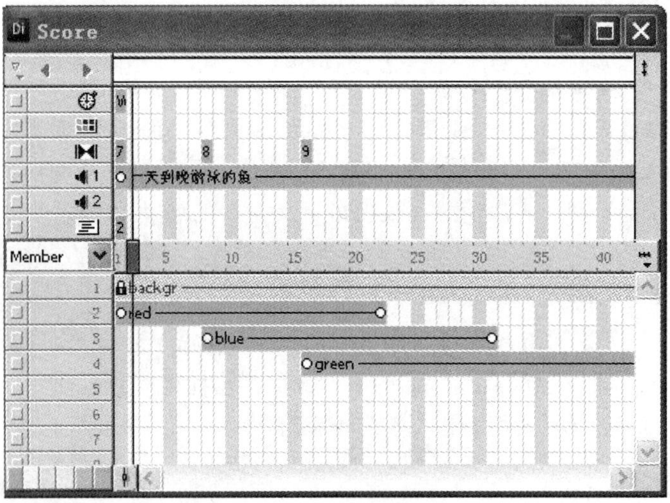

图 6-8 剧本窗口

剧本窗口还包括帧(Frame)以及播放头(Playback head)两个重要的元素。我们常说的“电影的一帧”与“精灵的一帧”是两个不同的概念。“电影的一帧”是由剧本窗口中纵向的一列小方格组成的，纵向的每一个小方格都在各自不同的精灵通道中，代表不同的精灵，所以说“电影的一帧”可以同时拥有多个精灵。而剧本窗口中的精灵是由横向的一排小方格组成，其中每个方格代表“精灵的一帧”。所以说，“电影的一帧”是由处于相同位置的多个“精灵的一帧”组合成的叠加效果。

5. 控制面板 Control Panel

控制面板(如图 6-9 所示)可以在测试电影的播放过程中，修改控制电影的播放方式。调用控制面板可以采用执行“Window＞Control Panel”菜单命令，或者使用“Ctrl＋2”(Windows)或“Command＋2”(Macintosh)快捷键。

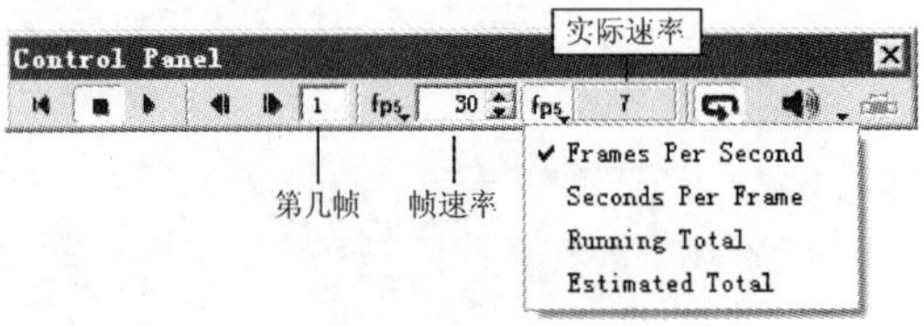

图 6-9 控制面板

(三) 演员创建工具

Director 功能之所以强大，不仅因为 Director 可以导入几十种类型的媒体文件，还在于 Director 内置了多种媒体文件的创建工具。

1. Paint 位图编辑窗口

单击快捷工具栏“ ”Paint Window 按钮，打开如图 6-10 所示的 Paint 编辑窗口，这是 Director 提供的创建与编辑位图演员的工具。Paint 绘图窗口中左侧是垂直绘图工具栏，其使用说明如图 6-11 所示。使用“ ”Marquee(选择框)或“ ”Lasso(套索)工具选取位图演员的某一区域后，Paint 窗口上端的水平工具栏将被激活，如图 6-12 所示，利用水平工具栏可以编辑修改选中区域的形状、角度、颜色等属性。单击“+”按钮可以创建新的位图演员，可以在 Cast Member Name 窗口中为该演员命名。

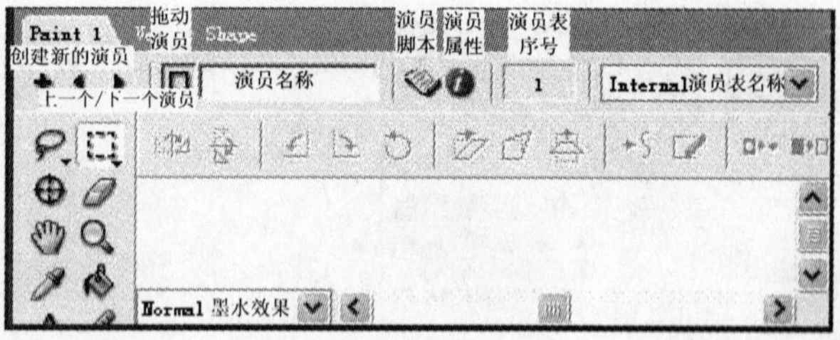

图 6-10 Paint 窗口

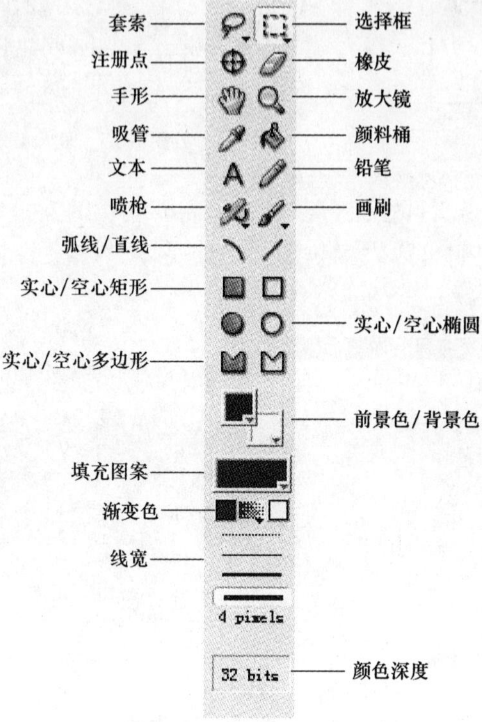

图 6-11 垂直工具栏

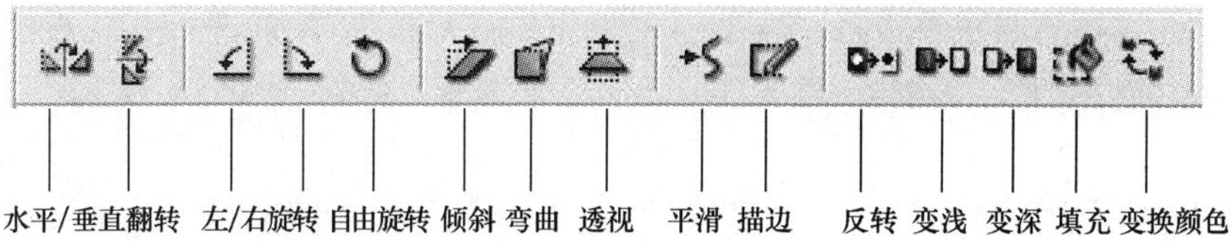

图 6-12 水平工具栏

(1) 调色板。单击前景色/背景色按钮“”,弹出如图 6-13 所示的调色板窗口,可用来选择绘制的图形、文字的前景色或背景色。

(2) 画刷(Brush)。双击画刷工具“”,弹出如图 6-14 所示的画刷设置窗口,在该窗口中可以选择和编辑画刷的形状与大小。

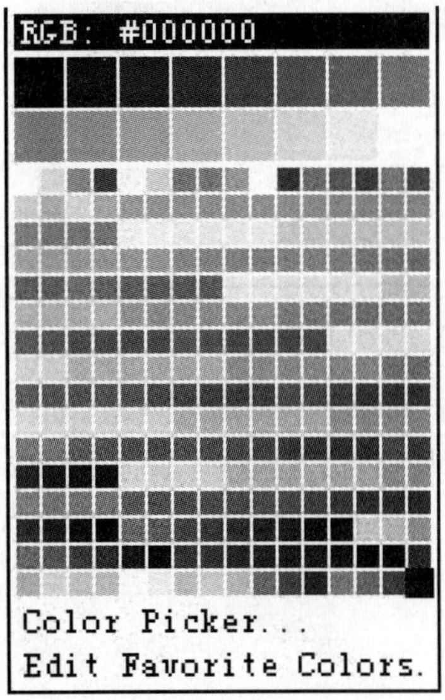

图 6-13　调色板

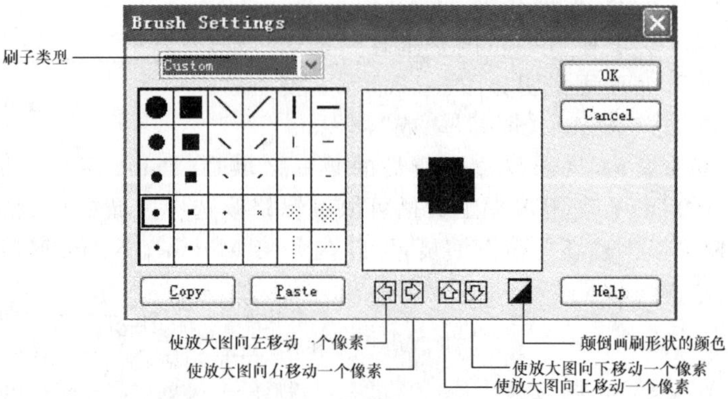

图 6-14　画刷设置窗口

(3) 文本(Text)。双击文本按钮“A”,打开 Paint 提供的文本编辑工具 Font 设置窗口,如图 6-15 所示。在该窗口中可以设置位图文字的字体、风格、大小、颜色等,注意利用其创建的演员格式仍然是位图。

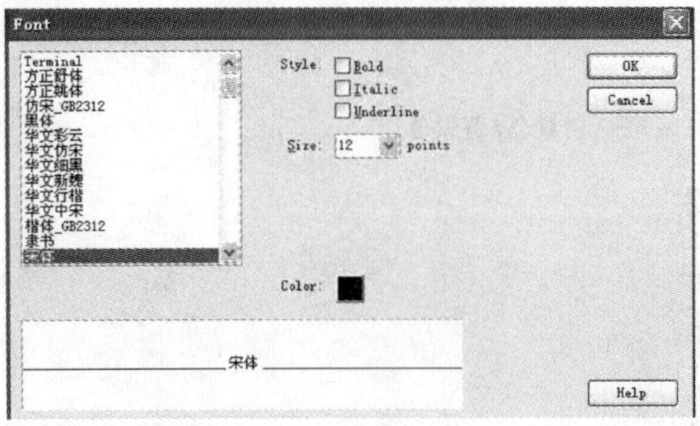

图 6-15　字体设置窗口

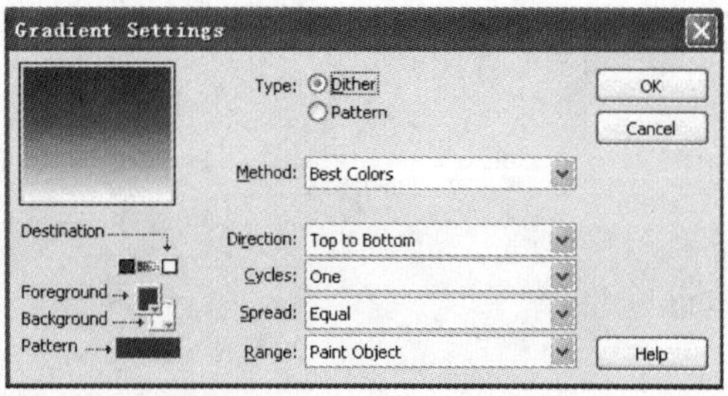

图 6-16　渐变色设置窗口

(4) 渐变色(Gradient Colors)。双击渐变色“”按钮,打开渐变色设置窗口,如图 6-16 所示。首先设置前景色(Foreground)与过渡的目标色(Destination),单击 Pattern 可以选择填充图案,选择背景色(Background)设置填充图案的颜色,然后选择其余选项:

① Type(渐变类型):Dither 表示对填充颜色采用渐变效果;Pattern 表示对填充图案采用渐变效果。

② Method(渐变方式):选择不同的渐变类型,在渐变方式的下拉菜单中将对应不同的渐变方式。Best Colors 表示仅利用前景色和目标色进行混合,平滑过渡渐变;Best Colors

Transparent 表示按照前景色和目标色两种颜色进行平滑过渡，并且填充图案是透明的效果；Adjacent Colors 表示按照调色板的顺序，将前景色和目标色之间相邻的颜色都作为渐变色，例如红色到蓝色的渐变，包括了红、绿、黄、蓝四种颜色的渐变；Adjacent Colors Transparent 表示将前景色和目标色之间相邻的颜色都作为渐变色，并且填充图案是透明的效果；Two Colors 表示使用前景色和目标色两种颜色的渐变；One Color 表示仅仅前景色的淡变效果。

③ Direction（渐变方向）：可以选择上下渐变、左右渐变或者放射状渐变（Sun Burst）等，其中选中 Directional 选项，在编辑窗口绘制填充图形后，会出现一个指针，由编辑者自定义颜色渐变的方向。

④ Cycles（渐变颜色循环的方式）：Sharp 形式的循环之间有明显的界限；Smooth 形式的循环将从前景色到目标色，再从目标色到前景色，所以循环过渡较为平滑。

⑤ Spread（颜色的扩展方式）：Equal 表示前景色和目标色面积平均分配；More Foreground 前景色占据更多的区域；More Middle 中间过渡色的区域更大一些；More Destination 目标色占据更多的区域。

⑥ Range（渐变色的使用范围）：Paint object 渐变色效果范围针对当前的绘图对象；Cast member 渐变色效果范围针对整个演员，注意在不同区域绘制图形，渐变效果有所不同；Window 渐变色效果针对整个 Paint 窗口。

(5) 墨水效果（Ink）。利用 Paint 绘图窗口中的墨水效果，可以绘制出具有各种颜色效果的图形。不同绘图工具所提供的墨水效果也有差异。

单击“喷枪”喷枪工具，在 Ink 下拉菜单中选择 Cycle 墨水效果，并设置前景色和背景色分别为“黑色”和“白色”，在绘图区可以绘制如图 6-17 所示的颜色循环的墨水效果。

单击“画刷”画刷工具，并设置前景色为蓝色，先选择 Normal 的墨水效果在绘图区绘制图形，再选择 Smear 墨水效果对该图形做进一步的加工处理，可以利用画刷的墨水效果产生颜色渐变的效果，如图 6-18 所示。

图 6-17　Cycle 墨水效果

图 6-18　Smear 墨水效果

灵活运用绘图窗口中的墨水效果，可以制作出各种绚丽的视觉效果，大家只有动手做一做，才能深刻体会到墨水工具的妙用。

(6) 洋葱皮（Onion Skin）。洋葱皮技术来源于传统的动画制作技术，人们将图像绘制在很薄的洋葱皮上，层叠在一起的时候，透过洋葱皮可以看到以前绘制的图像，以之作为参考，以便保留相同部分，对局部进行加工和绘制。在 Director 中创建或编辑一系列相似的图像序列时，在确认 Paint 窗口打开的状态下执行“View>Onion Skin”菜单命令，打开如图 6-19 所示的洋葱皮工具栏，按下洋葱皮效果切换开关，位于演员表相邻的位图演员的图像将隐约出现在 Paint 编辑窗口中，为编辑新的位图演员作为参考。

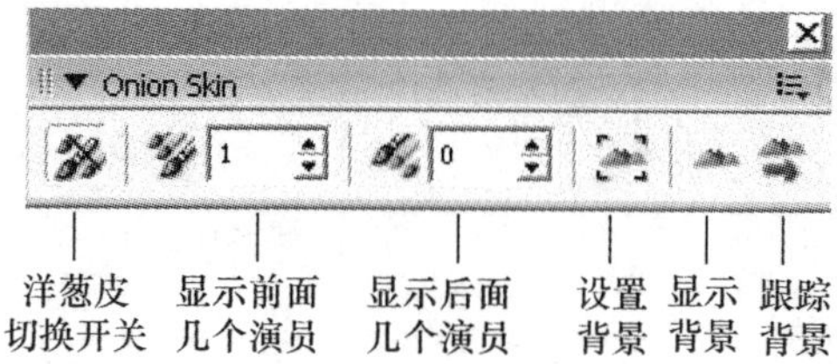

图 6-19 洋葱皮工具栏

2. Vector Shape 窗口

单击快捷工具栏“”Vector Shape Window 按钮，打开如图 6-20 所示的 Vector Shape 创建和编辑矢量图形的窗口。我们可以通过定义线条所经过的点来创建矢量图形，所创建的矢量图形可以是直线、曲线、开放的或封闭的不规则图形，所创建的图形可以是填充的或非填充的，填充颜色可以设置为有过渡效果的梯度图案的图形。

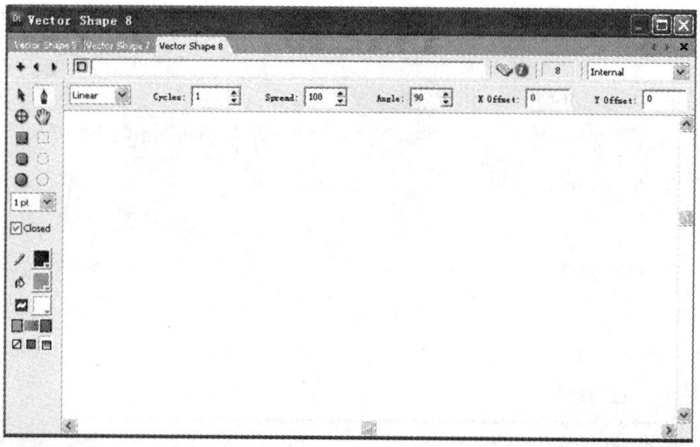

图 6-20 Vector Shape 窗口

(1) 钢笔工具(Pen)。单击钢笔工具“”或按数字键“6”激活钢笔工具，编辑窗口中光标变为“+”形状，这时可以在编辑区多次单击，即可创建直线相连的点；如果结束点单击在起始点处，将绘制出一个闭合图形；在图形线条的任意处单击可以添加新的编辑点；在绘制过程中单击任意一点，拖动鼠标，在绘制点处产生两个可控制的手柄，可以绘制圆角曲线，通过改变手柄的长度和角度确定曲线的形状与圆滑度；通过键盘“+”、“-”键可以调整所编辑矢量图形的大小。

(2) 渐变工具栏。单击渐变填充效果按钮“”(Gradient)，则编辑的图形以渐变颜色(Gradient Colors)进行填充，Vector Shape 窗口上端的渐变水平工具栏被激活，在相应的下拉菜单中进行设置：

① Gradient Type(渐变样式)：Linear 线形渐变和 Radial 放射状渐变。

② Gradient Cycles(渐变循环周期)：在文本框中输入数值，最大为 7。

③ Gradient Spread(渐变区域)：最小值为 1，值越大，混合颜色占图形区域的比例越大，渐变过渡越平滑。

④ Gradient Angle(渐变角度)：主要针对线形渐变，取值范围为0～360°，默认0°为左右的水平渐变效果，通过调整角度可以产生不同方向的渐变效果。

⑤ Gradient X Offset(X偏移值)和Gradient Y Offset(Y偏移值)：设置渐变效果相对于中心注册点位置的偏移量，在线形渐变中可以通过该数值的调整，设置过渡效果中两种颜色的不同比例，放射状渐变中主要是设置放射的圆心与中心注册点的距离。

(3) 输入英文字符。打开Vector Shape窗口后，依次按键盘a、b、c三个键后，就可以直接在矢量图编辑窗口中输入英文字符了，如图6-21所示。

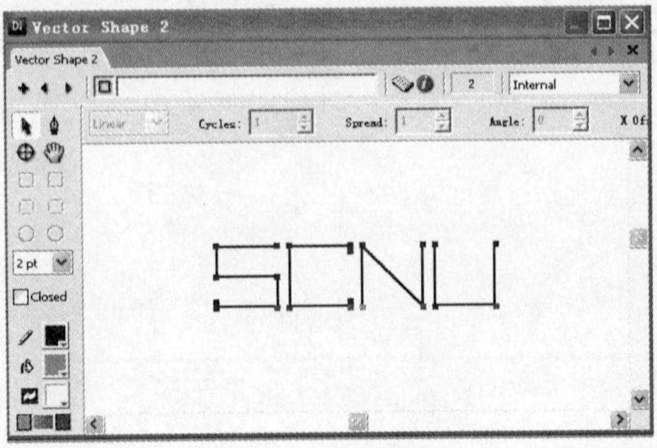

图6-21　矢量图形字符

3. Tool Palette工具面板

Tool Palette工具面板在Director工作区的左侧，如图6-22所示。Tool Palette工具面板提供了三种模式：default(默认)、classic(经典)和flashcomponent(Flash组件)。flashcomponent模式面板上提供了与Library库相同的常用Flash组件；classic经典模式面板中提供的按钮、复选框、文本输入框等都是传统的样式，能比较好地支持Lingo脚本；default默认面板中的图形工具与classic经典模式相同，但按钮、文本输入框等则是Flash组件。

利用Tool Palette工具面板可以直接在舞台上创建线条、矩形、圆角矩形以及椭圆等形状演员，在舞台上创建的任何形状和对象都作为独立的演员自动存储到演员表中。使用工具面板，可以对绘制的形状填充颜色、图案或自定义图案等。形状演员在电影播放时占用的内存相当少，但Director不能消除形状演员的锯齿效应，因此，它们在舞台上不能完全平滑地显示，这是形状演员的一大缺陷。

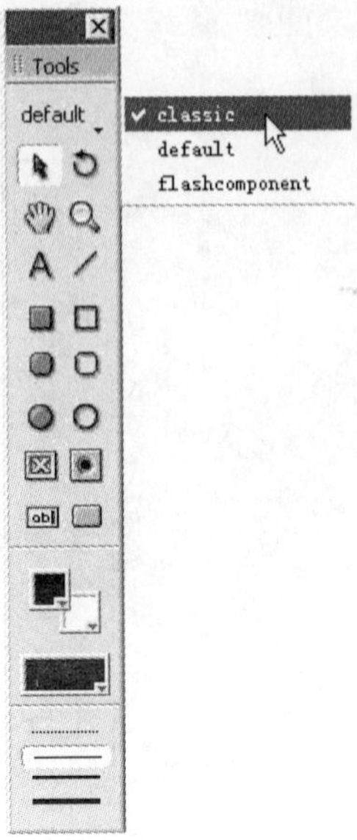

图6-22　工具面板

4. 文本窗口

文字是传达信息的基本元素。不仅可以用文字来对某一事物或概念进行描述说明、归纳总结形成抽象思维，也可以通过对文字进行特效处理等方式引起观众的心理反应，将抽象文字与人们脑海中的映象进行联接，从而达到联想与想象的效果。

在Director中可以通过Text窗口和Field窗口创建文字演员，也可以导入外部的文本文件，从外部导入的文本演员可以利用 Text 窗口再次编辑。

（1）Text 窗口。单击快捷工具栏上的“A”Text Window 按钮，打开 Text 编辑窗口，如图 6-23 所示，这是一个创建文本演员的工具，其操作使用方法与我们日常用的 Word 等文本编辑工具相似。利用 Text 窗口可以输入文本，并对文本的字体、字号、对齐方式、行距和字符间距等进行编辑修改。对文本颜色的设置需要单击 Tool Palette 工具面板中的“”前景色和背景色按钮进行设置。

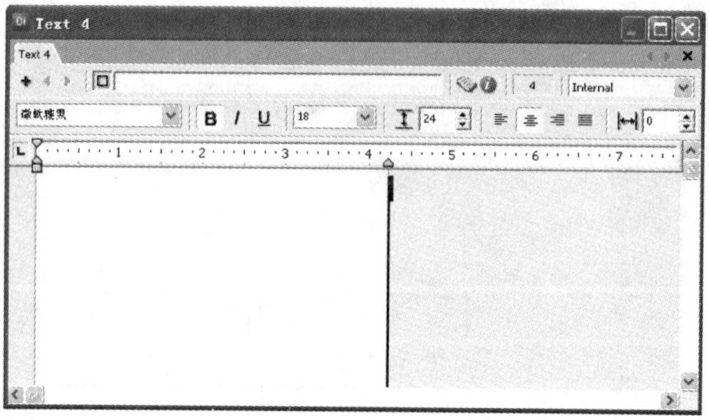

图 6-23　Text 窗口

Director 支持从外部导入的文本文件类型，主要有“＊.txt”、“＊.rtf”和 HTML 文档，其中“＊.rtf”和 HTML 文档支持表格的显示，如图 6-24 所示，因此如需在 Director 中显示表格，可以先转换成这两种格式之一，再导入 Director 电影。

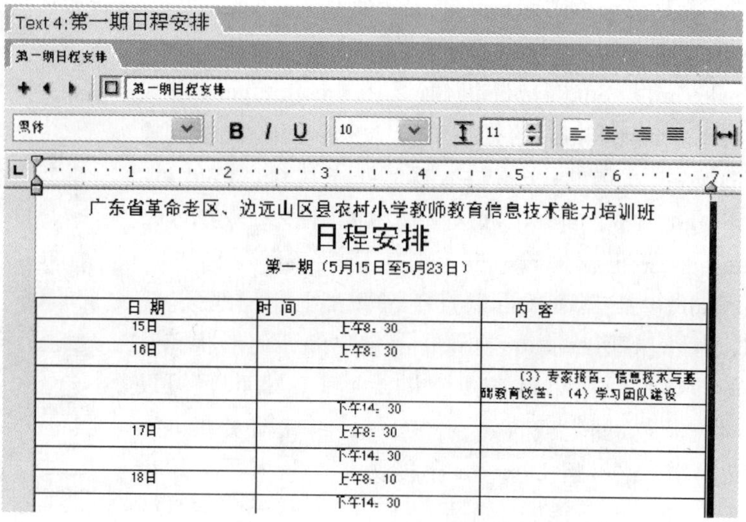

图 6-24　Text 窗口中的表格

（2）Field 窗口。在 Tool 工具面板的 classic 模式下，单击“”Field 按钮，即可在舞台上输入 Field 域文本。执行“Window＞Field”命令，或快捷键“Ctrl＋8”都可以打开如图 6-25 的 Field 窗口。在该窗口中可以输入文本，对文本的字体、字号、颜色和对齐方式等进行编辑修改与 Text 窗口中的操作基本相同。

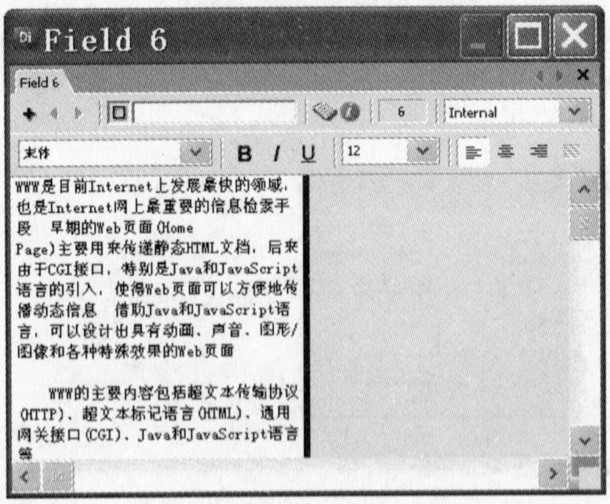

图 6-25　Field 窗口

图 6-26　Field 域文本演员在舞台上显示效果

对比图 6-25 与图 6-24，我们可以发现 Field 窗口没有标尺栏，所以 Field 不能显示缩进、不能显示表格、不能接受 HTML 或 RTF 等文件，也不能设置超文本链接。此外，Text 演员可以对文字消锯齿，适合创建字体稍大的文本，而 Field 演员不能对文字消锯齿，但是所占数据空间比较小，可以快速清晰显示，因此适合于创建大量的小字号文字。此外，通过设置 Field 域文本演员属性，可以为文本添加边框、阴影等效果，如图 6-26 所示，Field 域文本演员的属性设置窗口如图6-27 所示，其中：

① Box Shadow：设置文本边框的阴影宽度。

② Border：设置文本的边框宽度。

③ Drop Shadow：设置文字的阴影离开文字的距离。

④ Margin：设置文本与边框的距离。

(3) 设置文本演员的基本属性。

① Font 字体属性。在文本编辑窗口中选中文字，执行“Modify＞Font”菜单命令，打开如图 6-28 所示的字体设置对话框，在该对话框中可以设置字体、颜色、样式、大小等，其中 Spacing 是指文字的行间距，Kerning 用来设置字符的间距，单击“OK”可以查看效果。多媒体作品中显示的文字不要太密集，否则容易引起观众的视觉疲劳。

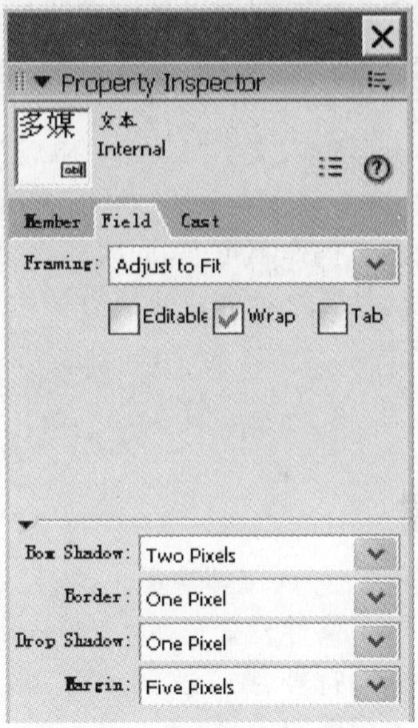

图 6-27　Field 域文本演员的属性设置窗口

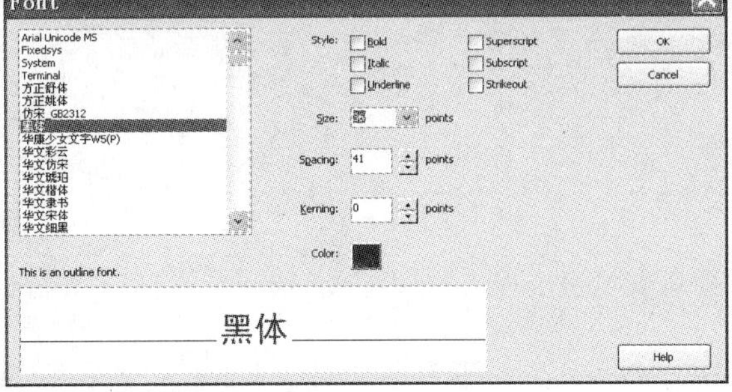

图 6-28　Font 字体设置对话框

② Paragraph 属性。Field 演员没有 Paragraph 属性，打开 Text 窗口，执行"Modify>Paragraph"菜单命令，打开如图 6-29 所示的段落设置对话框。Alignment 为段落对齐模式选择，Margin 是页边距的设置，Spacing 是段落间距的相关设置。

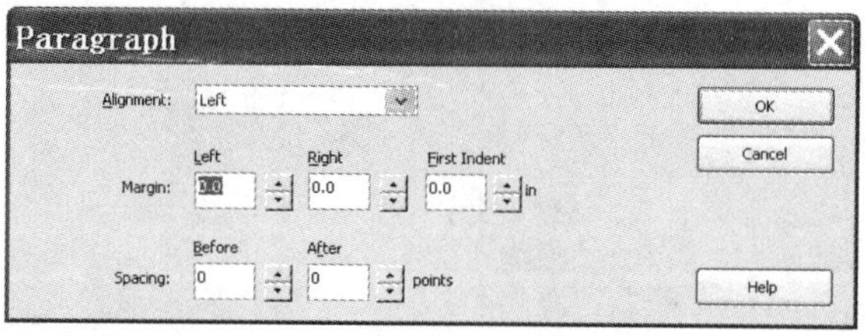

图 6-29 Paragraph 段落设置对话框

(4) 导入新的字体。为了塑造一种特殊的氛围，经常会用一些艺术字体来烘托，但这些不常用的字体经常会因为在其他计算机中没有安装相关字体而无法显示，甚至出现乱码的现象。这个问题的解决方案主要有以下几种：

① 将文本演员变成图片。利用搜索引擎输入关键词"字体下载"就可以搜索到很多专门提供免费字体下载的网站，选择所需字体进行下载，然后把下载到的"*.ttf"字体文件复制到系统的字体安装文件夹中(预设路径为 C：\Windows\Fonts)。

在 Director 的 Text 窗口的 Font 下拉列表中即可找到新安装的字体，如"PC Snowballs"，输入文字"Happy New Year!"，即可应用该字体，效果如图 6-30 所示。在演员表窗口中，选中该文本演员，执行"Modify>Convert to Bitmap"命令，则文本演员变换成位图图片，注意该操作不可逆，同时舞台上由该演员生成的精灵也都变为位图图片，不再具备文本的相关属性。这种方法快捷方便，主要用于没有进行脚本控制的文本演员。

图 6-30 PC Snowballs 字体

② 导入字体演员。执行"Insert>Media Element>Font"命令，打开如图 6-31 所示的字体演员属性设置窗口，在 Original Font 下拉列表中选择"PC Snowballs"，并选择添加字库中的标点符号、拉丁文的字符、标点或数字等，单击"OK"，字体"PC Snowballs"就以字体演员导入到电影中。

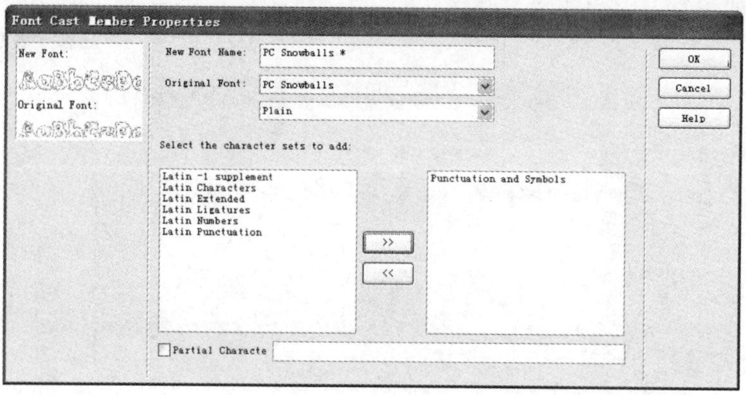

图 6-31 字体演员属性设置窗口

然后，在 Text 窗口的 Font 下拉列表中选择已经导入到 Director 电影文件中的新字体"PC Snowballs *"，这样不论该文件在哪台电脑上运行，都不用担心字体的问题了。

小提示：在输入文本时有时候会遇到不能正常显示的情况，如图 6-32 所示，这是因为字体产生的问题。首先，中文文字要选择中文字体，英文文字要选择英文字体；然而有些时候即使是中文选择了中文字体也出现乱码，这主要是由于该种字体导入电影的字符不完整造成的，需要打开如图 6-31 所示的字体设置窗口，找到所应用的字体，添加相应的符号字库，然后在 Text 窗口的 Font 下拉列表中选择带有"*"符号的字体，应用到相应的文字上将消除乱码的现象。

图 6-32　不能正常显示的文字

小提示：如果需要导入中文字体，建议转换为位图文字，或导入特定字符的方式，因为一般的中文字体文件偏大，例如微软雅黑文件为 14M，如果将整个中文字体都导入到电影，会大大影响播放速度。

(四) 精灵(Sprite)

在 Director 中，把用来控制演员在电影中显示时间、显示位置以及显示方式的对象称为精灵 Sprite。多个精灵可以由同一个演员来创建，也可以由多个演员来创建，在电影播放的时候，可以利用脚本切换精灵所对应的演员。如图 6-33 所示，舞台上的三个精灵都是由演员 APPLE 所创建的，通过修改精灵的大小、前景色等属性，在舞台上可以呈现出不同的表现形式，舞台上的精灵通常是以精灵通道号来进行区分的，例如 Sprite 1 代表的是位于 Score 剧本窗口中第 1 个精灵通道的精灵。

图 6-33　Sprite 与 Cast 的关系

小提示：演员与精灵的区别与联系。演员可以从外部导入，也可以在 Director 中进行创建，它存放在演员表窗口中；精灵是控制演员表成员在电影中显示时间、显示位置以及显示方式的对象，用户可以通过将演员表成员拖放到舞台或剧本中来创建精灵。不同精灵可以由同一个演员来创建，但每个精灵都有它自己的属性参数，一般对于精灵属性的修改不会影响到演员本身；然而对演员属性的修改，将会影响所有由该演员创建的精灵。

1. 设置精灵的一般属性

执行"Edit>Preferences>Sprite"命令，打开如图 6-34 所示的精灵属性对话框，该属性设置主要控制精灵在舞台和剧本中的显示方式。

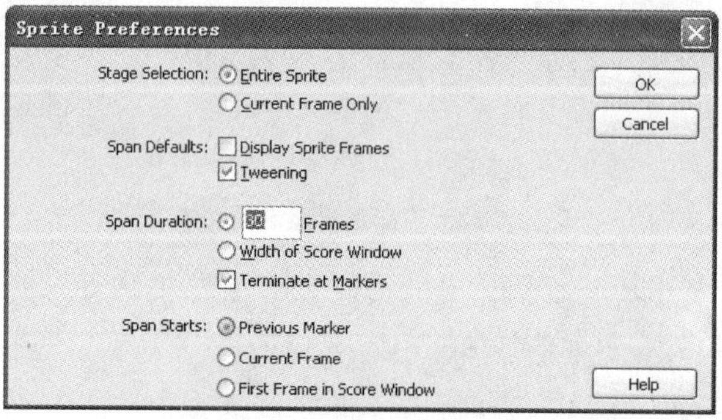

图 6-34　精灵属性对话框

(1) Stage Selection：设置在舞台上选定某个精灵时，在剧本窗口中该精灵的多少帧被选定。Entire Sprite：剧本窗口中该精灵的所有帧都被选定；Current Frame Only：只有当前帧被选定。

(2) Span Defaults：用来定义还未创建精灵的外观和行为，该选项不会对已经创建好的精灵起作用。Display Sprite Frames：新创建精灵的所有帧都是可编辑状态，如图 6-35 所示；Tweening：这个选项默认是被选中状态，关键帧之间可以自动生成中间过渡的变化过程，如果该选项没有选中，那么当添加新的帧或者关键帧时，必须手动设置中间帧的属性变化。

图 6-35　每个帧都可编辑

(3) Span Duration：设置精灵在剧本窗口中缺省所占的帧数。Frames：定义新创建的精灵缺省的帧数；Width of Score Window：设置精灵的跨度为当前可以看到的剧本窗口的宽度；Terminate at Markers：新创建的精灵在第一个标记处结束。

(4) Span Starts：在舞台上创建或编辑一个新的精灵时，指定该精灵起始帧的位置。Previous Marker：从前一个标记的位置开始；Current Frame：在播放头所处的当前帧；First Frame in Score Window：当前剧本窗口的第 1 帧。

2. 选择精灵

要编辑或者移动精灵，必须要先选定精灵，有很多种方法可以选择精灵、精灵中的某些帧以及多个精灵。

利用Tools工具面板中的“”箭头工具选中精灵，是大部分操作的第一步。在选中精灵的时候，我们经常需要选中某个特定的帧或某个区间的帧，而不是选中精灵所有的帧，如果修改了精灵的某一帧的属性，该帧就会变成一个可选择的对象，即关键帧。舞台上被选中的精灵对象，以及选中所有帧的精灵在舞台上显示具有双边框，如图6-36所示；如果只选中精灵的一帧，则舞台上显示的精灵具有单边框，如图6-37所示。

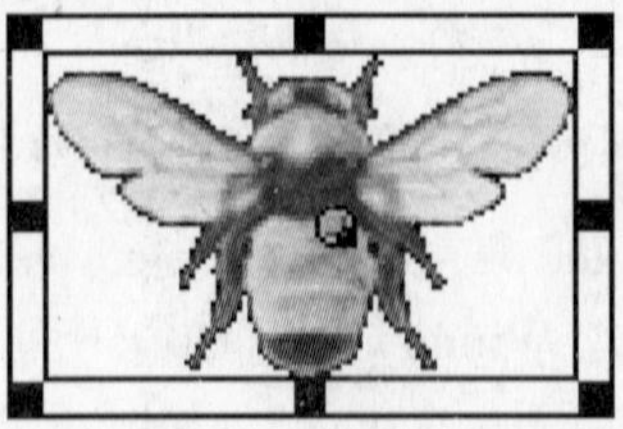

图6-36 舞台上被选中的精灵对象

图6-37 选中单帧的精灵

(1) 选择精灵的所有帧。如果选择精灵的所有帧，可以按照下面操作中任一种方法进行，但注意要确定“Edit>Edit Sprite Frames”命令没有被执行。

方法一：在舞台上单击精灵，可以选中精灵的所有帧。当然，可以修改如图6-34所示的精灵属性，以确定在舞台上单击精灵的时候，是所有帧被选中，还是仅仅选中当前帧。

方法二：在剧本窗口中，单击精灵通道的水平线，不要单击关键帧、起始帧或结束帧，如图6-38所示。

方法三：如果要在舞台上或剧本中选定一定范围内相邻的几个精灵，可以选中该范围区间一端的一个精灵，然后按住Shift键的同时单击另一端的精灵。也可以通过拖动的方法选定这一范围内的所有精灵，如图6-39所示。

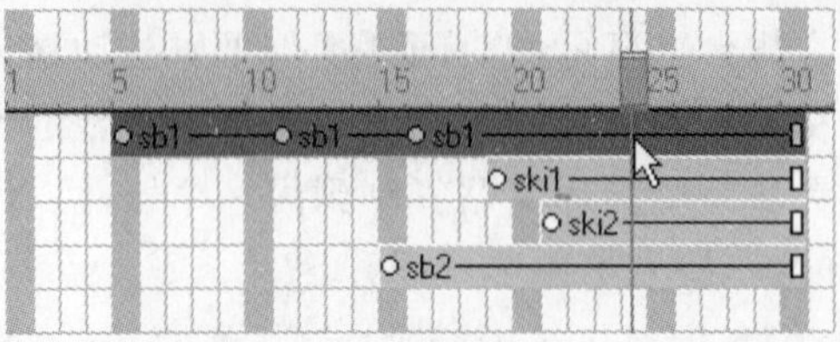

图6-38 单击精灵通道的水平线

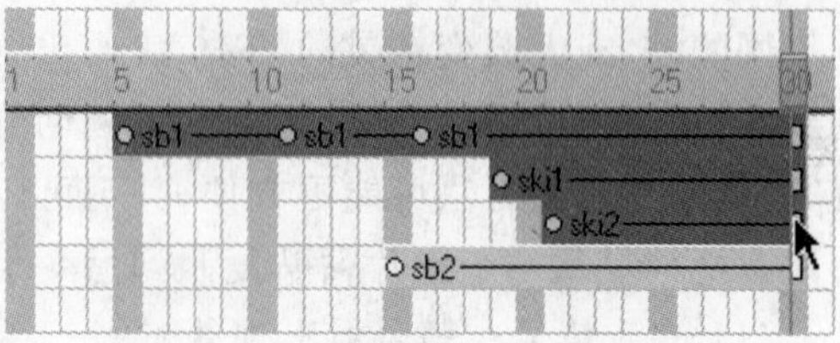

图6-39 选择连续的一系列精灵

方法四：选择不连续的几个精灵，可以在按住Ctrl键(Windows)或Command键(Mac)的同时，单击不连续的几个精灵，如图6-40所示。

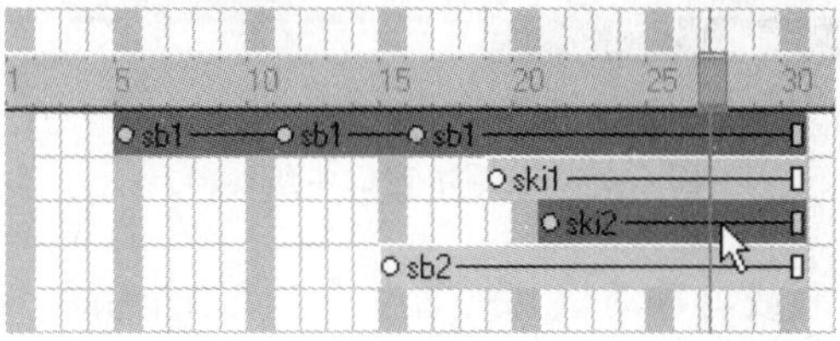

图6-40 选择不连续的精灵

(2) 选择关键帧。如果只选择一个关键帧，单击该帧的图标即可，如图6-41所示。如果想同时选中一个关键帧和其他的精灵，可以在按住Ctrl键(Windows)或Command键(Mac)

的同时，单击关键帧和精灵，如图 6-42 所示。

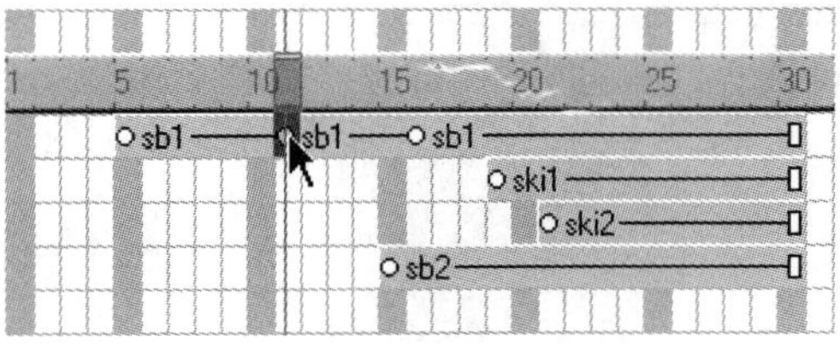

图 6-41　选择一个关键帧

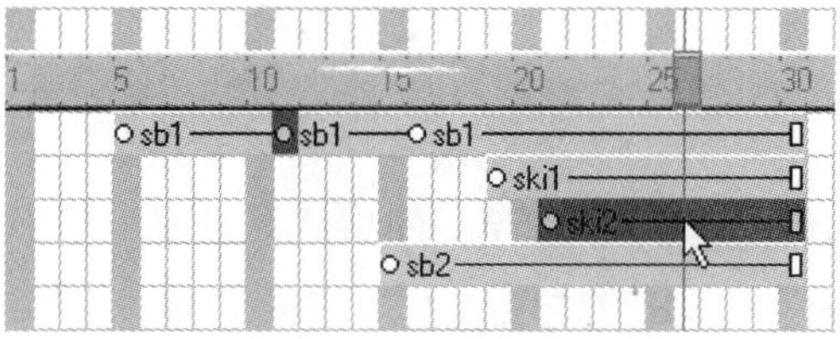

图 6-42　同时选中关键帧和精灵

（3）选中非关键帧。剧本窗口中，在按住 Alt 键（Windows）或 Option 键（Mac）的同时，单击要选择的帧，如图 6-43 所示。在舞台上，按住 Alt 键（Windows）或 Option 键（Mac）的同时选择精灵，可以仅选中精灵的当前帧，舞台上显示的精灵具有单边框，如图 6-37 所示。

（4）选择一个通道中的所有精灵。单击剧本窗口左边的精灵通道号，即可选中整个精灵通道的精灵，如图 6-44 所示。

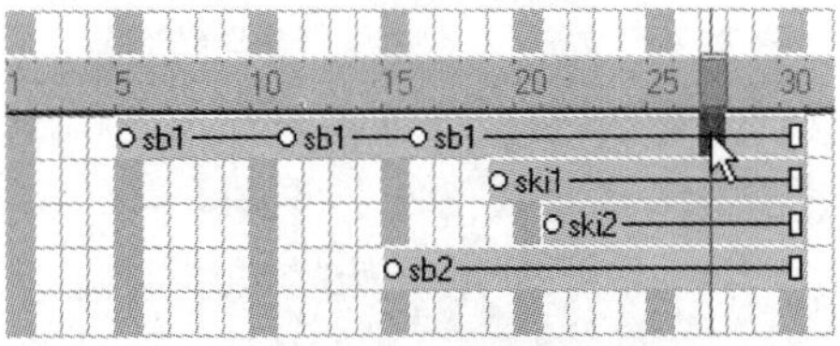

图 6-43　选中非关键帧

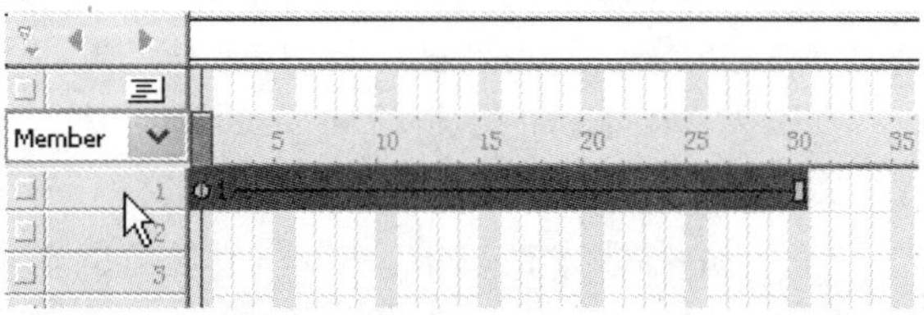

图 6-44　选中整个精灵通道的精灵

3. 剧本窗口的基本操作

精灵控制着媒体对象在舞台上出现的时间和位置。可以通过在剧本窗口中把精灵移动到不同的帧，或者改变精灵的帧数，从而改变精灵在舞台上显示的时间。不仅可以拖动精灵到新的帧，也可以通过粘贴、复制的方法创建新的精灵。如果移动的位置超过剧本屏幕的宽度时，粘贴复制的方法可能更方便，甚至可以把精灵从一个影片粘贴复制到另一个影片。但要注意把精灵从一个影片粘贴复制到另一个影片之前，要先把源影片保存。

（1）改变精灵在舞台上出现的时间。在 Score 剧本窗口中选中一个或多个精灵，拖动精灵到新的帧，如图 6-45 所示。如果不希望在拖动的过程中增加帧数，可以在拖动的同时按住键盘上的 Space 键。

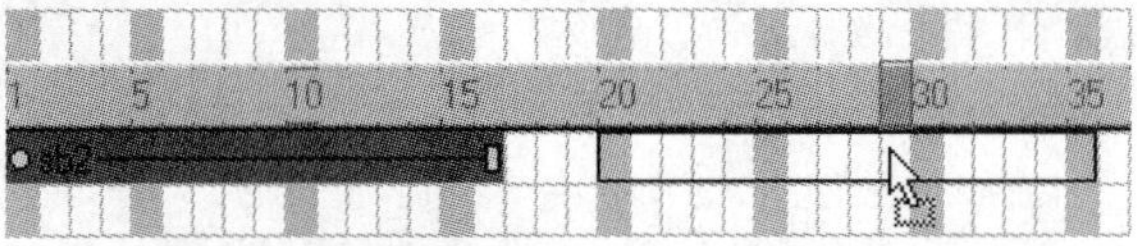

图 6-45　在剧本窗口中移动精灵

（2）在帧与帧之间复制或者移动精灵。选中一个或多个精灵，执行“Edit＞Cut Sprites”或“Edit ＞ Copy Sprites”命令，或者使用快捷键“Ctrl＋X”或“Ctrl＋C”；在准备粘贴精灵的帧的位置，鼠标单击一下，然后执行“Edit＞Paste Sprites”命令，或使用快捷键“Ctrl＋V”。

如果粘贴将要覆盖已经存在的精灵，在弹出的对话框中选择一个选项即可，其中：

① Overwrite Existing Sprites：用剪贴板中的精灵覆盖当前存在的精灵。

② Truncate Sprites Being Pasted：保持原来精灵不变，将剪贴板中的精灵截断，放置到可以使用的空白帧。

③ Insert Blank Frames To Make Room：根据剪贴板中的精灵帧数添加空白帧，以满足粘贴的需要。

(3) 控制精灵在舞台上的持续时间。默认情况下，精灵的帧数为30帧，精灵的帧数代表了它在影片中显示的时间，可以通过调整精灵帧在剧本窗口跨度的长度来改变精灵的帧数。

增减精灵帧数的最常用方法是拖动精灵的起始帧或结束帧，如果拖动的精灵仅有一帧，拖动的同时按下 Alt 键(Windows)或 Option 键(Mac)。

拖动精灵最后一帧的同时按下 Alt 键(Windows)或 Option 键(Mac)，可以使原来的结束帧保存成关键帧，之前帧的间隔不随着拖动而变化。

拖动精灵最后一帧的同时按下 Ctrl 键(Windows)或 Command 键(Mac)，可以使原来的关键帧在剧本中的位置保持原状。

直接在属性检查器 Sprite 选项卡中的 Start 和 End 文本框中输入开始帧和结束帧的数值即可改变精灵的帧数。

还可以利用播放头缩放精灵帧数，如图6-46所示，如果延长精灵，需要将播放头移到精灵结束帧的右边；如果缩短精灵，要将播放头放到结束帧左边，即精灵内部；如果要移动精灵的起始帧，需要将播放头放到起始帧的左侧区域，然后执行“Modify>Extend Sprite”命令。

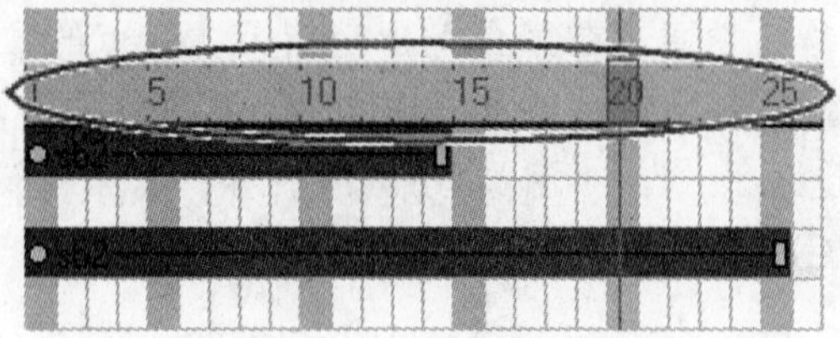

图 6-46 播放头的位置

(4) 分割和连接精灵。在 Director 中，有时需要将一个精灵拆分成两个独立的精灵，或者将几个独立的精灵合并连接为一个精灵。例如，利用很多独立的精灵创建了一个复杂的动画，但是现在需要在剧本窗口中移动整个动画序列，这就需要把这些精灵连接在一起。分割和连接精灵在更新包含多个精灵片断的电影时也是很有用的。

在剧本窗口中，将播放头移动到准备拆分的帧处，执行“Modify>Split Sprite”命令，即可将一个精灵分割成两个精灵。

选中一个或多个通道中需要连接的精灵，执行“Modify>Join Sprite”命令，即可将一个通道中多个精灵连接起来。连接精灵的时候，Director 会自动对选中的精灵之间的空隙进行填充，并根据不同精灵属性的差异生成过渡动画效果，例如位置的移动、缩放等。

4. 定位精灵

把精灵放置到舞台的最简单方法就是把精灵直接拖到舞台上，但是这种方法不利于将精灵在舞台上精确的定位，为了更精确地在舞台上对精灵进行定位，我们可以采用以下几种方法：

方法一：通过在 Property Inspector 属性检查器中输入坐标的数值，来设置精灵的精确定位。

方法二：利用 Tweak 窗口对精灵进行精确定位。

方法三：使用网格或引导线对精灵进行精确定位。

方法四：使用 Align 窗口对精灵进行精确定位。

方法五：利用键盘的箭头键移动一个被选中的精灵的位置。

方法六：利用 Lingo 或 JavaScript 脚本来设置精灵的坐标值。

图 6-47 显示了可以为精灵设置的各种坐标。

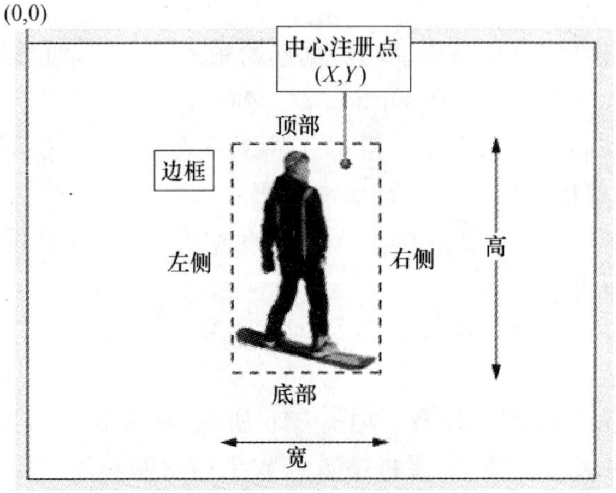

图 6-47 精灵的各种坐标

在 Director 中，定位精灵是通过在舞台上指定精灵注册点的位置来实现的。大多数演员的注册点位于矩形方框的中心位置，例如 GIF 动画、位图演员等，也有一部分演员的注册点位于其矩形方框的左上角，例如文本演员、图形演员等。位图和矢量图演员的注册点可以通过其编辑窗口提供的“”注册点工具来进行修改。

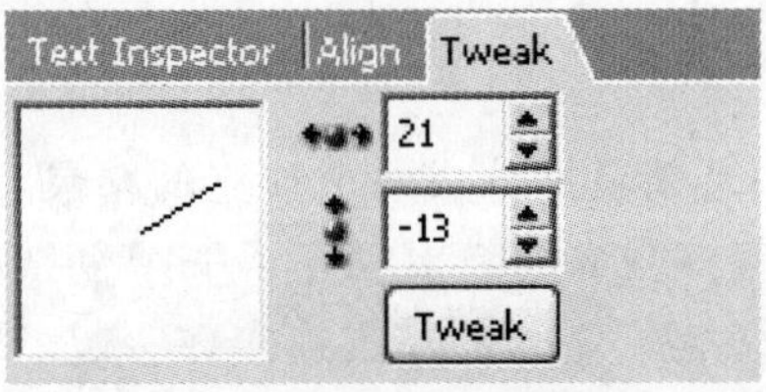

图 6-48 Tweak 微调窗口

(1) 使用 Tweak 微调窗口定位精灵。执行“Modify>Tweak”命令，打开如图 6-48 所示的 Tweak 微调窗口。

在舞台上选中需要移动的精灵，在 Tweak 窗口中拖动窗口左侧区域中的点或直接输入需要水平或垂直移动的像素值，然后单击 Tweak 按钮。

如果需要再次重复同样的移动，再次单击 Tweak 按钮即可。

(2) 使用引导线或网格定位精灵。引导线是水平或垂直的线，网格是由指定高度和宽度的多个单元行和单元列构成，它们可以帮助用户在舞台上对精灵进行定位，利用 Property Inspector 属性检查器的 Guides 标签可以创建和修改它们的设置，如图 6-49 所示。

在舞台上添加引导线，只需鼠标移动到 Guides 标签窗口 New 的两个选项之一，光标变成手掌的形状“”，拖动鼠标到舞台，就可以在舞台上添加一条水平或垂直的引导线。

选中 Snap To Guides 复选框，在引导线周围移动精灵，就可以使得精灵与引导线对齐。

通常引导线可以在舞台上随意拖动，选中 Lock 复选框后将锁定引导线不能移动，Visible 选项控制引导线在舞台上可见或是隐藏，如果想移除引导线，只需将其拖出舞台窗口，如果删除所有的引导线，单击“Remove All”按钮即可。

选中 Guides 标签中的 Grid Visible 复选框，或者执行“View>Guides and Grid>Show Grid”命令，即可在舞台上显示如图 6-50 所示的网格。

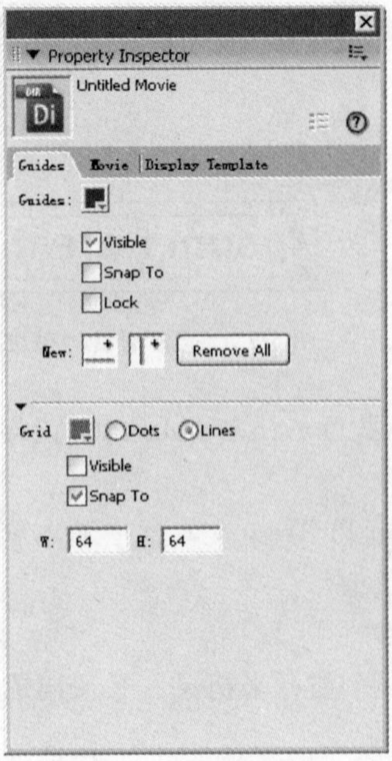

图 6-49　Guides 标签

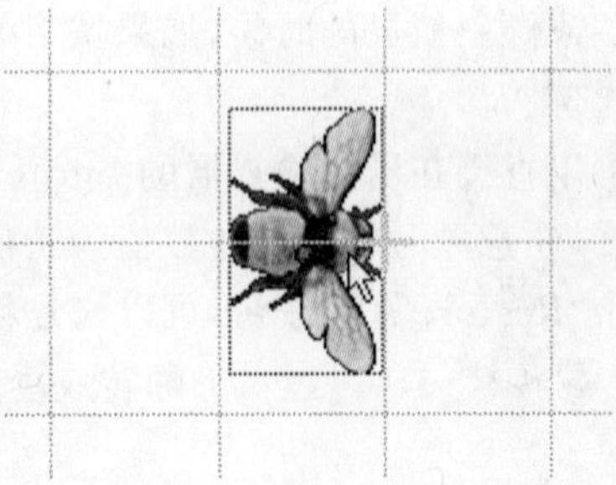

图 6-50　利用网格定位精灵

选中 Snap To Grid 复选框，在网格周围移动精灵，精灵身上出现一个“+”号，就可以“吸附”在网格上，使得精灵与网格对齐。

在如图 6-49 所示的窗口中，在 W 和 H 文本框中输入数值可以改变网格的宽度和高度，选中 Dots 选项，网格以点的形式出现。

小提示：在移动或调整精灵大小的时候，按下“G”键，可以控制 Snap To Grid 关闭或打开。

5. 改变精灵的外观

用户可以对精灵进行改变大小、旋转、倾斜、翻转以及改变其前景色和背景色的操作，利用这些变化。一个演员可以创建多个不同的精灵，多次使用同一个演员来创建不同的精灵有助于减少对系统内容的占用，加快电影的下载速度。

(1) 调整大小与比例。选中精灵，拖动精灵边框中任何一个手柄都可以改变精灵的大小，如果要保持精灵的长宽比例，需要在拖动精灵边框的同时按住 Shift 键。

如果要精确控制精灵的大小，可以在通过属性检查器的 Sprite 选项卡中输入数值来实现。

单击“Scale”按钮，打开 Scale Sprite 对话框，在 Scale 文本框中输入比例的数值，或者在 Width 或 Height 文本框中直接输入像素值，选中 Maintain Proportions 调整精灵尺寸的时候，能保持长宽比例。

单击 Restore All 按钮，可以恢复精灵到原始尺寸大小。

(2) 旋转与倾斜。旋转改变了精灵的角度，倾斜改变了精灵矩形边框的顶角角度。精灵的旋转和倾斜是围绕着精灵的中心注册点进行的，必要的时候可以对位图和矢量图演员的注册点位置进行修改。

选择 Tools 工具面板的“ ” Rotate and Skew 工具，单击舞台上需要旋转或变形的对象，精灵矩形方框周围的手柄变为如图 6-52 所示的状态。当鼠标移动到精灵内部，鼠标指针变为旋转形状，如图 6-51 所示。当鼠标移动到精灵边框上，鼠标指针变为倾斜矩形形状，然后按照所需方向进行拖动，即可旋转或倾斜精灵。

图 6-51 精灵的旋转和倾斜

图 6-52 准备旋转的精灵外框

旋转或倾斜精灵的时候，如果按下 Alt 键(Windows)或 Option 键(Mac)，可以保持精灵的长宽比例。

也可以直接在属性检查器的 Sprite 选项卡的 Rotation 和 Skew 文本框中输入旋转或倾斜的角度，注意顺时针旋转的数值为正值，逆时针旋转为负值。

单击“Restore All”按钮，可以恢复精灵到原始状态。

(3) 翻转精灵。通过水平翻转或垂直翻转可以产生一个与原来精灵水平反向或垂直反向的精灵。

选中要翻转的精灵，单击属性检查器 Sprite 选项卡中的“ ” Flip Vertical 水平翻转或“ ” Flip Horizontal 垂直翻转按钮，即可翻转精灵，该操作不会改变原来精灵的注册点的位置和倾斜或旋转的角度，如图 6-53 所示。

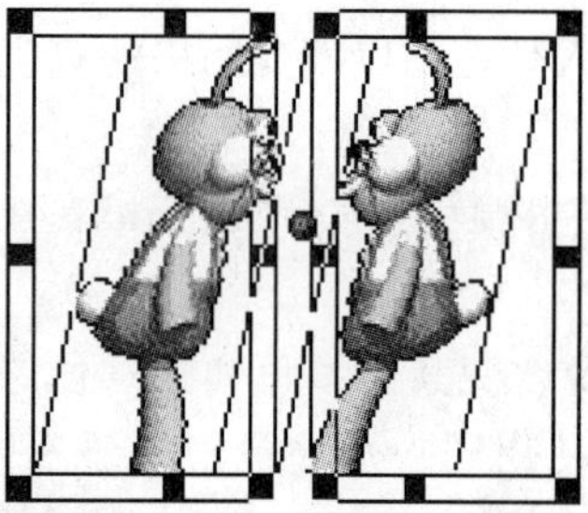

图 6-53 利用 Flip 按钮水平翻转

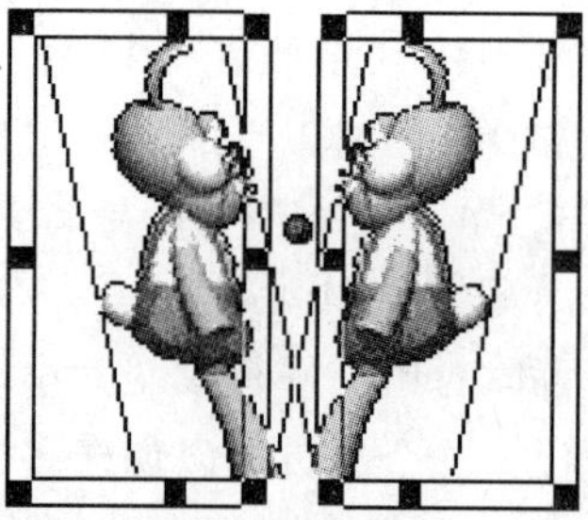

图 6-54 镜像翻转

执行“Modify＞Transform＞Mirror Horizontal”或“Modify＞Transform＞Mirror Vertical”菜单命令进行翻转精灵，在不改变原来精灵注册点的情况下，使精灵的倾斜和旋转角度反向，即产生镜像的效果，如图 6-54 所示。

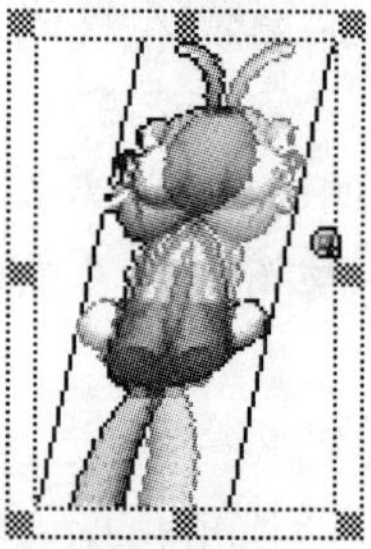

图 6-55 利用 Flip 命令水平翻转

执行“Modify＞Transform＞Flip Horizontal”或“Modify＞Transform＞Flip Vertical”菜单命令进行翻转精灵，能保持原来精灵边框的位置和倾斜或旋转角度，但注册点位置有所改变，如图 6-55 所示。

6. 精灵的墨水效果

Director 为精灵提供了 20 种墨水效果(如图 6-56 所示)，灵活运用精灵的墨水效果可以创建出精彩的画面效果。但过多地使用精灵的墨水效果容易影响电影的播放速度。

(1) Copy。显示精灵的原色，是默认的精灵墨水效果，对内存要求最少，处理时间最短，效率最高。

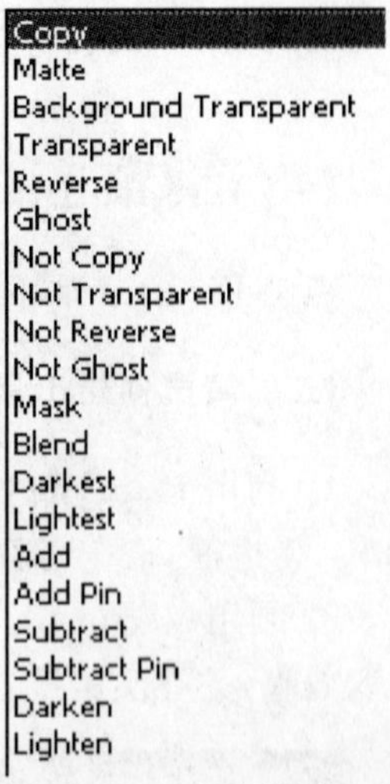

图 6-56　精灵的墨水效果

(2) Matte。将环绕精灵的白色背景变成透明的效果，除去了精灵周围的白色边框，精灵内部的白色保持不透明，常用于不规则边框的位图精灵的交互效果设置。

(3) Background Transparent。将环绕精灵的白色背景变成透明的效果，而且精灵内部的白色也变成了透明。

(4) Transparent。精灵所有像素都加亮显示，并呈现出透明的效果。

(5) Reverse。将白色像素变为透明效果，与下一层精灵有重叠的部分像素颜色产生反转效果。

(6) Ghost。将黑色像素变成白色，白色像素变成透明，用于1bit 位图演员，效果较好。

(7) Blend。不同的墨水混合度百分比会使精灵在舞台上呈现出不同的透明度，可用于制作淡入淡出的动画效果。

(8) Darken。精灵中的背景色可以对精灵中的全部颜色起一种过滤的作用，精灵中的颜色会与背景色相加，对整个精灵产生一种颜色变深的效果。

(9) Lighten。精灵中的前景色可以对精灵中的全部颜色起一种过滤的作用，精灵中的颜色会与前景色相加，对整个精灵产生一种颜色变浅的效果。

(10) 利用 Mask 墨水创建遮罩效果。如果要展示或隐藏精灵中的某些部分，可以利用 Mask 遮罩墨水效果来实现，步骤如下：

首先，导入"APPLE"、"墙壁"和"遮罩"三张图片素材，注意作为遮罩演员的位图不能为 16 位，而且在演员表中要置于被遮罩演员相邻的下一个位置上，如图 6-57 所示。

其次，拖动"APPLE"到舞台，然后拖动"墙壁"覆盖在"APPLE"上。

最后，选中精灵"墙壁"，设置其 Ink 效果为 Mask，则"墙壁"对应于遮罩演员白色部分变成透明的效果，"墙壁"下面的"APPLE"显示出来，效果如图 6-58 所示。

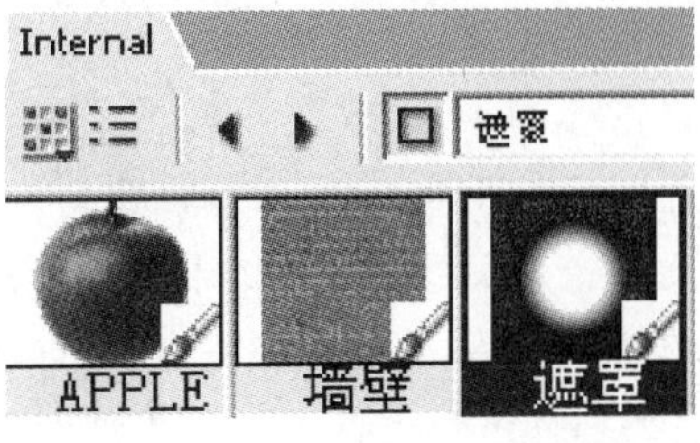

图 6-57　Mask 效果的演员表窗口

图 6-58　遮罩后的精灵效果

四、实验内容与步骤

(一) Director 工作环境的基本操作

熟悉 Director 常用的五个工作窗口的基本操作,并注意各个窗口是如何协调工作的。

(二) 演员创建工具的使用

1. 利用 Paint 窗口,绘制一个位图,如图 6-59 所示,要求从上到下为红黄渐变,图像为 32 位,无边框,请在实验报告中写明主要的步骤和设置方法。

2. 利用 Vector Shape 窗口,绘制一个矢量图形,如图 6-60 所示,要求填充颜色为放射性渐变效果,并在实验报告中写明主要的步骤和设置方法。

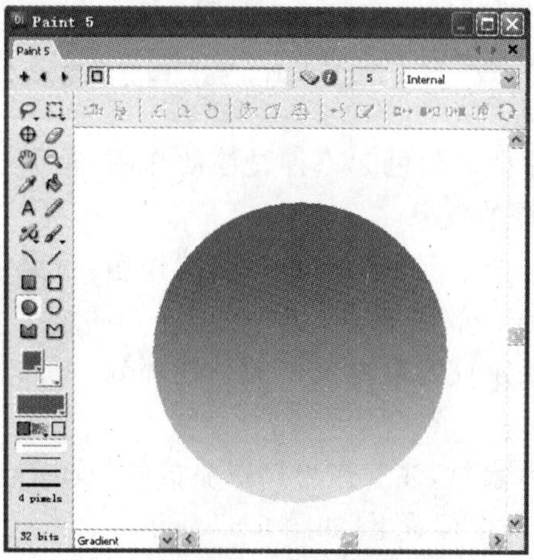

图 6-59　一轮红日

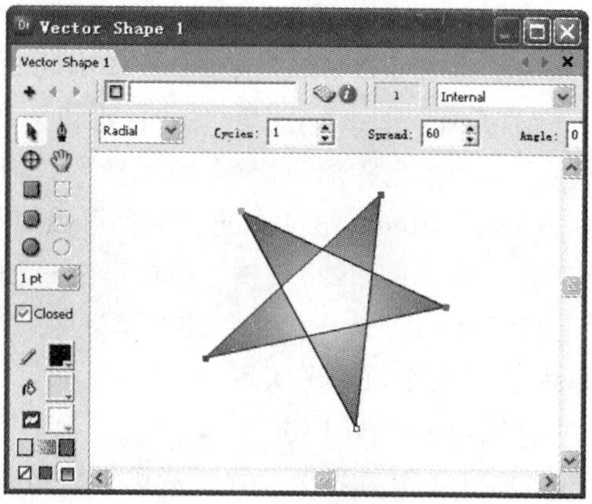

图 6-60　闪闪红星

(三) 设计制作第一个作品

1. 作品设计

我们来共同设计作品“远古时代”。作品片头的背景为黑色,在该黑色背景上为白色字幕,对白色字幕采用淡入淡出的动画效果。通过字幕的提示,我们回到了很久很久以前,在一座山脚下,霸王龙正在追逐着一只小鸟……最后,片尾字幕上出现“谢谢观赏”,并对该字幕采用淡入淡出的动画效果。

2. 导入素材

(1) 单击 Import 按钮“”或选择“File>Import”,在弹出的 Import 导入对话窗口中,选择事先准备好的图片素材“霸王龙”、“背景”和“小鸟”,以及声音素材“音乐”,如图 6-61 所示。通过单击 Add 按钮可以将位于不同目录文件夹的素材文件同时导入,但这里要注意,最好在导入素材之前,把准备好的相关素材放在统一的文件夹里,方便后期进行编辑修改与管理。

(2) 单击 Import 开始导入文件。对于不同的文件类型,Director 询问的对话窗口是不同的。例如对于“霸王龙”和“小鸟”两个 GIF 格式文件,导入的时候可以保留 GIF 动画格式，也可以以静止的位图格式导入，如图 6-62 所示，这里我们选择保留动画格式，如果同时导入多个文件，并以同样方式导入，要选中 Same Format for Remaining Files 选项。

图 6-61　Import 导入窗口

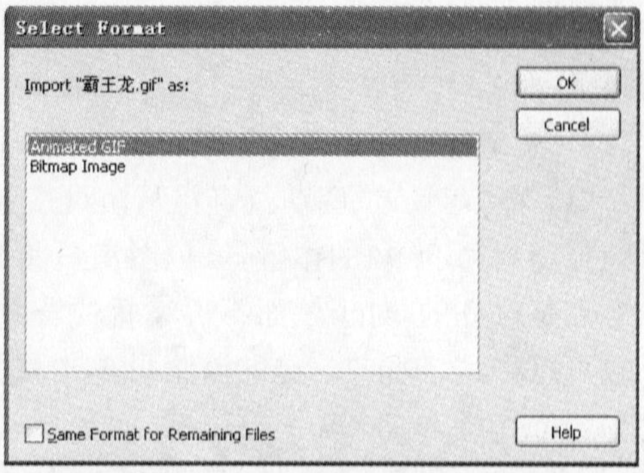

图 6-62　导入 GIF 文件的对话窗口

(3) 对于背景位图文件，需要选择图像的位深(Color Depth)，调色板(Palette)是否导入，以及图像是否具有白色背景(Trim White Space)和是否利用抖动技术(Dither)进行平滑处理，如图 6-63 所示，单击 OK 即可导入图片。

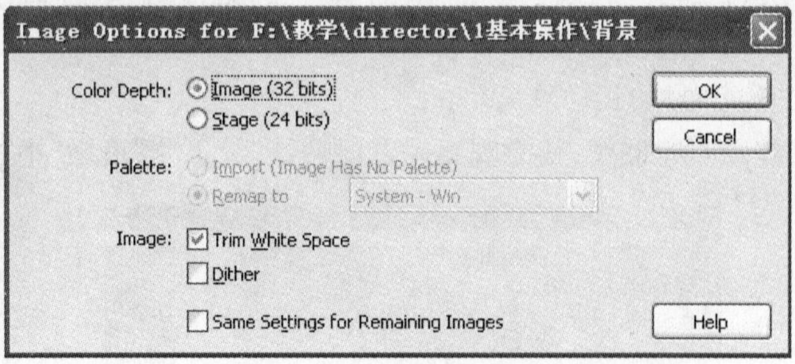

图 6-63　导入位图设置窗口

3. 舞台的设置

(1) 舞台大小。单击舞台(Stage)的空白区域，在属性检查器窗口的"Movie"选项卡中，设置 Stage Size(舞台大小)，这里由于我们准备的背景图片分辨率为"640×480"，所以也为该影片选择"640×480"的大小。

(2) 舞台背景色。在属性检查器窗口的 Movie 选项卡中，单击 Color 选择按钮""，在选色窗口中选择黑色，则舞台背景色设置为黑色。

4. 创建文本演员

一般文本类演员以及简单的图形图像素材，都可以由 Director 提供的工具进行创建。在 Text 窗口中，输入"远古时代……"，并设置字号为"72"、字体格式为"黑体"、前景色为"白色"。

5. 制作片头字幕

(1) 将演员表窗口中"远古时代……"文本演员拖到舞台中央，在舞台上选中该精灵，在属性窗口中设置其墨水效果(Ink)为 Background Transparent 背景透明。

(2) 在Score剧本窗口中，我们发现有一条占用30帧的精灵通道，在该精灵通道的第15帧和30帧分别单击鼠标右键，在菜单中选择Insert Keyframe插入关键帧。

(3) 选中第1帧，在属性窗口中设置其blend(墨水混合度)为“0”；同样将第30帧的blend也设置为“0”。

(4) 单击“▶”按钮进行测试，注意查看Stage窗口中，片头字幕是否有淡入淡出的动画效果。

6. 故事情节设计

(1) 将“背景”位图演员直接从演员表窗口拖动到Score剧本窗口第31帧处，并将其结束帧拖动到第80帧的位置，该位图演员将自动呈现在舞台的中央，其中心注册点与舞台的中心点是对齐的，对于后面不再编辑的背景图片，为了避免不慎操作改变其属性设置，我们一般可以将其“锁定”。选中该精灵单击鼠标右键，选择Lock Sprite命令，其精灵通道上会增加一个挂锁符号“🔒1 ————”。如需解锁，选中该精灵，单击鼠标右键，选择Unlock Sprite即可。

(2) 同样将“霸王龙”和“小鸟”也拖到Score窗口的第31帧到80帧，设置这两张图片的背景透明，并在舞台上将他们摆放到合适的位置，注意“近大远小”的透视规律，可以先将他们缩小一些。

(3) 单击选中“小鸟”第80帧，在舞台上拖动“小鸟”移动到一个合适的位置，并注意可以将“小鸟”适当放大，这时我们看到“小鸟”身后有一条虚线，就是“小鸟”的运动轨迹，如图6-64所示。

(4) 同理设置“霸王龙”的运动效果。

(5) 单击“▶”按钮进行测试，注意观察并及时调整“霸王龙”追逐“小鸟”的动画效果。

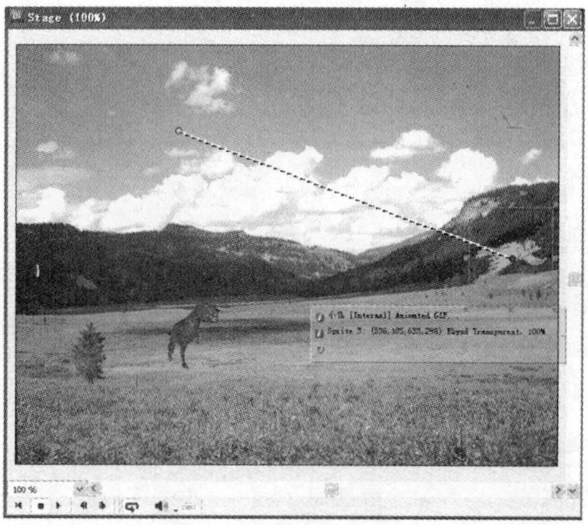

图6-64 小鸟动画效果的设置

7. 添加声音效果

(1) 拖动“音乐”声音文件到特殊通道的声音通道，并设置其长度为第31帧到第80帧。

(2) 单击“▶”按钮进行测试，试听声音与画面的同步效果。

8. 片尾字幕

同理，创建“谢谢观赏”文字演员，并添加到影片的第 81 帧到 110 帧，并设置一个淡出的动画效果，最终电影的 Score 剧本窗口如图 6-65 所示。

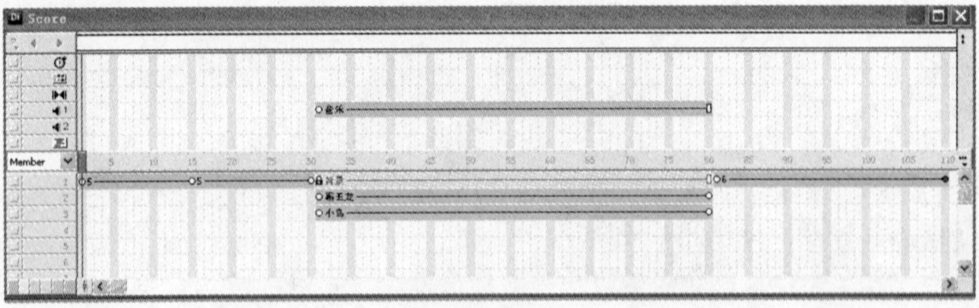

图 6-65　影片“远古时代”的 Score 窗口

9. 保存与发布

(1) 单击“”保存，在弹出的对话窗口中输入文件名“myfirst”，则文件将以“myfirst.dir”格式进行保存；单击“”publish 发布按钮，可以将电影发布成“myfirst.exe”，“*.exe”格式的文件是脱离 Director 编辑环境，能够独立运行的应用程序文件，也是我们设计制作多媒体作品的最终文件的格式。

(2) 找到保存文件的文件夹，双击“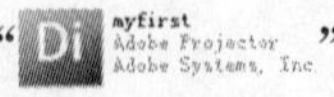”文件图标，测试作品效果。

10. 上机实践

注意训练 Director 的基本操作，包括外部素材的导入、文本素材的创建、各编辑窗口的协调工作、利用 Score 剧本窗口设计与控制影片的播放效果以及如何保存与发布作品等。

五、实验讨论与评价

(一) 问题讨论

1. 简述 Director 中“演员”与“精灵”的区别和联系。
2. 分析多媒体软件作品与影视作品的区别。
3. 舞台(Stage)、演员表(Cast)、剧本窗口(Score)、属性检查器(Property Inspector)各有什么作用？它们是如何协同工作的。
4. “电影的一帧”与“精灵的一帧”的区别与联系。

(二) 评价方法

学生自评、小组同学互评与教师点评相结合。

六、实验报告

完成撰写实验报告，注意写明实验过程中遇到的问题和解决方法。

实验七 多媒体动画的设计

一、实验目的

1. 了解多媒体动画设计的一般原理。

2. 熟悉利用 Director 制作多媒体动画的基本方法与步骤。

3. 能够运用关键帧动画、实时录制、film loop、space to time、case to time 等技巧设计与制作多媒体作品的片头动画。

二、实验预习作业

1. 上网查找并下载“小小 Flash 作品”，注意分析其人物动作是如何进行表现的，以及画面的组接技巧的应用。

2. 利用闪客精灵等工具，剖析并模仿“小小作品”中人物动作的绘制方法。

三、实验设备及相关软件

1. 能够连接 Internet 的多媒体计算机。

2. Director 等软件。

四、实验基本理论

(一) 动画的基本原理

在多媒体创作中，动画技术已经占据了举足轻重的位置，产品的展示、动感效果的渲染以及教学原理的讲解都离不开多媒体动画技术。动画到底是什么呢? 动画可以简单地认为是不断运动并连续变化的画面，动画之所以具有动感的视觉效果，是因为人的眼睛有“视觉暂留”的生理特点：在观察过物体之后，物体的影像将会在人眼的视网膜上保留一段短暂的时间，这样一系列略微有差异的图像按一定速度播放时，就给人一种物体在做连续运动的感觉。在 Director 中动画就是一系列随时间属性发生变化的精灵在舞台上显示的结果，因此产生动画必须具备两个条件：有多个相似的图像；一定的播放速度。

多媒体作品中的动画有表现运动与运动表现两种表现形式。表现运动是对运动对象的运动状态的模拟，比如时钟的指针旋转；运动表现是模仿摄像机镜头的运动，运用画面的不同拍摄角度、景别及组接手段，使一些静态的图像“动”起来，有利于突出画面的重点，吸引观众的注意力。例如，利用画面的缩放模拟摄像机镜头的推拉；利用画面的水平或垂直移动，模拟摄像机镜头的摇和移；利用图片清晰与模糊的淡变可以模拟摄像机镜头的聚焦动画效果等。

（二）Director 动画技巧

Director 提供了操作简便、方式多样的多媒体动画技巧，主要包括逐帧动画（Frame by Frame）、关键帧动画（Key Frame or Tweening）、动画序列（Film Loop）、空间转时间（Space to Time）、演员转时间（Cast to Time）、关系粘贴（Paste Relative）、实时录制动画（Real-Time Recording）、逐帧记录（Step Recording）等，灵活应用这些动画技巧，可以制作出生动流畅的动画效果。

1. 逐帧动画（Frame by Frame）

逐帧动画顾名思义就是一帧一帧的动画，它模仿原始动画电影片的制作工艺，画出动画序列里所有的帧，然后将这些帧按一定速度播放，由于人眼的视觉暂留现象，看到的就是一个连续的动画画面了。目前利用 Flash 等软件制作的动漫作品，大多数是用逐帧动画技巧制作完成的，如网络上流传的“小小作品”等。

逐帧动画可以设计制作出多个相似的画面，如果要制作生动逼真的人物动作，还需要制作者具有一定的手绘基础。学习者可以从简笔画入门，学习一些人体肌肉骨骼方面的绘画知识。Director 提供的洋葱皮等工具也可以用来协助绘制相似的图片。

上机实训：永不停息的时钟

制作永不停息的时钟首先要绘制如图 7-1 所示的 12 张时钟图片，这些图片可以用 Photoshop 等专业平面设计软件绘制后再导入到演员表中，也可以在 Director 中利用 Paint 窗口创建，这样可以节省系统资源，提高程序运行速度。绘制或者导入了这 12 张图片后，把它们对齐依次拖放到精灵通道上，顺序播放即可实现时钟效果。

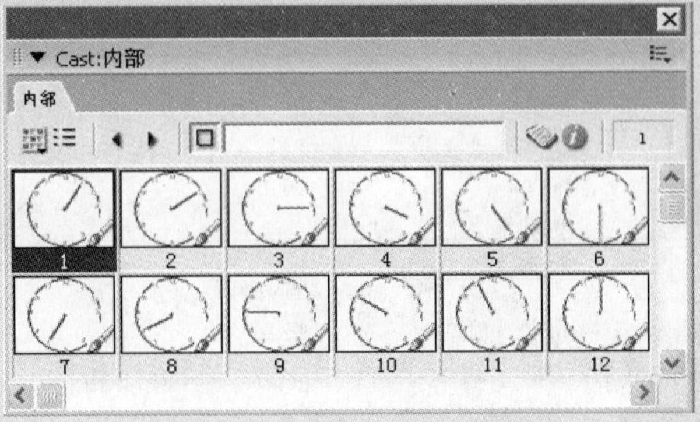

图 7-1　时钟演员表

具体实现步骤如下：

（1）利用 Paint 工具，绘制一个钟表表盘，样式可以参考图 7-2 所示。

（2）在演员表窗口中先将这个表盘复制 12 份，并双击打开演员表中序列号为 1 的演员，在 Paint 编辑窗口中用直线工具连接轴心与刻度“1”的位置，使表针指向 1 点钟。

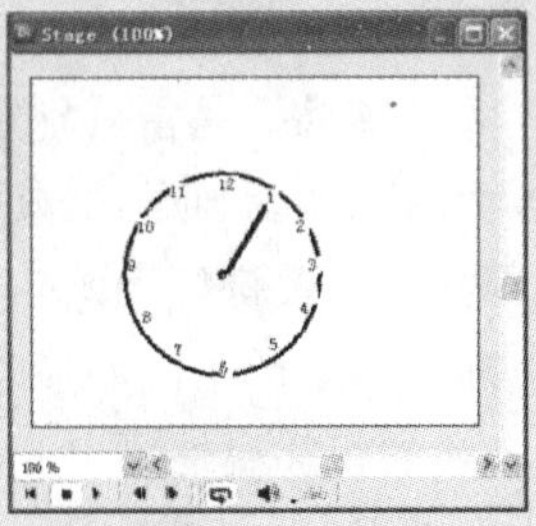

图 7-2　clock 效果图

（3）同理，制作出演员表窗口序列 2～12 的位图演员使它们的指针分别指向 2～12 点钟。

（4）执行“Edit＞Preferences＞Sprite”菜单命令，打开“精灵参数”设置窗口，设置 Span Duration（精灵的跨度或持续时间）为 1 帧，如图 7-3 所示。

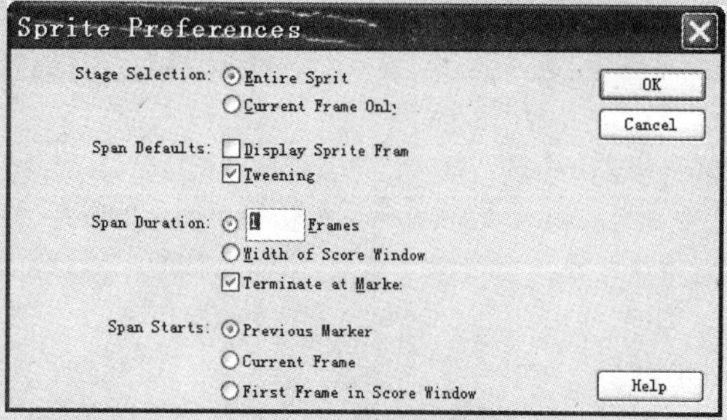

图 7-3　精灵参数设置

（5）拖动演员表序列的第一个演员到 Sore 剧本窗口的第一通道的第 1 帧，同理将演员表中的第 2～12 个演员分别拖到时间轴的第 2～12 帧，这 12 帧画面中心注册点都与舞台中心重合，依次显示在舞台上，剧本窗口如图 7-4 所示。

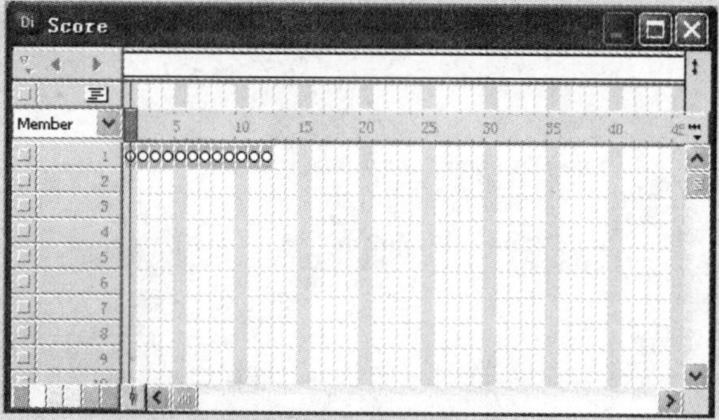

图 7-4　clock 剧本窗口

（6）确认循环播放按钮“ ”被按下，单击工具栏播放按钮“ ”播放测试动画。这时即可欣赏到一个循环播放的时钟动画效果。

2. 关键帧动画（Key Frame）

关键帧动画是指分别定义了动画开始帧和结束帧的属性，计算机可以自动创建中间帧变化过程的一种动画形式，其中定义了属性的帧叫关键帧。帧的属性其实就是该帧的精灵的属性，因此制作关键帧动画一般通过改变精灵的属性来实现。例如，改变精灵位置 Position（X,Y）的坐标值可以产生位置移动的动画效果；改变精灵大小 Size（Width，Height）、（Lefe，Top，Right，Bottom）的相关属性可以产生精灵对象缩放的效果；改变精灵前景色 Forecolor 或背景色 Backcolor 的参数，可以产生颜色渐变的效果；改变精灵 blend 属性可以产生淡入淡出的效果；改变精灵的旋转 Rotation 与扭曲 Skew 属性可以产生旋转或倾斜的动画效果等。

上机实训："广州亚运"字幕动画

本例将训练通过改变精灵的多种属性设置来制作关键帧动画。"广州亚运"字幕动画的效果如图 7-5 所示。

(1) 先用 Paint 工具准备四个不同颜色的文本位图素材演员，如图 7-6 所示。

图 7-5　广州亚运

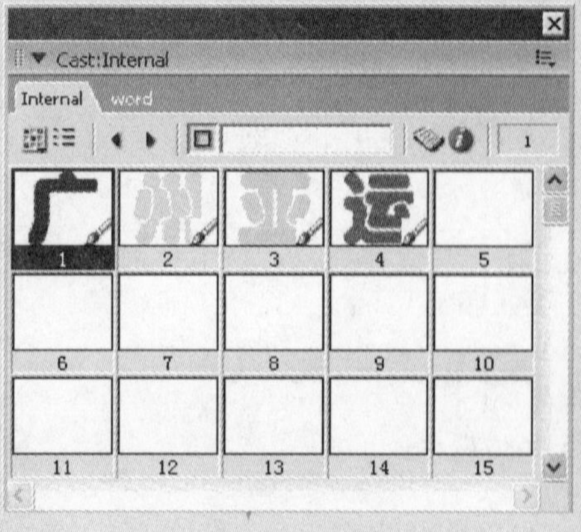

图 7-6　"广州亚运"演员表

想一想：利用 Paint 窗口与利用 Text 窗口来创建本例素材演员，其制作出来的动画效果是否有差异？为什么？建议上机操作，检验测试结果。

(2) 将"广州亚运"四个字分别从演员表窗口拖到舞台的合适位置，执行"Window>Align"命令(快捷键 Ctrl+K)，打开 Align 对齐窗口，如图 7-7 所示，分别利用水平对齐和分散对齐工具将四个精灵对齐排列，效果如图 7-5 所示。

图 7-7　Align 窗口

(3) 选中 Score 窗口中这四个精灵的最后一帧，单击鼠标右键，在弹出的菜单中选择 Insert Keyframe，则结束帧图标"▯"改为了关键帧"○"。

(4) 选择 Score 窗口中"广"字精灵的第 1 帧，在 Stage 窗口中，按下 Shift 键的同时，将"广"字拖到舞台正上方，如图 7-8 所示；然后，再将其属性窗口中的 Rotation 属性值设置为"−360"，如图 7-9 所示，单击播放按钮测试动画效果，则"广"字顺时针旋转一周的同时下落到舞台上。

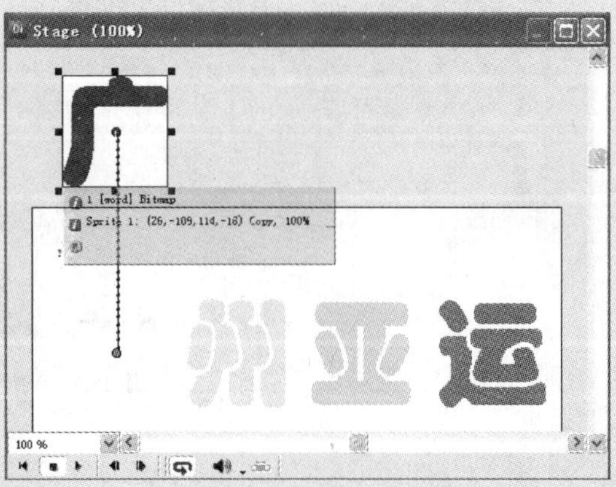

图 7-8 “广”字起始帧位置示意图

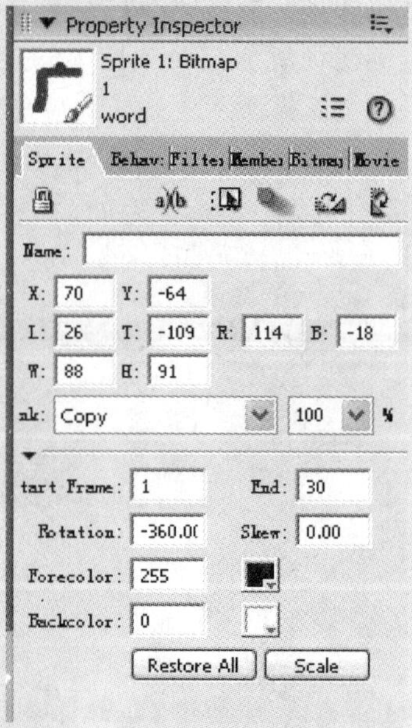

图 7-9 “广”字第 1 帧的属性窗口

想一想：如果将“广”字精灵的第 1 帧 Rotation 的值设置为“360”将是怎样的动画效果？建议上机操作，检验测试结果。

(5) 将“州”字设计成缩放的效果。选中 Score 窗口中“州”字精灵的第 1 帧，将属性检查器(Property Inspector)中 W(宽度)和 H(高度)的值均设置为原来数值的 4 倍，如图 7-10 所示。

由于“州”字放大后在舞台上太“抢眼”，可以将 Sprite“州”第 1 帧的 Blend 属性设置为“0”，在缩放的同时增加一个颜色淡变的效果。

单击播放按钮测试动画效果。

小提示：利用属性检查器窗口中的 Scale 按钮也可以进行精灵的缩放设置，建议大家上机操作，测试一下与在关键帧直接设置对象的 W 和 H 参数动画效果有什么不同。

(6) 在 Sprite“亚”精灵通道的第 15 帧单击鼠标右键，选择 Insert Keyframe 即插入关键帧，设置该精灵第 1 帧 Skew 的属性值为“−45”，第 15 帧 Skew 的值为“45”，其效果如图 7-11 所示。

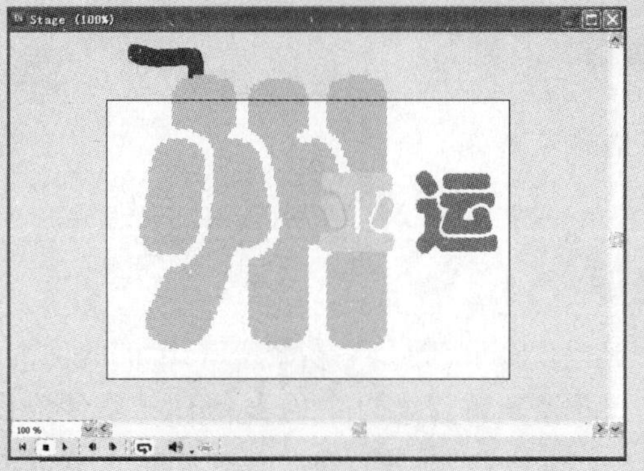

图 7-10 “州”的效果图

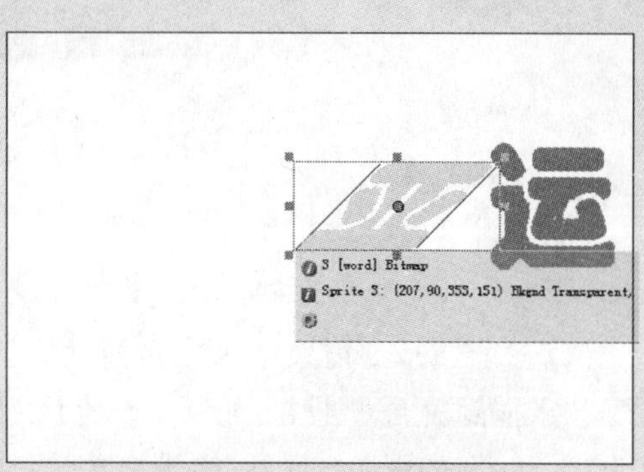

图 7-11 “亚”效果图

(7)“运”的动画效果也可以通过修改第 1 帧的属性进行设计与创意。首先，按下 Shift 键的同时，将“运”字水平向左拖出舞台的左侧，如图 7-12 所示，这样就完成了一个水平移动的效果。其次，在第 10 帧和第 20 帧插入关键帧，并分别将这两帧“运”字在舞台的位置上移或下移，这样就可以模拟一个波浪式的运动效果，如果还想设计更复杂的运动效果，可以再添加更多的关键帧。

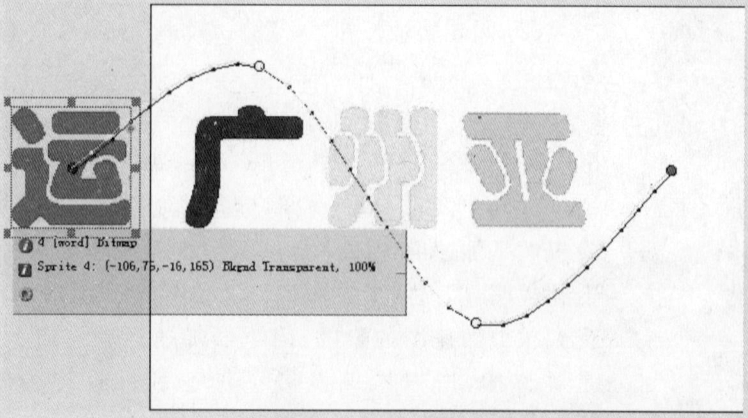

图 7-12 “运”的效果图

(8) 单击播放按钮“▶”测试动画，感觉整体动画有点杂乱无章，作为导演可以重新编排一下演员的出场顺序。可以令“广”字最先出场，“广”字动画接近尾声时“州”字才出场，并将第 30 帧的 Sprite“广”复制填充到第 31 帧以后的所有动画帧，以此类推，修改完成其他几个精灵通道，制作完成“广州亚运”字幕动画，剧本如图 7-13 所示。导演还可以通过 Control 面板改变动画播放的速度，或改变精灵帧的长度等方式，来控制动画的节奏和持续的时间。

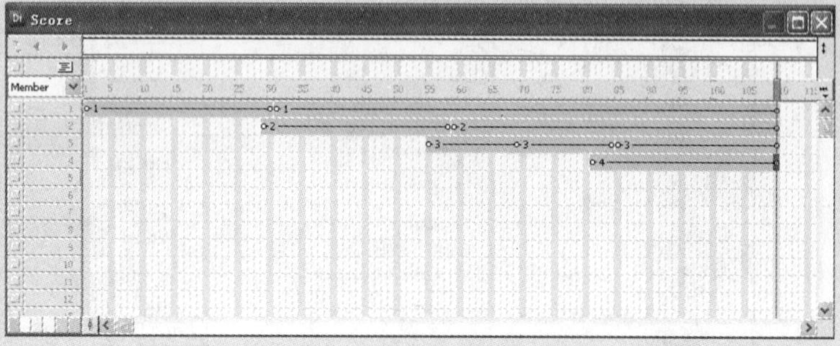

图 7-13 “广州亚运”剧本窗口

上机实训：跳动的篮球

对于变速运动以及对运动轨迹有特殊要求的关键帧动画，我们可以利用精灵的 Tweening 窗口设置，来辅助完成动画的特殊效果，例如本例将模拟受重力加速度影响的篮球，向下运动速度增大，上升运动速度减小的过程。先通过网络搜索下载或是用 Paint 等工具自行绘制一个篮球的图片素材。

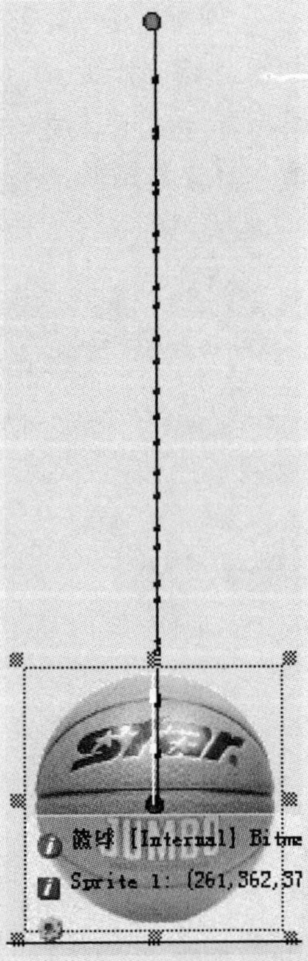

图 7-14　篮球

(1) 单击 Import 按钮“”导入一张篮球的图片，将篮球演员拖到 Stage(舞台)的顶部，精灵默认长度是 30 帧，将第 30 帧设置为关键帧；在第 15 帧的位置单击鼠标右键插入关键帧，并将舞台上的篮球拖到舞台底部，这样就可以完成一个上下垂直移动的动画效果，如图 7-14 所示。

(2) 单击播放按钮“”测试动画效果，注意观察篮球的运动速度。

(3) 选中 Sprite 篮球，然后执行“Modify>Sprite>Tweening”菜单命令，打开 Sprite Tweening 属性设置窗口，如图 7-15 所示。其中，Curvature 控制运动轨迹曲线的圆滑度，Ease-In 设置的是加速度，“Ease-Out”设置的是减速度，数值越大，速度变化越明显，但两个数值相加之和不能超过 100%。篮球由于受到重力加速度的影响，向下做加速运动与向上做减速运动是对称的，所以本例设置了加速和减速均为 30%。Sharp Changes 可使速度的改变更突然，Smooth Changes 可使速度改变更平滑。

(4) 单击播放按钮“”测试动画，试比较设置加速度前后，篮球跳动效果的差异。

(5) 还可以将第 15 帧上篮球的高度(H)值变小，即将球压扁，再测试一下动画效果。

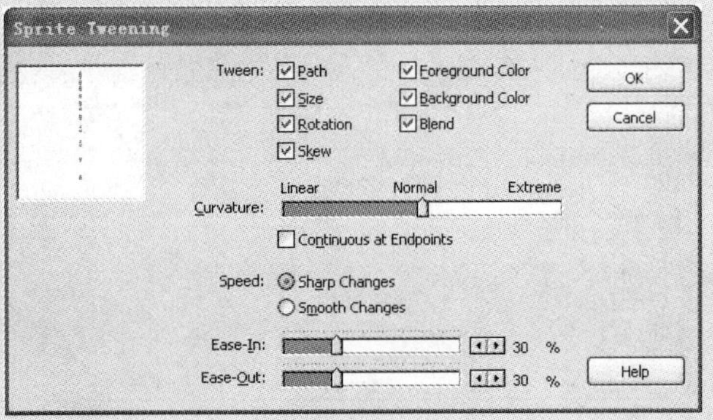

图 7-15　Sprite Tweening 对话框

3. 空间转时间(Space to Time)

空间转时间是将位于相邻通道中的不同精灵对象，转换成同一个精灵通道中的动画序列的动画制作技法。使用空间转时间的精灵必须有相似的属性，通常是同一对象的不同运动状态，或不同对象具有一定的逻辑联系，这样的精灵连接起来的动画序列可以形成连贯的动画情节。

上机实训：大灌篮

(1) 先导入事先准备好的 6 张灌篮动作的图片，如图 7-16 所示。

(2) 依次将这 6 个位图演员拖到 Stage(舞台)上，并调整每个精灵在整个动画过程中位置，如图 7-17 所示。

(3) 将各个通道上的精灵长度设置为 1 帧，并放置在电影的同一帧上，如图 7-18 所示。然后执行“Modify>Space to Time”命令，在弹出的 Space to Time 从空间到时间对话框(如图 7-19 所示)中，设置动画序列中各个对象间隔的帧数，本例输入“5”，单击 OK 即可，最终效果图如图 7-20 所示。

(4) 单击播放按钮“ ”测试动画效果。

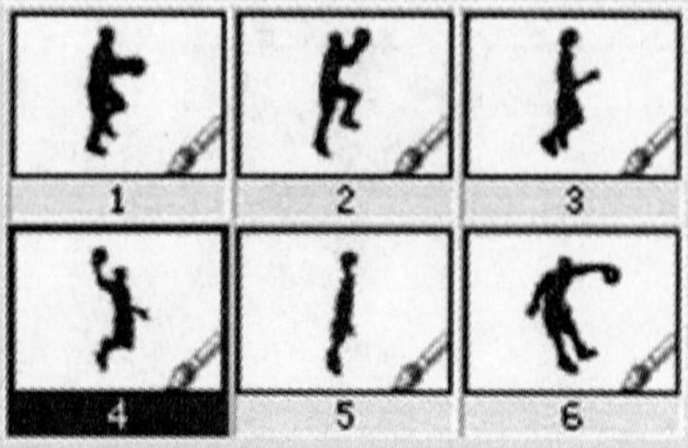

图 7-16　灌篮素材

图 7-17　灌篮图片位置

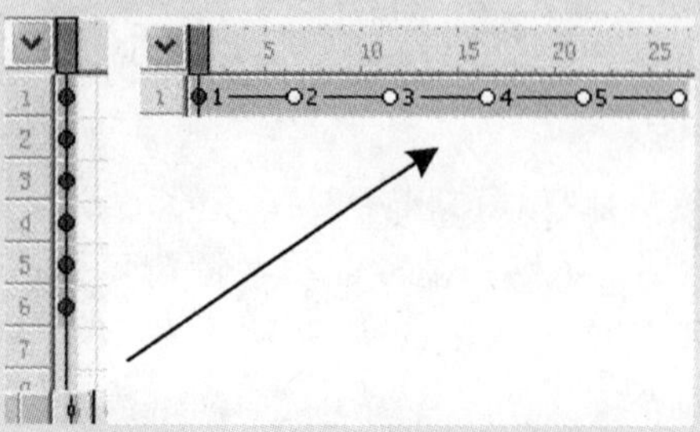

图 7-18　多个精灵变为一个精灵

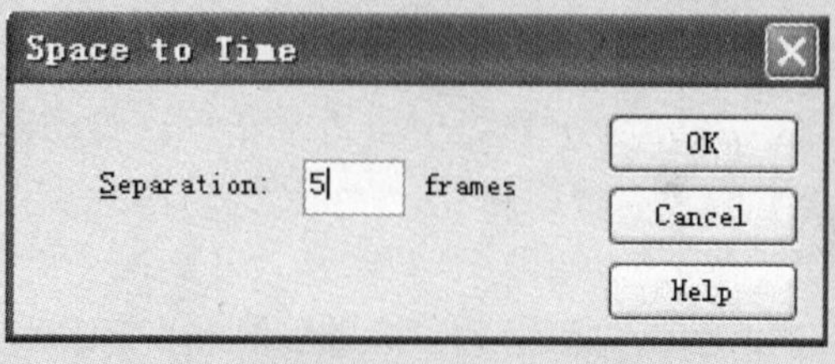

图 7-19　Space to Time 对话框

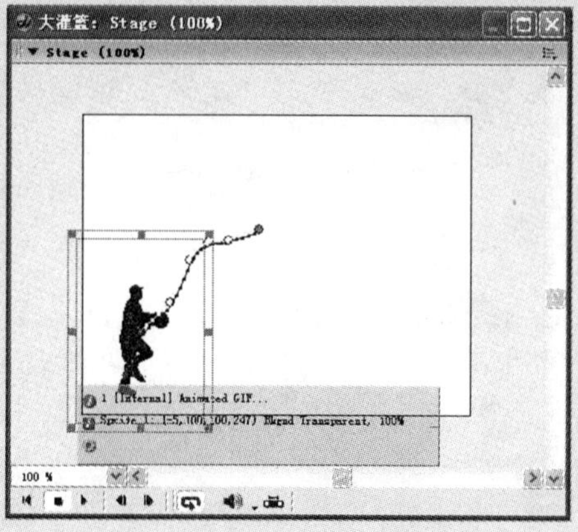

图 7-20　大灌篮效果图

4. 演员转时间(Cast to Time)

演员转时间是将演员表中一系列连续动作的图片演员直接转化成一个精灵通道上的动画序列，这种方法通常为创建 Frame-by-Frame 动画效果提供更加快捷方便的手段。

用演员转时间创建动画，首先应该创建一系列反映动画运动全过程的图片。创建和对齐动画中的相关图片经常用到洋葱皮技术。

上机实训：行走的人

(1) 单击 Import 按钮“ ”导入“行走的人”共 12 张图片素材，如图 7-21 所示。

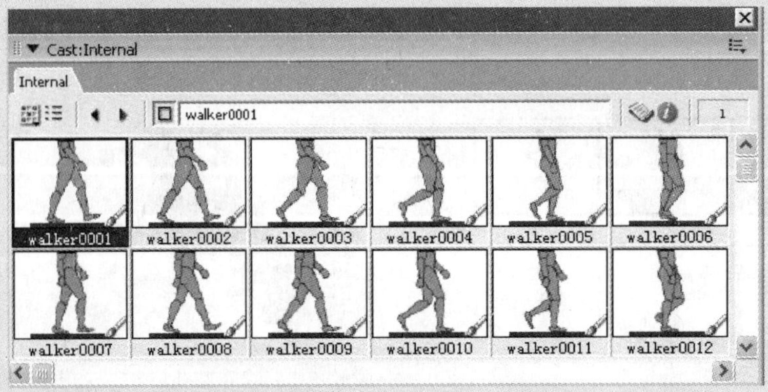

图 7-21　行走的人

(2) 在 Cast 窗口中，按住 Shift 键的同时，单击第 1 张和第 12 张图片，即同时选中这 12 张图片演员。

(3) 在 Score 窗口中单击准备放置动画的帧，然后执行“Modify>Cast to Time”命令，在舞台的中央便创建了一个精灵，精灵长度为 12 帧，其中每个图片演员在该精灵通道中依次各占 1 帧，如图 7-22 所示。可以拖动结束帧将该精灵的帧数进行扩展，值得注意的是，如果扩展后的精灵帧数是现在帧数的整数倍，每个图片精灵将统一按照该倍数增加。

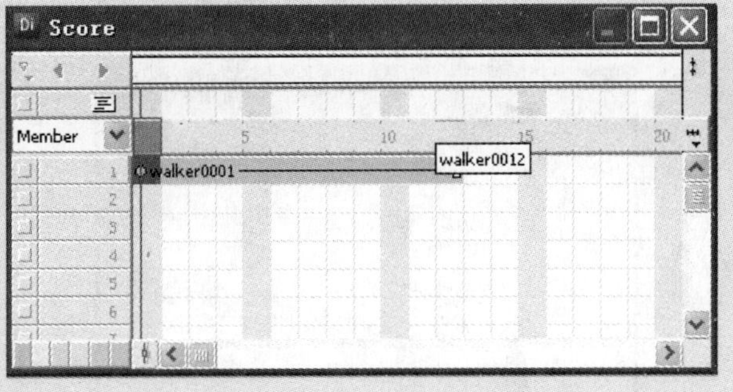

图 7-22　Cast to Time

(4) 单击“ ”按钮测试动画效果。

小技巧：我们也可以在 Cast 窗口中选中相关的图片演员后，按下 Alt 键的同时，将所选的演员成员直接拖动到舞台上，也可以完成演员到时间(Cast to Time)的操作。

5. 实时录制动画(Real-time Recording)

实时录制动画是通过记录鼠标拖动精灵在舞台上的移动轨迹,从而给精灵添加动画效果的技术。鼠标的移动轨迹就是精灵的运动路径。实时录制动画通常增加“拖尾”效果,可以模拟手写体等比较复杂的动画过程。注意,在鼠标移动的过程中,鼠标移动得快,则意味着动画也播放得快,鼠标移动得慢,则动画速度也慢,因此在拖动精灵移动的过程中一定要从容,手不能抖动,录制出来的动画才比较平滑。

上机实训:手写文字

本例是模拟小写字母 a 的书写过程,效果如图 7-23 所示。

(1) 利用 Tools 工具面板中的椭圆工具,在 Stage 上创建一个红色的实心圆形精灵对象,并将其放置在舞台的合适位置,设置其 Ink 属性为 Background Transparent,注意该精灵的形状就是“画笔”的形状,大小即为“画笔”的粗细,颜色即为“画笔”的颜色,如图 7-24 所示。

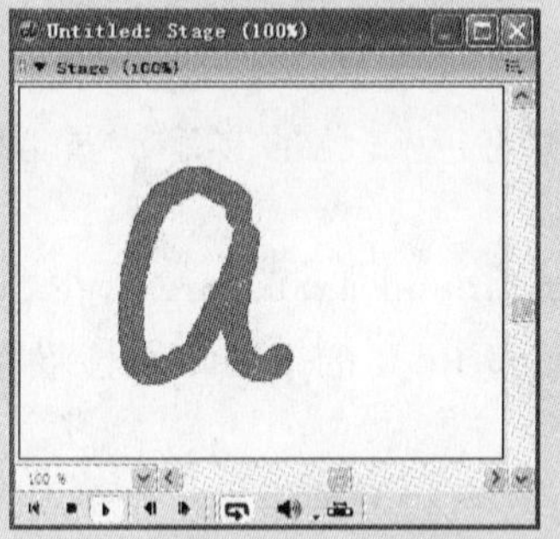

图 7-23 字母 a 的效果图

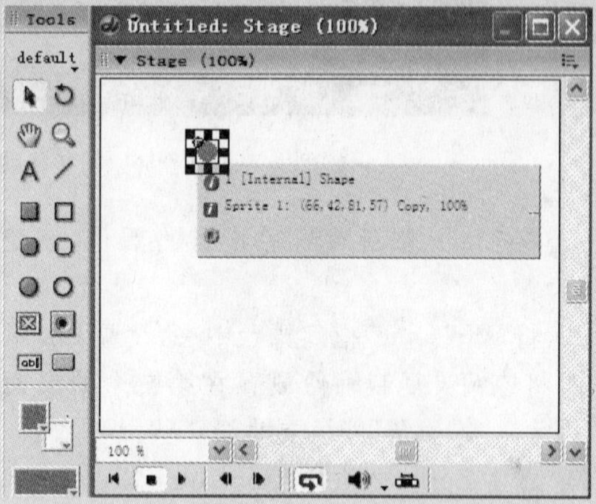

图 7-24 舞台窗口与工具栏

(2) 在 Property Inspector 属性面板中的 Sprite 标签页中,单击 Trails “”效果按钮,如图 7-25 所示。

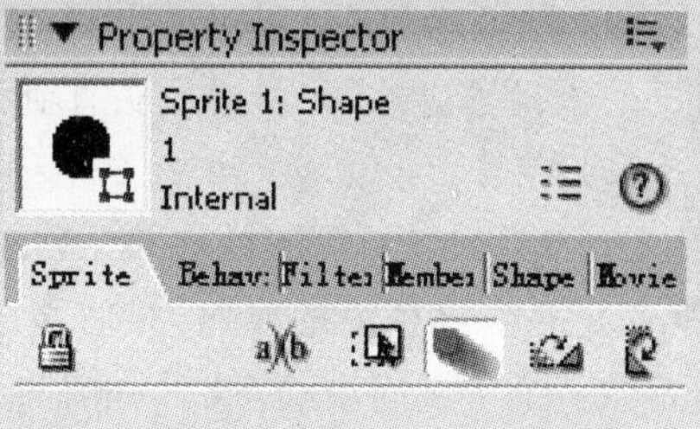

图 7-25 Trails 属性按钮

(3) 执行“Control>Real-time Recording”命令,这时,Stage 上的精灵边框变为红色条纹边框“”,Score 窗口中该精灵通道左边出现一红色圆点的录制标记,标明实时录制功能已经起作用。

(4) 按下鼠标左键,拖动舞台上的精灵,按照所要书写字母 a 的形状,在舞台上平缓移动,精灵移动的轨迹即被记录在舞台上,“书写”完成,松开鼠标,则动画停止录制,并将自动回放。

6. 逐帧录制(Step Recording)

逐帧录制也称为单步录制，是使 Score 记录下精灵在每一帧的位置、大小、颜色、旋转、扭曲和造型演员等属性的变化，通过连续播放而产生动画效果。逐帧录制技巧可以利用精灵的 Property Inspector 属性窗口设置其数值的细微变化，来制作比较精细的动画效果。

上机实训：幻影移动

为了增强标题文字的表现力和空间立体感，我们通常可以在标题文字的下一层增加一个“幻影移动”的动画效果，如图 7-26 所示。

图 7-26 幻影移动效果图

(1) 将 Stage 舞台背景色设置为黑色，创建一个前景色为白色的文字演员“Welcome”。

(2) 将“Welcome”拖到舞台中央，设置 Ink 属性为 Background Transparent，在 Score 窗口中，将该精灵复制一份放置在第二个精灵通道，并将 Sprite 2 的 Blend 属性设置为 60%，因为一般“影子”颜色要略淡一些。

(3) 选中 Sprite 2 执行“Control> Step Recording”命令，可以看到第二个精灵通道号左边出现了一个红色的单帧前进按钮“ 2”，舞台上 Sprite 2 的外框也大了一圈，说明逐帧录制已经准备就绪。

(4) 确认播放头在电影的第 1 帧，单击 Stage 窗口中的单步前进按钮“ ”，记录当前精灵的位置等属性，并使播放头移到下一帧。

(5) 在舞台上拖动 Sprite 2 稍稍移动一个位置，或直接在该精灵的属性窗口中改变其 $(X,Y)(L,T,R,B)$ 等属性参数，注意数值不宜改变太大。确定好这一帧的位置后，单击“ ”，记录当前精灵的属性，并使播放头移到下一帧，以此类推使 Sprite 2 在 Sprite 1 斜上方做一个小圆周运动，最后一帧两个精灵又重合在一起。

(6) 单击“ ”按钮，停止逐帧录制，播放头回到第 1 帧；或者直接单击“ ”按钮，停止逐帧录制，并测试动画效果。

7. 替换演员(Exchange Cast Members)

替换演员这种技巧经常用于动画创作过程中，如果做一系列演员对象的相同动画效果，只需做一个对象的动画，将这个动画过程复制多份，然后进行演员替换即可；在一些需要变换造型演员的逐帧动画或者关键帧动画中，也可以利用该功能得以实现。

上机实训：飞翔的小鸟

本例将通过替换演员技巧制作在小鸟飞翔过程中拍打翅膀的效果。

(1) 导入四张小鸟位图图片素材，并把 bird1 拖动到舞台，在舞台创建一个由小变大的弧线运动效果，如图 7-27 所示，模拟小鸟从远处飞过来的动画效果。

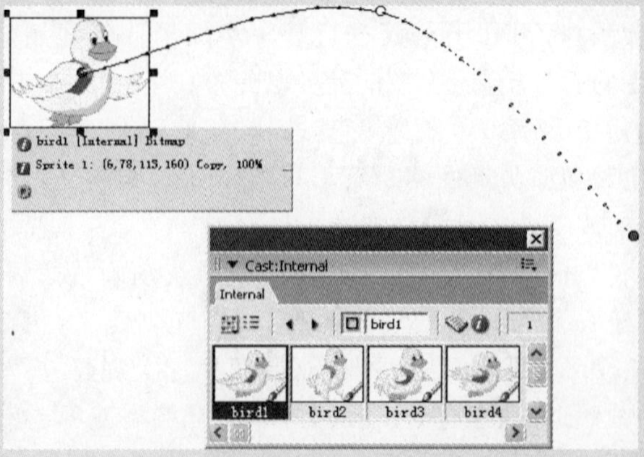

图 7-27　小鸟素材与运动轨迹

(2) 选中 bird1 精灵通道，执行“Edit>Edit Sprite Frames”命令，则精灵帧序列中的各个帧互相分离且能够单独被选中和编辑，其精灵通道如图 7-28 所示。

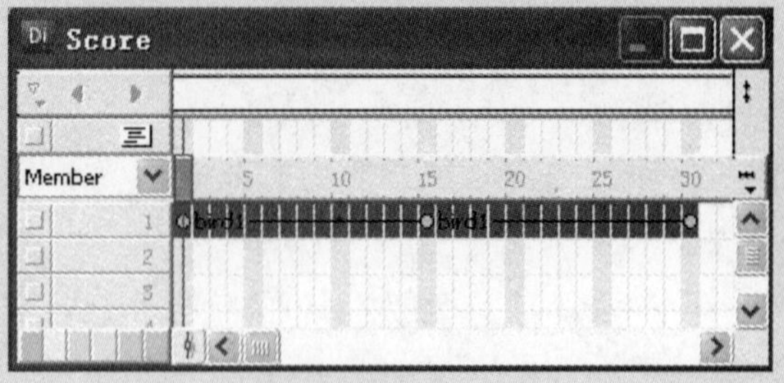

图 7-28　分离后的精灵通道

(3) 选中 bird1 精灵的第 14 帧，点选 Cast 窗口中的 bird2 位图演员，执行“Edit>Exchange Cast Members”命令，即可将第 14 帧对应的演员由 bird1 替换成 bird2。

(4) 同理可以把 bird1 精灵的第 15 帧对应的演员替换成 bird3，把第 16 帧对应的演员替换成 bird4。

(5) 单击播放按钮“ ”测试动画效果，可以发现在精灵替换的过程中，继承了原来精灵的属性，如大小、位置、墨水效果等，而改变的仅仅是造型演员，因此原来的关键帧动画的中间帧过渡效果依然比较平滑。

小技巧：执行替换演员命令也可以利用快捷工具栏的“ ”按钮，或者利用快捷键“Ctrl+E”进行操作。

8. 胶片环动画(Film Loop)

胶片环就是一个动画序列,它是一个存在于Cast演员表中的演员,演员图标为“”,胶片环可以作为单一演员反复使用,有点类似前面使用过的GIF动画。不同的是,GIF动画演员是从外部导入的文件素材,而Film Loop却可以由自己创建。

通常在舞台上看似简单的动画,在剧本窗口中可能需要使用上百帧和多个精灵通道,这样看上去比较复杂和杂乱,将不利于对其进行进一步编辑或创建新的动画。只要在Score窗口中选择该动画包含的所有精灵,这些精灵可以分布在不同的精灵通道中,甚至可以是在声音通道中,就可以利用Film Loop技术将其进行“组合”,创建一个Film Loop类型的演员。该演员包含原来精灵和演员属性的所有信息,在Score剧本上只需1帧,只要能够反复播放该帧,就可以循环播放复杂的动画效果。

动画制作过程中,我们也经常会遇见某些动画效果或动画片段需要反复播放和重复使用的情况。比如,要创建一个人行走的动画,我们可以先创建来回交替走路的两条腿的动画,将其创建为Film Loop演员,然后利用该演员在舞台上创建一个移动效果的关键帧动画,即可实现行走的动画效果,从这点看Film Loop又有点类似Flash中的影片剪辑。也就是在创建了一段相对独立的动画之后,通过将这段动画的所有精灵“封套”在一个胶片环演员之中,就可以反复利用这段动画。

使用Film Loop动画技巧制作动画不仅方便,而且效率高,在制作动画的时候不需要对周期性的动作重复制作,特别是增加一些交互按钮效果时,只需要对动画的帧进行简化处理即可。

上机实训:两位数计数器

本例是制作一个两位数的计数器,其中十位数的数字能根据个位数的变化,逢十进一。

(1) 利用文字工具创建0~9十个数字的文本演员,建议字号为96,前景色为黑色,字体为“Arial Black”。

(2) 在Cast窗口,选中这十个文本演员,执行“Modify>Cast to Time”命令,则在舞台中央创建了一个0~9循环播放的数字动画,我们可以把它作为个位数字的动画,制作成Film Loop。

图7-29 创建Film Loop对话窗口

(3) 在Score窗口中,选中数字动画的精灵通道,执行“Insert>Film Loop”命令,则弹出Create Film Loop对话窗口,如图7-29所示,输入“个位”单击OK在Cast窗口中创建了名为“个位”的胶片环演员。

(4) 在Score窗口中,将数字动画的结束帧由现在的第10帧,拖动到第100帧,然后再次选中该精灵通道,执行“Insert>Film Loop”命令,在弹出的Create Film Loop对话窗口中输入“十位”单击OK,在Cast窗口中创建了名为“十位”的胶片环演员。

(5) 在Score窗口中或舞台上,删除原来创建的精灵。

(6) 将演员表中的"个位"和"十位"演员分别拖到舞台上，注意左右位置对齐，可以将整个电影设置为1帧，利用Control面板将动画播放的速率设置为3fps。

(7) 把播放头放到第1帧，单击"▶"按钮播放测试动画。

小技巧：如何对胶片环的演员进行还原编辑修改呢？步骤如下。

(1) 在Cast窗口中，选择并复制该胶片环动画演员到剪贴板上。

(2) 在Score窗口中，将剪贴板上的演员粘贴到剧本窗口的空白帧，注意要留出足够的空白帧，这样Director就会把胶片环的原始精灵动画剧本数据展现出来，我们可以对原始数据重新修改编辑，再重新创建新的胶片环演员。

在Score窗口中选中了动画包括的全部精灵后，可以直接将这些精灵向Cast窗口拖动，同样可以弹出Create Film Loop对话窗口，创建胶片环演员。

提示：(1) 舞台上的胶片环精灵不支持墨水(Ink)效果，如需使用墨水效果，可以在创建胶片环之前，对组成胶片环的各个精灵使用墨水效果。

(2) 拉伸或压缩胶片环精灵的帧数，不影响胶片环动画的播放速率，播放控制命令对胶片环动画不起作用。

(3) 尽管Film Loop包含了原来所有的精灵和演员的信息，但是原始的动画素材演员不能删除。

9. 相对粘贴(Paste Relative)

相对粘贴是应用一种特殊的编辑粘贴技巧，将一个精灵的起始帧与前一个精灵的结束帧自动对齐，从而快速扩展动画效果。

上机实训：小猫快跑

(1) 在Cast窗口中，选中导入的两张小猫位图演员，将它们拖动到精灵通道，设置帧数为5。

(2) 按下Ctrl键，同时选中这两个精灵通道的结束帧，即第5帧，在舞台上拖动"小猫"向左移动一段距离，这时结束帧变成了关键帧，如图7-30所示。

图7-30　拖拽精灵向左移动

(3) 选中第2个精灵通道的精灵，按下快捷键"Ctrl+X"，将其剪切到剪贴板上，在第1个精灵通道的第6帧，即空白帧的位置，执行"Edit>Paste Special> Relative"命令，就可以将原来Sprite2的起始帧，自动对齐粘贴到Sprite1的结束帧位置，使前后两个精灵的位置保持一致，动画看起来更连贯。

(4) 选中第1个精灵通道的精灵，按下快捷键"Ctrl+C"，单击第11帧执行"Edit>Paste Special> Relative"命令，就可以将前面制作的动画继续粘贴在当前帧的最前面。

(5) 根据需要利用相对粘贴完成其余动画制作,Score 窗口如图 7-31 所示。

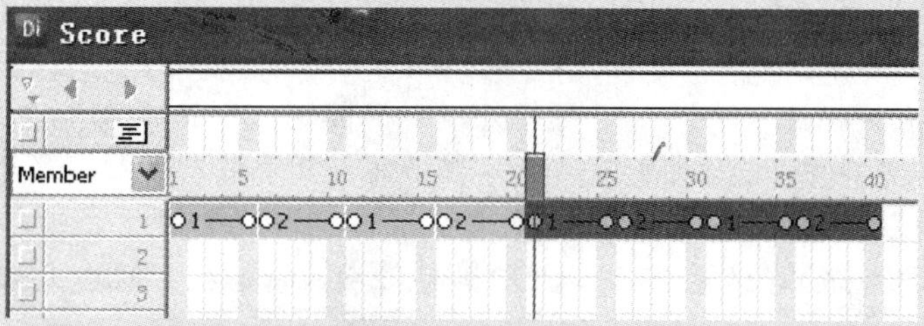

图 7-31　利用相对粘贴制作动画的精灵通道

(6) 单击播放按钮"▶",测试动画效果。

注意:观看动画效果时,有时会发现在精灵的重叠处有一些停顿,这是因为用相对粘贴时,前面的结束帧刚好是后面的开始帧。如果需要,可以将重叠的帧删掉,将后面的精灵向前移动。使用相对粘贴时,可以同时选择多个精灵通道中的精灵进行复制、粘贴。在粘贴时,Director 将复制的精灵粘贴在原来的通道中。

10. 反转动画(Reverse Sequence)

根据特殊要求,有些时候需要把制作好的动画序列倒序播放,此时可以利用反转动画的技巧来完成。比如在墙壁间来回反弹的小球,其动作是对称的,我们只需完成一个方向的动画,利用 Reverse Sequence 命令就可以完成其反向的动画。

上机实训:拳击运动

(1) 导入拳击动画的四张图片素材,在 Cast 窗口中选中这四位演员,要注意图片的顺序不能颠倒,按下 Alt 键的同时将这四个位图演员拖到 Score 窗口,即利用 Cast to Time 创建一个包含四帧画面的动画序列。

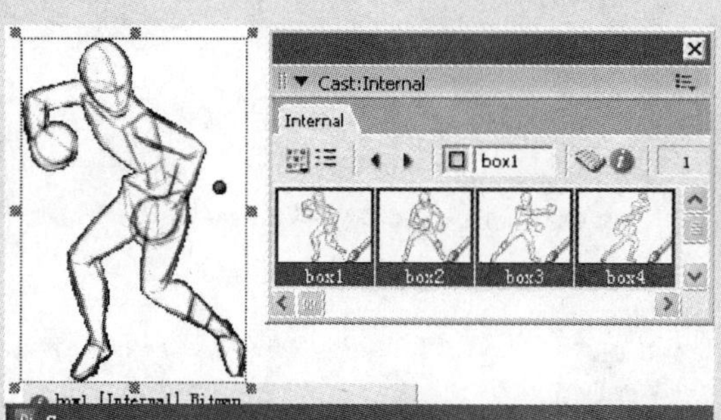

图 7-32　拳击运动效果图

(2) 选中这个动画序列,按下快捷键"Ctrl+C",单击第 5 帧,按下快捷键"Ctrl+V",即可将动画序列复制粘贴在第 5~8 帧。

(3) 选择第 5~8 帧的动画序列,执行"Modify>Reverse Sequence"命令,反转精灵顺序,则动画序列次序颠倒,其 Score 窗口如图 7-32 所示。

(4) 单击播放按钮"▶",测试动画效果,可以看到拳击手不仅有出拳的动作,还有收拳的动作。

(三)特殊效果通道

特殊效果通道在Score窗口的上端,默认情况是隐藏状态,单击Hide/Show Effects Channels显示/隐藏特殊效果通道按钮"↕",便可以看到特殊效果通道从上到下依次为:Tempo(速度)通道、Palette(调色板)通道、Transition(过渡)通道、两个Sound(声音)通道和Script(脚本)通道,如图7-33所示。

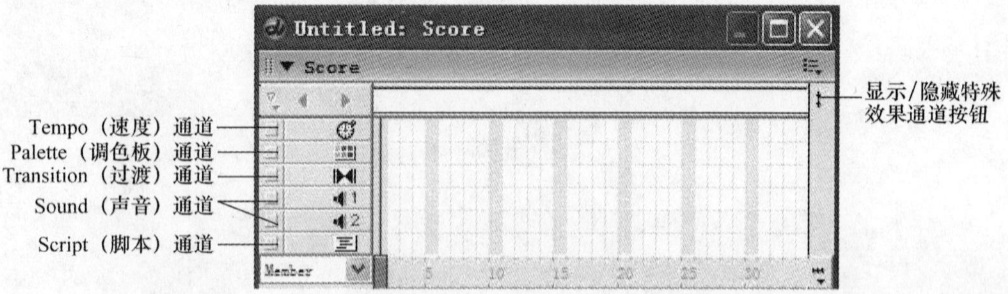

图7-33 特殊效果通道

1. Tempo(速度)通道

Tempo(速度)通道主要用于控制动画的播放速度。

双击Tempo(速度)通道中需要设置速度的帧,弹出Tempo(速度)通道设置窗口,如图7-34所示。

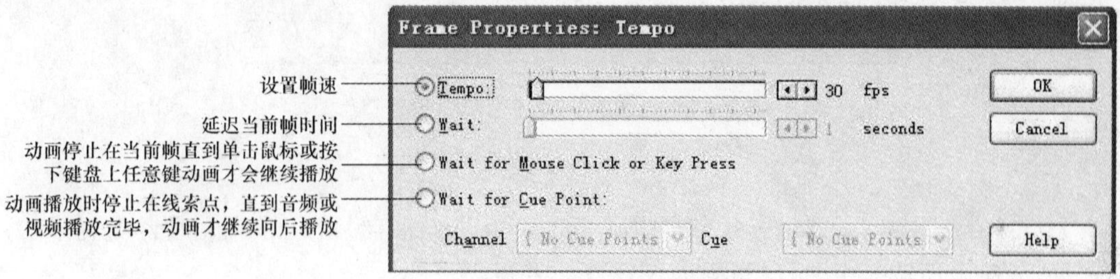

图7-34 帧播放速度相关参数设置

注意:选择Wait for Cue Point时要在Channel中选择需要设置的音频或者视频(以Quicktime格式为主)。

2. Palette(调色板)通道

Palette(调色板)通道用于选择或设置系统使用的调色板,一般的作品一个调色板即可,但有时为了渲染特殊的艺术效果,需要多个调色板以达到栩栩如生的色彩效果。

在Palette(调色板)通道中双击需要设置调色板的帧,即可打开Palette(调色板)设置窗口,如图7-35所示。

当选择不同的Action选项,其对应的Options选项也有所不同。

(1) 如果选中Palette Transition调色板平滑过渡效果,则可以在Options选项中选择:Fade to Black向黑色淡变、Fade to White向白色淡变和Don't Fade不使用淡变过渡。

(2) 如果选中Color Cycling(颜色循环)选项,可以在Option选项中选择Auto Reverse(自动反转)或者Loop(循环)选项,并在Cycles输入框中设置循环次数,在调色板预览窗口中选择作为循环的颜色,这样就可以使像素在调色板的一定范围内循环变动,其设置窗口如图7-36所示。

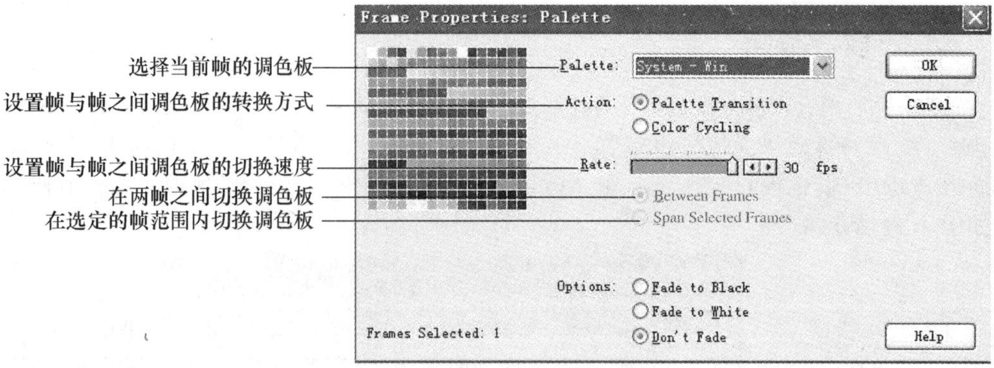

图 7-35 帧调色板属性窗口

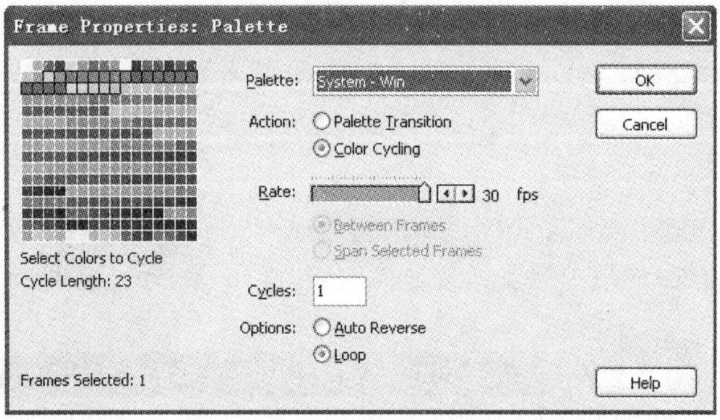

图 7-36 帧调色板颜色循环设置窗口

3. Transition(过渡)通道

Transition(过渡)通道用于相邻两帧画面的转换过程中，给精灵的消失或者出现添加过渡效果，可使画面转换更加自然，画面表现更加生动。

双击 Transition(过渡)通道中需要设置过渡效果的帧，弹出 Transition(过渡)通道设置窗口，如图 7-37 所示。

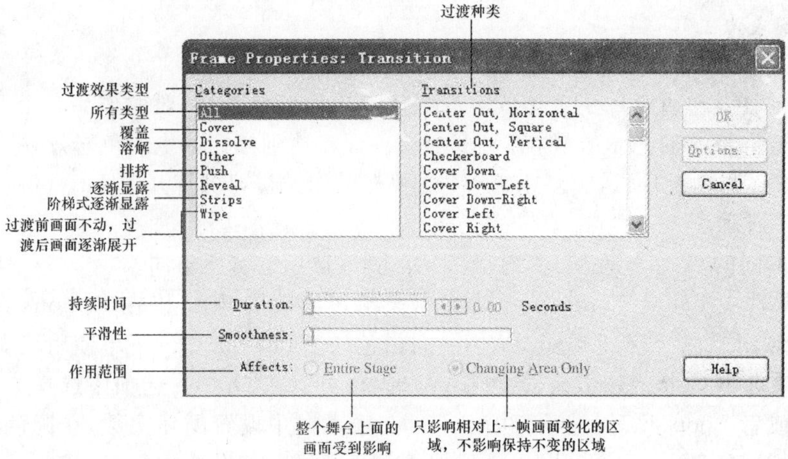

图 7-37 Transition 过渡通道设置窗口

Director 系统自带了 7 类 50 多种的过渡效果，每种过渡效果都是动态的，需要使用者在电影的动态效果中去体会，在作品中去尝试与实践。

上机实训：校园风光

本实例中使用了 Tempo 通道和 Transition 通道，利用鼠标控制动画播放速度并设置过渡的效果。其中的一个图片的“百叶窗”过渡效果如图 7-38 所示。

图 7-38　图片过渡动画效果

(1) 利用数码相机拍摄一些校园风光的照片，作为素材导入 Director。

(2) 将演员表中的图片演员依次拖动到 Score 剧本窗口，每张图片设置为 5 帧画面，如图 7-39 所示。

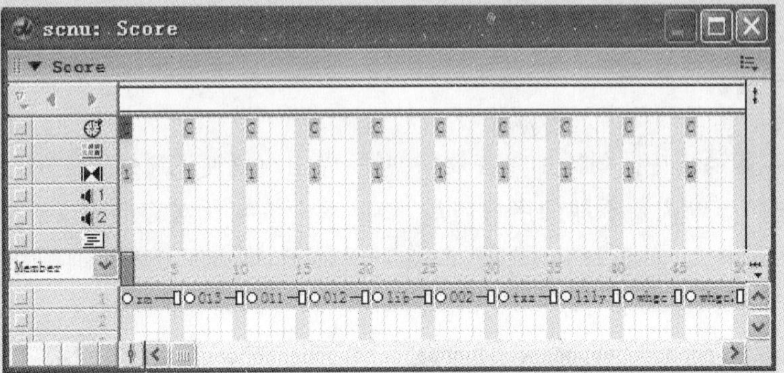

图 7-39　校园风光 Score 窗口

(3) 双击过渡通道的第 1 帧，在弹出的如图 7-37 所示的对话框中选择过渡种类为 Cover Down，则第 6 帧出场的画面，是从舞台上部向下覆盖原来的舞台画面的动画效果。

(4) 双击速度通道中的第 1 帧，在弹出的如图 7-34 所示的对话窗口中，选择 Wait for Mouse Click or Key Press，即单击鼠标或按键盘任意键才继续播放动画。

(5) 同上，将所有图片的第一帧所在的过渡效果和速度播放效果设置好，得到最终的 Score 窗口，如图 7-39 所示，所选择的过渡效果也作为演员保存在 Cast 窗口中，如图 7-40 所示，一些过渡动画效果可以重复使用。

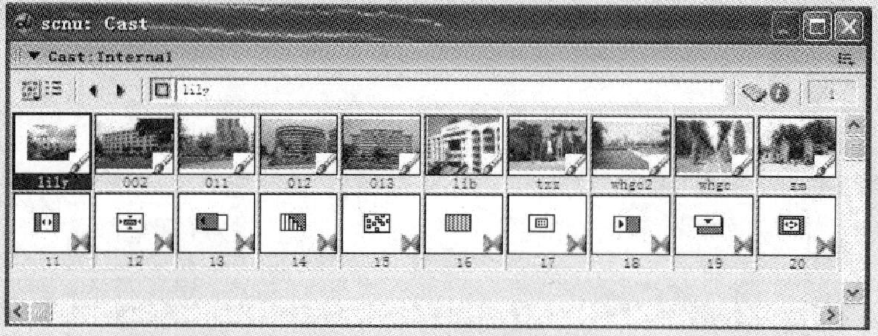

图 7-40　校园风光演员窗口

(6) 单击播放按钮“ ”，测试动画效果，注意在动画播放过程中光标形状的变化。

4. Sound(声音)通道

Sound(声音)通道用于给动画添加声音效果，两个声音通道互不干扰，按照传统的做法可以在一个声道添加背景音乐，一个声道加解说或音效，但其实利用 Lingo 脚本，Director 可以控制 8 个声道的声音，在后面的章节将会介绍。

将声音演员拖动到声音通道时，可以根据声画同步的需要来调节声音所占的帧数，如果声音素材本身持续的时间比较短，而所提供的帧数比较多时，声音可以循环播放，直到声音帧结束；如果想要一段完整的声音素材仅播放一遍，一般可以通过以下两种方式实现。

(1) 声音通道需要的帧数=声音演员持续的时间(s)/电影播放的帧速率(fps)，根据计算结果，拉伸声音精灵到所需的帧数。

(2) 双击声音通道中需要添加声音效果的帧，弹出声音通道属性设置窗口，如图 7-41 所示，在列表中选择该帧需要添加的声音演员，然后双击该帧所对应的速度通道，在弹出的对话窗口中选择 Wait for Cue Point 选项，如图 7-42 所示，即可实现在当前帧播放完声音文件后自动跳转到下一帧的效果。

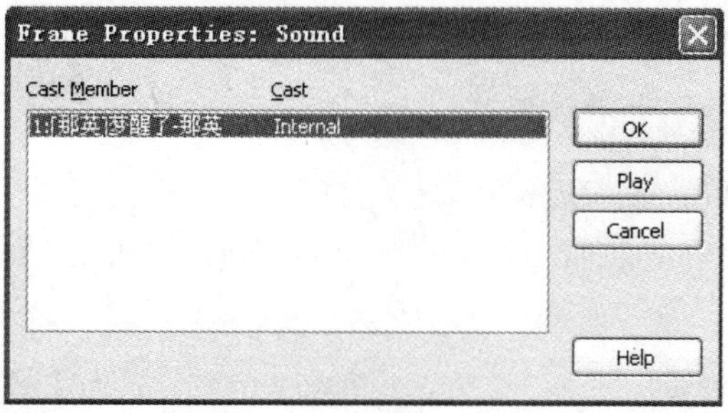

图 7-41　声音通道属性设置窗口

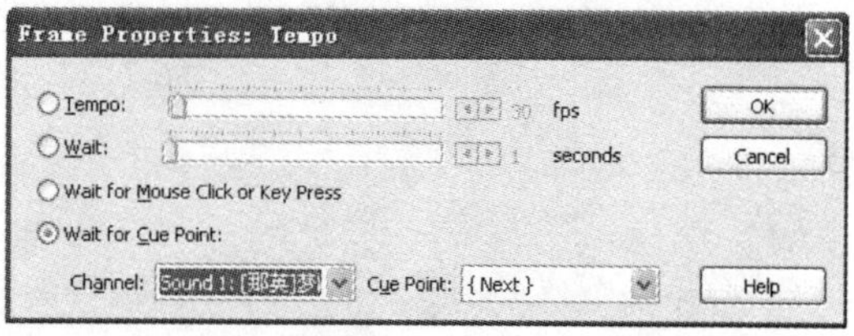

图 7-42　Wait for Cue Point 选项

五、实验内容与步骤

(一) 关键帧动画的应用

1. 电风扇

利用关键帧动画原理,设计制作如图 7-43 所示的电风扇转动的动画。

(1) 利用矢量图工具绘制扇叶,因为中心注册点是精灵对象旋转动画的轴心,所以要注意把该图形的中心注册点置于底部,如图 7-44 所示。

图 7-43 电风扇

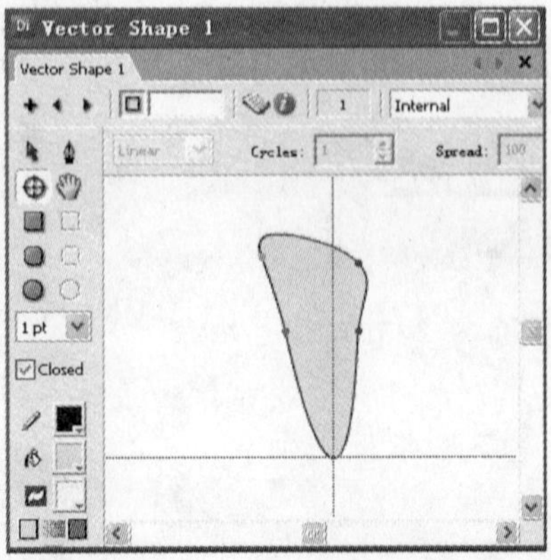

图 7-44 扇叶的中心注册点

(2) 利用计算机作图时,要注意观察一个图形对象是否有相同的部分,尽量多利用复制功能来提高工作效率。在电风扇这个实例中,我们仅需要画一个扇叶,其他两个扇叶可以在精灵通道上复制,或重复拖动扇叶演员到精灵通道,然后利用 Property Inspector 属性窗口设置另外两个扇叶精灵的 Rotation 旋转度属性分别为 120 度和 240 度即可。

(3) 要想使扇叶旋转起来,利用关键帧动画原理,起始帧与结束帧之间必须有"势差",才能形成使之运动起来的"势能",也就是帧的属性要有差异,若想做旋转运动就要设置帧的 Rotation 属性的差异,如图 7-45 所示,将这三个扇叶精灵通道的第 1 帧分别设置为 0 度、120 度、240 度,在结束帧位置分别设置为 120 度、240 度、360 度,要注意三个扇叶增加的旋转度数值相等。

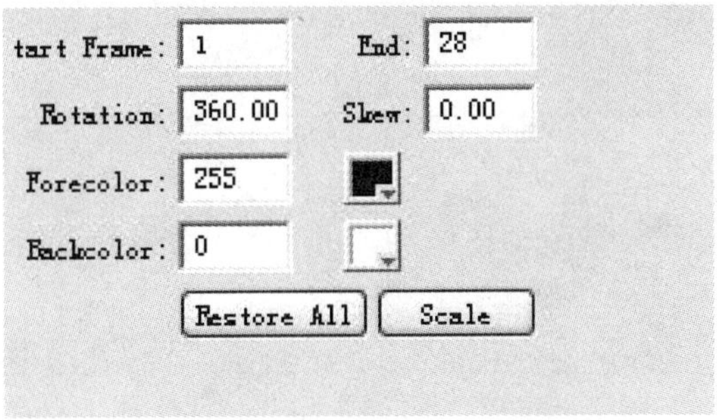

图 7-45 帧的 Rotation 属性设置

(4) 单击播放按钮“▶”,测试动画效果,这时电风扇应该是可以旋转了。

(5) 风扇轴心、支架和底座是固定的,通过矢量图工具绘制好,直接拖动到舞台的相应位置即可,但我们发现如果按照顺序拖动到舞台,风扇的支架和底座会出现在舞台的最上一层,如图 7-46 所示,这是由于舞台上的精灵对象是有层的关系的,精灵通道数越大,层数越高,也就越靠上,上面的层有时会遮挡下面层的内容显示。若想使支架和底座置于底层,可以选中支架和底座精灵,执行菜单“Modify>Arrange>Send to back”命令,或直接通过单击右键“arrange>send to back”把支架和底座置于最底层,注意观察这两个精灵在 Score 剧本窗口中精灵通道的变化。

图 7-46　电扇支架在最上层的效果

(6) 还可以通过设置扇叶精灵的前景色,让风扇更加漂亮,但注意矢量图形的舞台颜色其实是其属性的前景色与图形本身前景色的混合效果。

(7) 上机实践,并尝试设计制作风车等旋转动画效果。

2. 进度条

有些动画作品喜欢在片头设计一个进度条的动画,如图 7-47 所示。具体操作步骤如下。

图 7-47　进度条

(1) 利用 Tools 工具面板上的“□” Rectangle(矩形)工具,在舞台上画一个矩形 Sprite 1,并设置 One-Pixel Line 线条宽度为一个像素。

(2) 利用 Tools 工具面板上的“■” Filled Rectangle(填充矩形)工具,绘制一个前景色为蓝色的填充矩形 Sprite 2,并利用 Property Inspector 属性窗口,设置 Sprite 1 与 Sprite 2 的 L、T、B 值相等。

(3) 在 Sprite 2 的第 1 帧设置其属性 R 的值与其 L 值相等,在 Sprite 2 的结束帧设置其属性 R 的值等于 Sprite 1 的 R 值。

(4) 上机实践,测试动画效果。

> 试一试:上机测试,如果本例利用 Paint 工具来绘制填充的矩形,是否能做出同样的动画效果,有哪些差别?为什么?

3. 声波

模拟声音传播的动画演示效果如图 7-48 所示,声音由声源发出,慢慢扩散开来,又慢慢消失。具体制作步骤如下。

(1) 绘制声波。利用 Paint 中的“○” Ellipse(椭圆)工具先绘制一个椭圆,然后用“⌫” Eraser(橡皮)工具擦除多余的部分。

(2) 拖动声波演员到舞台,设置其 Ink 为 Background Transparent,将其结束帧的精灵移动到舞台右侧并放大，利用关键帧动画的原理，可以产生一个移动放大的动画效果，如图 7-49 所示。

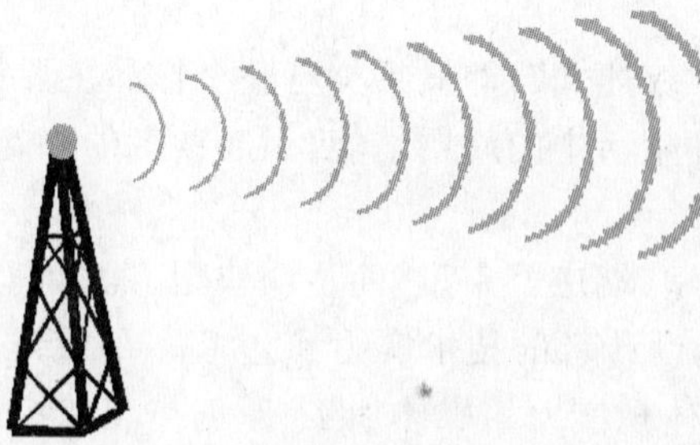

图 7-48　声波

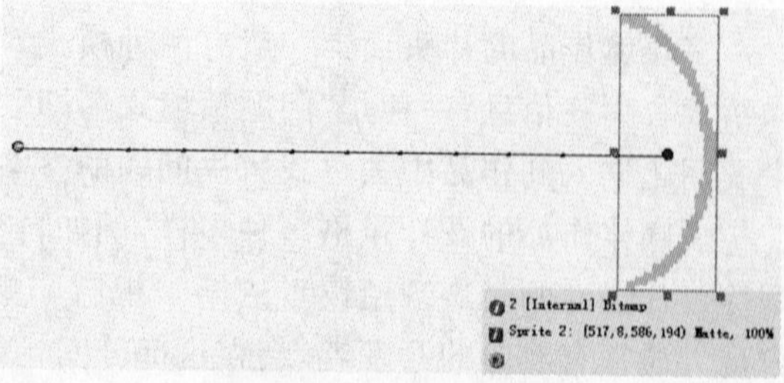

图 7-49　声波动画效果

(3) 选中声波精灵通道，单击 Property Inspector 属性窗口中的 Trails" "按钮，根据声波在舞台上的数量，调整声波精灵的帧数，注意观察与思考二者之间的关系。

(4) 在 Score 窗口中，紧接着声波精灵，再复制一段声波精灵，但后一段不设置 Trails 效果，即可完成声波的消失效果。

(5) 上机实践，并测试动画效果。

4. 圆周运动

本例利用一个圆在舞台上的圆周运动创设一个七色板的动画效果，如图 7-50 所示。

(1) 利用 Tools 工具面板上的" " Filled Ellipse(填充椭圆)工具在舞台上画一个圆，设置其填充色为红色，注意一般设计颜色渐变动画时，尽量使用图形演员，因为他们的填充色就是其前景色。

(2) 圆周运动效果的制作。在 Score 窗口中，将其结束帧第 30 帧定义为关键帧，因为圆周运动第一帧与最后一帧是重合的，然后在第 10 帧和第 20 帧的位置插入关键帧，并拖动这两帧的精灵，在舞台上形成一个类似三角形的路径，如图 7-51 所示。

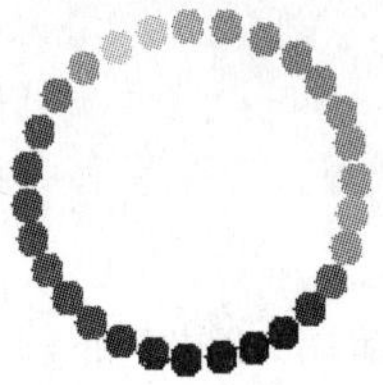

图 7-50　七色板动画

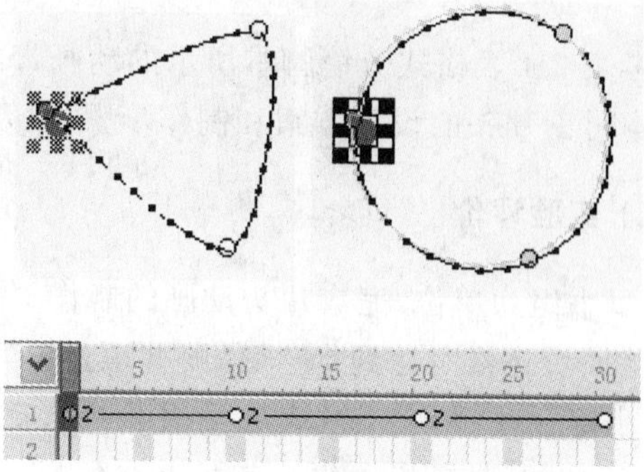

图 7-51　Curvature 设置前后路径的变化

(3) 执行"Modify＞ Sprite＞ Tweening"命令，打开 Sprite Tweening 属性设置窗口，选中 Continuous at Endpoints 选项，然后拖动 Curvature(曲度)的滑块，参考预览窗口，将其路径设置为圆形，如图 7-51 所示。

(4) 将第 10 帧和第 20 帧精灵的前景色分别设置为绿色和蓝色，并选中整个精灵通道添加 Trails 效果。

(5) 上机实践,并测试动画效果。

(二) 作品片头的设计与制作

多媒体作品的片头设计一般有两种模式,一种是“综述式”,即概括浏览整个作品主要提供给读者哪些信息;一种是“问题情境式”,即创设一种生活中的问题情境,引起读者的兴趣,带着问题进入到作品中去寻找解决问题的答案。

多媒体作品的设计风格多种多样,例如自由活泼型、端庄严肃型、简洁明快型、雍容华贵型等。片头动画是展现给读者的第一视听印象,也是设计者的技术实力和艺术修养的综合表现。通常有经验的开发者,会在这部分安排能充分体现实力的媒体加工、原创与互动控制的细节,如视频编辑、动画制作、平面设计和程序编写等方面的内容,试图以此赢得客户,以求获得一鸣惊人或先声夺人的视听效应,吸引观众驻足欣赏,提高作品的单击率,从而获得更多的社会效益和经济效益。

根据各小组作品策划书的选题,设计并制作多媒体作品的片头动画部分,片头动画要求如下:

(1) 画面元素要符合内容主题刻画的需要。

(2) 画面主体对象与背景的和谐统一。

(3) 多种动画技巧的合理应用。

(4) 声音效果自然。

(5) 遵循画面的组接原理,注意掌握画面的节奏。

(6) 有字幕的画面,一般要留有默读一遍的时间。

六、实验讨论与评价

(一) 实验讨论

参考表 2-1 表格式分镜脚本所示的动画脚本,以小组为单位写出作品片头动画的脚本,根据脚本讨论片头的设计方案和制作步骤,以及主要运用了哪些动画技巧。

(二) 实验评价

1. 以小组为单位,完成片头动画的制作,并对自己作品进行自评,说明还有哪些不足或者有哪些设想还没有达到,应该做哪些改进。

2. 小组互评,两个小组成员互相学习欣赏对方的片头动画,指出他们作品的优势与不足,对于存在的问题,提出建议或解决方案。

七、实验报告

完成撰写实验报告,注意写明实验过程中遇到的问题和解决方法。

实验八　多媒体交互界面的设计

一、实验目的

1. 理解人机交互的概念和相关理论。
2. 了解 Director 中实现行为交互的基本方法。
3. 熟悉 Director 内置行为库的功能。
4. 能够设计并完成多媒体作品的交互界面设计与制作，能够利用 Behavior Inspector、Behavior Library 等工具，实现作品的交互功能。

二、实验设备与相关软件

1. 能够连接 Internet 的多媒体计算机。
2. Office 办公软件、Director 等软件。

三、实验基本理论

随着多媒体、网络和通信技术以及软件设计理论突飞猛进的发展，各种基于软件的数字产品从计算机、手机到各式娱乐系统层出不穷，精美的用户界面和人性化的用户交互提高了我们的生活质量，数字产品对我们学习和生活的影响也越来越大。优秀的交互设计使得产品更容易被人理解和使用，也更方便传达信息。因此交互设计"IxD"(Interaction Design)成为当前设计行业中的一个热门领域。

(一) 什么是人机交互

人机交互(Human-Computer Interaction，简称 HCI)是指人与计算机之间使用某种对话手段，以一定的交互方式，为完成确定任务而进行的人机之间的信息交换过程。①

人机交互是多媒体作品与其他影视媒体的关键性差异，我们通常看的影视节目也是多种媒体的组合(文本、图像、声音、动画等)，但观众无法参与进去，只能根据编剧和导演编制完成的节目去听去看，而多媒体系统利用窗口、菜单、图标、按钮等直观形象的图形界面作为人机交互界面，利用键盘、鼠标、触摸屏，甚至数据手套等方式进行数据的交互接口，它允许观众参与，可以通过观众的操作赋予及时的反馈来控制整个信息表达的过程。

多媒体的交互性给用户提供了更加有效地控制和使用信息的手段，为多媒体的应用开辟了更加广阔的领域，也为用户提供了更加自然的信息存取手段。用户可以按照自己的思

① 谢幼如，等. 多媒体教学软件设计[M]. 北京：电子工业出版社，1999.

维习惯，按照自己的意愿主动地选择和接受信息，拟定观看内容的路径。交互性能够增加用户对信息的注意力和理解力，延长了信息的保留时间，有利于人对信息的主动探索。交互活动本身也作为一种媒体加入到信息传递和转换过程中，使用户在获得信息的同时，参与了信息的组织过程，甚至可以控制信息的传播过程，从而促使用户学习和研究感兴趣的内容，并获得新的感受。因此，交互性所带来的不仅仅是信息检索和利用的便利，还给人类创造了智能活动的新环境。

（二）交互设计的基本理论

1. *以用户为中心的设计理念*

在软件开发领域出现过三次革命。①

20 世纪 50 年代高级语言的出现，使得软件开发从机器硬件（机器语言）的束缚中解脱出来，程序员能够从"抽象＋结构"的层次进行思考，此为第一次革命。

20 世纪 70 年代软件工程的兴起，使得软件开发的注意力由语言和编译器技术拓展到软件开发的过程（Software Process），人们意识到，要提高一个软件产品最终的静态质量，必须提高这个产品产生过程的动态质量，这是第二次革命。

20 世纪 90 年代以来，随着计算机软件和商业行为的联系越来越紧密，特别是因特网的兴起，人们进一步认识到，软件不是孤立的，软件的质量并不是仅由其本身决定的，而是由"软件＋用户"这个大系统来决定的。软件的成功，在于它是否能够成功嵌入用户的商业活动中。对人的因素的重视，使得一个新的领域崛起，这就是人机交互。经过十几年的发展，人机交互理论已经全面改观了一般商用软件设计开发的流程和方式，成为业界的标准。这就是第三次革命。

人机交互理论特别是基于用户的设计（User-Centered Design）掀起了软件设计与开发领域的第三次革命高潮，人与技术以及技术产品之间的关系也成为大家关注的话题。人是产品的创造者与设计者，同时又是最终的使用者，"人"本应该是被关注的焦点。随着科技的进步，人的地位不断地显现出来，人们开始把更多的注意力转移到人类自身，提出了"以人为中心"（Human-centered）的设计理念。认知科学家 Donald Norman 是一位"以人为本"去探索人与技术关系的先驱者，在仔细观察了人类如何学习、如何从事技能活动的基础上，他于 2002 年出版的《设计心理学》（*The Design of Everyday Things*）已经成为设计人员的必备经典，2004 年出版的《情感化设计》（*Emotional Design*）开创性地揭示了人的情感与产品之间所存在的微妙关系，提出一系列新颖的、富有启发性的观念与思路，令人耳目一新，在国际上引起广泛的关注。他首先指出人类情感的多样性，并从设计心理学出发，不仅深刻地分析了如何把情感融入产品设计，同时阐明了通过这种融入可以达到美感与可用性的统一，使"有魅力的物品更好用"。Visual Basic 之父 Alan Cooper2007 出版的《交互设计精髓》（*About Face 3：The Essentials of Interaction Design*）是继 1995 年、2003 年之后的第三版，该书成为全球畅销书籍，也被欧美许多大学相关专业选为教材。他认为交互设计是一种复杂系统行为的设计，提出了软件开发过程应为人类驱动而不是技术驱动，在整个设计与开发过

① （美）Alan Cooper，Robert Reimann. About Face 2.0 软件观念革命——交互设计精髓[M]. 詹剑锋，张知非，译. 北京：电子工业出版社，2005.

程中都以满足用户为目标，他提出的目标导向设计过程(Goal-Directed Process)已经成为一种新的成功开发软件的方法学，为开发高品质软件交互行为提供了一个行之有效的工具。

然而过去，人们往往站在技术或产品的立场去看待与处理这种关系，容易以某项新技术或者技术人员为中心去开发软件。当多媒体软件开发人员设计一件作品时，他首先想到的是产品的功能，而不是使用者或者学习者的感受。换句话讲，在人与技术之间，人们注重技术，而忽视了利用产品软件进行学习的学习者的心理与情感，以及用户所起的作用。例如学习"多媒体软件设计与开发"这门课程的时候，一些初学者往往忽视软件设计理论的学习，而重视软件开发工具的使用，认为会使用Flash、Director、Authorware等软件就会开发多媒体课件了，而且经常是边学工具软件的使用，边进行课件的设计与开发，刚学会了一个工具的高级使用技巧感觉如果不使用在作品中就显示不出自己应有的"实力"。

2. 交互设计的三维模型①

20世纪上半叶，设计者主要关注形式，后来逐渐关注内容和内涵，一直延续到现在，所有的形式都是为内容或内涵服务的，而最新的设计元素是行为，指的是复杂系统与人的交互方式，复杂系统的行为通常不是审美学的问题，而是认知因素和逻辑过程的结合，交互设计应该采用系统化的方法。其实形式、行为及内涵不是相互排斥的，而是相辅相成的，图8-1所示的就是交互设计的三维模型。交互产品必须包含各部分，但不同类型的产品在三维模型坐标体系中所处的位置不同，应用软件关注更多的是行为和形式，而对内容的需求较少；Web站点更关注内容和形式，而较少关注复杂的行为。

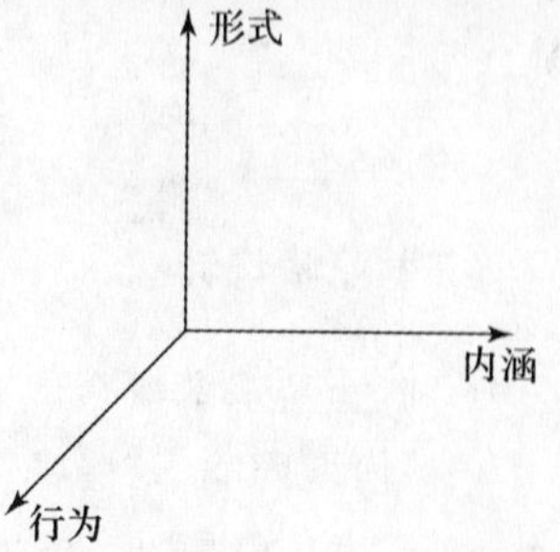

图8-1　交互设计的三维模型

3. 心智模型和实现模型

作为心理学上对真实、假想或想象的情形的表征，心智模型(Mental Model)是由苏格兰心理学家肯尼思·克雷克(Kenneth Craik)1943年首次提出的。之后，管理科学、认知心理学、系统动力学等众多研究领域都对心智模型的定义和结构做出了不少有意义的探索，对其概念内涵的论述以及采用的实证技术也不尽相同。软件交互设计领域所指的用户心智模型是指人们在使用产品软件时并不需要知道其中复杂的实际运转细节来掌握它的使用方法，为了便于使用，人们常常根据自身经验在认知上创造出一种简捷的解释方式，这种方式虽不能反映实际的内部工作机制，但对于人们与产品的交互来说已经足够了。例如将电器接到电源的插座时，很多人会想象电流像水龙头里的水一样流向电器。再比如，数字视频剪辑模拟的是传统电影剪辑手段，用户只需要知道用剪切、删除、粘贴等工具进行视频的剪辑，而不需要知道后台数字视频是如何生成的。

实现模型(Implementation Model)也称为系统模型(System Model)，是指计算机及其程序实际工作运行的表达，软件产品多指算法和相互通信的代码模块。计算机系统实现的复杂性使得用户几乎不可能看到用户动作和程序反应之间存在的机械联系，所以通常实现模型和心智模型之间的差异非常明显。比如计算机制作的数字视频特效，很难在现实世界中找到类似的例子，所以用户的心智模型与系统的实现模型是不同的。软件显示给外界的行

① (美)Alan Cooper，Robert Reimann. About Face 2.0软件观念革命——交互设计精髓[M]. 詹剑锋，张知非，译. 北京：电子工业出版社，2005.

为外表是由程序员或者设计师创造的，Donald Norman(1989)在实现模型和心智模型之间提出了第三种模型，即设计者的表现模型(Represented Model)——设计师选择如何将程序的功能展现给用户的方式，简称为设计师模型(Designer's Model)，其交互设计模型如图 8-2 所示。表现模型离用户的心智模型越近，用户使用和理解程序软件就会越容易，因此用户的界面设计应该基于用户的心智模型，而不是基于实现模型，这是我们进行软件设计中应该遵守的设计原则，向用户提供的表现模型如果过于接近实现模型，用户学习和使用该软件时将需要付出更大的代价。其中作为最接近心智模型的隐喻，成为我们设计的目标，是交互设计活动中用户与产品交互的渠道。心智模型尽管难以完全达到，但良好的隐喻却能适应用户的活动。

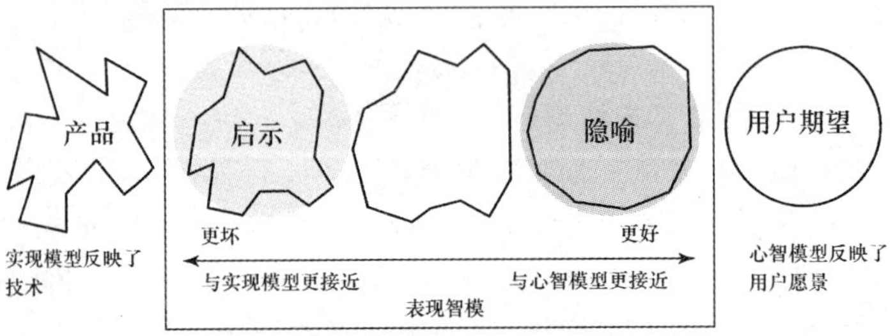

图 8-2 Donald Norman 的交互设计模型

(三) 隐喻设计

1. 隐喻的基本概念

(1) 何谓隐喻。"隐喻"一词来自希腊语"metaphora"，其词源"meta"意思是"超越"，而"pherein"的意思是"传送"，从词源上看"隐喻"在希腊文中的意思是"意义的转换"。隐喻不仅仅是一种修辞方式，更重要的是一种必要的思维方式和认知方式。传统的观点认为隐喻是一种装饰，可有可无，但研究发现，隐喻思维不但古老，甚至先于逻辑思维，它是人们认识世界、获得知识的最根本的方法之一，具有不可替代的作用。隐喻研究涉及诸多学科，其中直接相关的有心理学、认知科学、语言学、修辞学、逻辑学、哲学等。隐喻思维广泛应用于日常生活、科学研究、社会管理等各个方面，正如认知隐喻专家 Lakoff 的专著《我们赖以生存的隐喻》(*Metaphors We Live By*)的书名所示，隐喻是我们的生存方式。近几年隐喻方法在各个设计领域也得到了广泛应用，从广告设计到建筑设计以及软件设计等领域。

(2) 隐喻的分类。从不同角度隐喻有不同的分类，根据隐喻的功能可以将隐喻分为修辞隐喻和认知隐喻，修辞隐喻是作为一种修辞格的隐喻语言，而认知隐喻是作为一种思维方式的隐喻。根据隐喻概念的认知内涵，可以将隐喻分为结构性隐喻、方位性隐喻和实体性隐喻。根据隐喻的表现形式可以把隐喻分为功能隐喻、结构隐喻、以模型为基础的同构隐喻、以类比为特征的关系隐喻。例如，网上商场是一个结构性隐喻，而无处不在的购物车则是功能性隐喻，我们如果要建设一个电子商务的网站，就需要隐喻经常光顾的超市，从商品的分类摆放到购物车以及收银台缴费的过程，都利用了用户已经熟知的超市购物的心智模型，当网站的信息结构与购物流程与用户的心智模型一致时，用户使用电子商务购物的过程就容易顺利完成。

在计算机领域，Heckel 和 Clanton 把隐喻区分为“熟知的(familiaring)”和“迁移的(transporting)”两种。熟知隐喻就是用大家熟知的对象和行为如“桌面(desktop)”作为计算机中组织相关模型元素的基础；迁移隐喻则要创造一种新的思想，一种新的虚拟，比如电子数据表，在生活中就很难找到相似的心智模型。熟知隐喻使得新手更容易学习系统，迁移隐喻使系统更易于延伸和拓展。Verplank 在此基础上增加了第三种“信手拈来”的隐喻，其实就是用“头脑风暴”的方法来探索新的可能性，“头脑风暴”是隐喻设计中常用到的方法，也是创意思维训练中最有效的方法，是把两者或更多的看似没有联系的事物通过外推、类比、对比等方法建立联系的过程，例如“如果字处理器变成罐头加工厂会怎样?”

清华大学美术学院的鲁晓波教授将隐喻分为事物隐喻、事能隐喻和事理隐喻。事物隐喻是从隐喻对象“物”的属性出发，如图形界面中的回收站、文件夹、计算器等图标；事能隐喻是从隐喻对象的功能角度出发，对一系列动作变化过程及其产生的效果的隐喻，如计算机中的“剪贴”、“粘贴”其过程就如同我们日常生活中的剪刀和胶水进行图文剪贴一样，只是计算机中的“粘贴”是无数次的，而现实中只能粘贴一次；事理隐喻是从隐喻对象背后所包含和存在的“道理”出发，一般包括了结构性隐喻和功能隐喻，如 Vegas 等数字视频编辑工具，进行数字视频编辑的过程模拟的是传统电影剪辑方式，整个编辑平台属于结构性隐喻，剪刀、放大镜等工具就是功能隐喻。

(3) 隐喻的特征。隐喻具有两大特征：经验与创新，这两大特征也恰恰说明了隐喻设计方法为什么能在设计领域广泛应用的原因。

① 隐喻来源于经验。有人认为隐喻产生的基础是相似性，其实不然，隐喻产生的基础是经验。德国哲学家卡西尔把隐喻视为“以一个观念迂回地表述另一个观念的方法”，隐喻的实质在于，我们用一种熟知的对象和境况的语词隐喻地去谈论另一种不熟知的东西的图像，为的是力图把握它和理解它。Lakoff 把隐喻分为三类，本体隐喻、方位隐喻和结构隐喻，他用丰富的语料证明本体隐喻和方位隐喻都是以我们的身体经验为基础的，即经验相关性；结构隐喻是以结构相似性为基础的，而结构相似性的基础是本体隐喻和方位隐喻。Zoltan Kovecses 赞同 Lakoff 等人的观点，认为根本不存在预先的相似性，隐喻的基础应该是人们各种各样的经验，包括经验的相关性、各种各样的非客观相似性、共同的生物与文化根基等。隐喻概念体系来源于人们的经验，也就是说，隐喻根源于我们的经验相似点，包括已经存在的或体验过的经验相似点，也包括新创造或新产生的经验相似点。人们在工作、学习、生活等过程中获得直接和间接的经验，通过这些经验来认识和构建更加复杂和抽象的概念和知识体系。隐喻有助于我们通过许多现有的经验去认识和理解新的经验、相对抽象的概念和非结构化的客观事物。

经验是一种格式塔现象，这种经验格式塔解释了隐喻的理解问题，同时也解释了对隐喻的理解为什么不需要额外的时间。经验具有多维的结构，例如两人交谈的经验就至少包括了参与者、角色、阶段、线性顺序、因果关系、目的等维度，但是对经验的认知过程并不是各个维度信息的简单相加，而是一种整体现象，是一种格式塔转换，不需要额外的时间。认知隐喻的概念告诉我们，隐喻不是一种单纯的语言现象，而是一种认知方式、一种思维方式，隐喻语言与自然语言并没有本质区别。因而对隐喻的理解并不是本体、喻体信息的简单相加，更不是去寻找相似性，而是一种整体认知，可能为真，也可能为假，可能是较完整的，也可能是不全面的，这取决于隐喻的使用者和接受者之间经验相近的程度。隐喻的接受者与使用者的文化背景和个人经验越接近，理解也就越接近、越全面。

② 隐喻的目标是创新。创新是以新思维、新发明和新描述为特征的一种概念化过程。"隐喻是一种极具想象力地将一个事物与另一个不相似的事物认同，将后者(喻体或意象)的某些特征传送或归属于前者。与明喻和类推不同，隐喻肯定了一事物就是另一事物，不是仅仅相似而已。"由此，我们可以看出极具想象力的创新性是隐喻的基本特征。其实使用隐喻设计的关键也是创新，不断追求新的可能，隐喻设计的目标也是创新，不断寻求让用户或者学习者更容易理解的方式。

不管是技术还是设计，都有一个共同点，那就是创新。设计就是一个不断创新的过程，没有创新就谈不上设计了。只有不断的创新，我们的设计才能不断地进步，不断地超越过去的东西，从而使新的东西不断地取代旧的东西。隐喻思维作为一种重要的设计思维，其最核心、最本质的东西是创新。也正是有了这种创新思维，才使我们的隐喻设计具有永无止境的创造力和魅力。

2. 多媒体软件设计中的隐喻

我们知道多媒体软件设计一般包括内容设计与系统设计两部分。隐喻在多媒体软件设计中的应用可以分为一般应用层次和高级应用层次两个层次。

一般应用层次，也可以称为显性应用层次，主要指的是人机交互界面中，应用隐喻设计的方法和视觉设计原则进行的外观设计，包括用户能直接感受到的图文音像动画以及交互操作等，具体有交互界面的图形版式设计、图标按钮设计、Logo 标识设计以及交互细节设计等，运用事物隐喻和事能隐喻居多。

高级应用层次属于隐性应用层次，主要指的是隐喻思维在多媒体软件内容设计中的应用，事理性隐喻居多，主要应用在教学策略的设计以及软件导航策略的设计中。隐喻不仅仅是一种视觉形象语言，更重要的是，它是一种重要的视觉设计思维，是我们进行设计与创意的思维基础。

① 教学策略设计中的隐喻设计。在软件的教学设计中，不但要考虑如何通过隐喻的方式帮助学习者理解抽象概念和复杂状况，还要考虑选择何种媒体手段使隐喻形象化，让学习者更容易理解。例如我们经常引用"鱼牛的故事"来阐释建构主义学习理论，如果利用多媒体动画等手段，将抽象的理论原理通过形象生动、简单易懂的故事来隐喻，将更容易被学习者所接受。这是多媒体软件设计中经常应用的方法，不仅用于多媒体软件的知识内容讲解，也经常应用于新知识点的问题导入，如图 8-3 所示，我们在"网页设计"这个教学软件的问题情境导入部分利用动画演绎了室内装修设计的过程：要先进行整体布局区分各个功能空间，然后选择色彩基调，最后再进行细节设计，这一过程隐喻的主要目的是帮助学习者理解进行网页设计的第一步要先进行整体布局。

② 交互界面设计中的隐喻。软件的交互界面设计是软件系统设计的主要内容，隐喻设计目前已经成为人机界面设计中一项非常重要的造型观念和手段，是指在进行图形用户界面等设计时为了更好地表达程序的概念和特征，利用对现实环境的既往经验，使用隐喻的手段进行设计的过程与方法。用户界面隐喻可为特定目的单独使用，也可以为整个用户界面或用户与系统之间的交互操作提供框架。

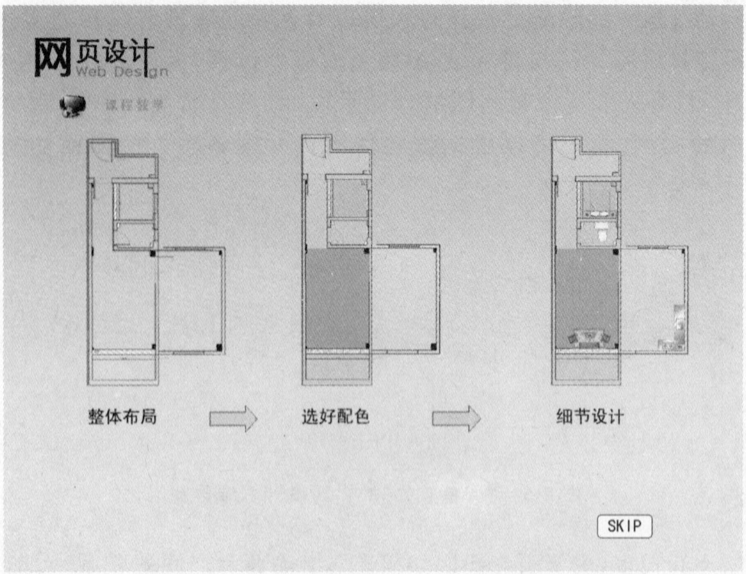

图 8-3　教学软件“网页设计”的问题导入界面

3. 交互界面设计中隐喻方法的应用

(1) 隐喻设计方法的基础。智能、联想、类推、意象等都是隐喻设计方法运用的基础，在隐喻设计的过程中不断地运用这些方法以创造隐喻思维。这些方法也是创新设计的主要方法，如图 8-4 所示的某植物园的广告，这不仅是广告，也是一张地图，图上标明了植物园的地址，街道和地铁站的位置。该作品就是利用了两个概念之间的结构具有共性和共同特征，产生相互对应的关系。

(2) 隐喻设计资源的来源。思维导图、潜意识脑图、头脑风暴等工具与方法可以用来产生隐喻设计的资源。

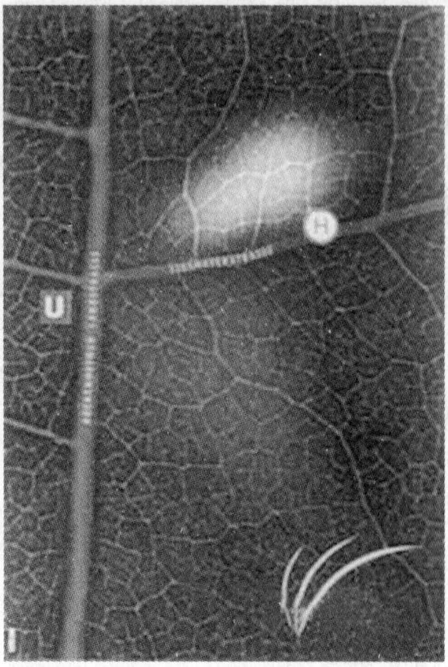

图 8-4　某一植物园的广告

隐喻的基本形式非常简单，就是“A 是 B”，Lakoff 和 Johnson 引入了数学领域的“映射(Map)”概念来进一步解释两个概念之间的相互构建关系。隐喻是一种以抽象的意象图式为基础的映射(Mapping)，即从一个比较熟悉的、具体的、易于理解的始源域(Source Domain 即喻体 B)，映射到一个不太熟悉的、抽象的、较难理解的目标域(Target Domain 即本体 A)。通过跨域映射，人们用自己熟悉的认知域来认识不熟悉的认知域，以达到对客观世界的认识。因此隐喻不仅是语言的，更重要的是认知的、概念的。每一个语言的背后都有一个复杂的概念体系，这个概念体系包含许多概念隐喻，所有的概念隐喻都植根于我们的身体构造、日常生活经验和知识。概念域为丰富的心理表征，他们作为我们与特定的经历或现象相关的背景知识的一部分以图式形式储存于记忆中，在理解隐喻的过程中自动提取。而隐喻的设计过程可以看做是隐喻理解过程的逆过程，我们通常利用思维导图等工具试图寻找与目标域 A 相关的概念体系，为设计的思维起端提供源泉。图 8-5 就是采用思维导图和潜意识脑图结合的手段，对我们准备设计开发的“调色软件”构建的波菲利之树的实例，我们可以根据该实例设计并准备相关的界面功能、界面元素与素材。

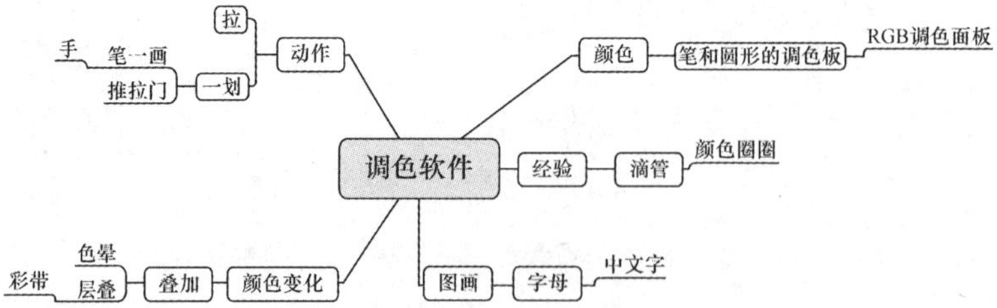

图 8-5 “调色软件”的界面设计思维导图

类似的方法还有很多，主要引导我们如何建立隐喻两者之间的联系，而不是随机产生联系，可以通过攀爬波菲利之树，在种类之间、属性之间往返，寻找特性的象征意义，从而完成整个隐喻的意义建构。

隐喻设计的过程是和隐喻理解的过程非常相似的，在心智模型和实体模型之间多次的往返，并抽取更多特征。当然设计的过程不只是理解的过程，首先应该要了解你的用户，然后是设计体贴的、人性化、智能的软件，同时包括运用具象与抽象的转换以及创造性思维加法等工具和方法完成隐喻的形象设计，最后是对隐喻的评价测试，结合产品的可用性测试等。

4. 隐喻设计时应注意的问题

(1) 不要陷入全局隐喻的尴尬。隐喻的根本目的只是为了帮助用户理解软件，而并不需要在所有的方面和所要隐喻的对象完全一样，尤其是在操作方法上。因为某些操作用实际的物体会更加方便和自然，而刻意用软件界面去模仿就显得非常笨拙。比如设计一款模拟照相机光圈与照片效果的课件，如果刻意用鼠标拖动去模仿旋转光圈的方式，这种方法就不可取了，因为在现实世界中旋转一个旋钮很方便，我们完全可以采用一种更为方便的方式来实现，例如利用两个按钮代替左右旋转的效果，来达到特定的目的。也就是说不要因为隐喻而隐喻，用户方便易用是首要的设计原则，如果能找到合适的隐喻就使用它们，不要让设计的界面屈从于某个隐喻。

(2) 不要被我们用于模拟的实际物理对象限制了我们的思维和想象力。从前面介绍的隐喻设计方法我们可以了解到，隐喻设计仅仅是寻求本体与喻体之间某一或某些方法属性和特征的相似性，隐喻在提高新手用户学习能力方面有巨大的作用，但当新手成为中间用户后，却容易被隐喻的相关理念所束缚。

(四) 交互界面的设计

人机交互的常用方式有：问答式对话、菜单交互、功能键交互、图符交互、命令语言界面、查询语言界面和自然语言界面等，不管怎样的交互方式都离不开图形软件用户界面。

1. 图形软件用户界面(WIMP)

图形软件用户界面(WIMP)包括窗口(Window)、图标(Icon)、菜单(Menu)和鼠标指针(Pointing Device)四大元素。

(1) 窗口(Window)。窗口包括标题栏、菜单栏、工具栏以及操作区。

(2) 图标(Icon)。要避免创造新的符号,尽量按照人们的经验和习惯进行设计,例如""代表 home 主页、""代表邮件、""代表与声音相关的按钮等。

(3) 菜单(Menu)。要基于能见能点的原则设计,用户可以在任何需要的时候看到所有的选择,并能从中进行选择;一般菜单至少要提供选中和未选中两种不同的状态形式。

(4) 鼠标指针(Pointing Device)。鼠标指针默认状态为"",在 Director 中可以通过 Cursor 属性,设置不同交互效果时鼠标指针的形状,增强作品的交互效果。

2. 多媒体作品的界面设计

多媒体作品的界面一般包括主菜单页面和内容展示页两种类型。

(1) 主菜单的设计。主菜单没有固定的版式,可以根据作品内容设计相应的版式,以简单明了的风格为主,一般可以利用色彩的渐变、线条的勾勒增加画面的纵深感,不论画面如何设计,菜单栏一定是在画面的主要位置。图 8-6 所示的是小学英语的 MTV 课件的主菜单。

图 8-6 小学英语的 MTV 课件的主菜单

(2) 内容展示页面的设计。内容展示页面一般需要包括标题栏、内容导航栏、功能导航栏和内容显示区四部分,如图 8-7 和图 8-8 所示,各个部分的分布可以自行设计,但作为主体部分的"内容显示区"一定要留有足够大的空间。

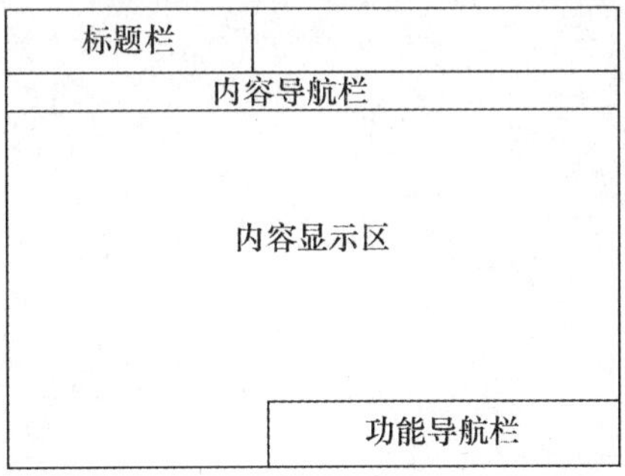

图 8-7 内容展示页的基本版式

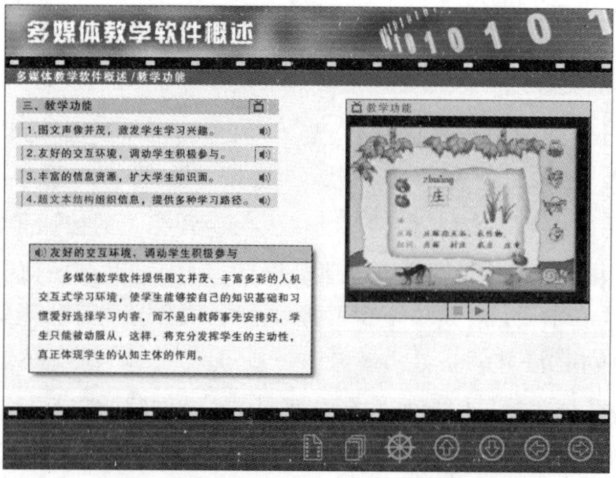

图 8-8 “多媒体教学软件”的内容展示页

（五）Director 中的行为交互

Behavior 交互行为，简称“行为”，在 Director 中是指用 Lingo 或 Javascript 代码写成模组化的功能程序，以拖放的方式贴附在相应的帧或精灵上，程序的功能就可起作用。这些模组化的行为具有重复使用的特性，我们可以用以下这个公式来表示“行为”的含义：

Behavior＝Events（事件）→Actions（动作或操作）。

从公式中我们可以看出，所有的 Behavior 都是由一系列的 Events 触发的 Actions。

在 Director 中为实现交互行为主要提供三个工具：Behavior Inspector 行为编辑器；Behavior library 行为库和 Lingo 或 Javascript 程序。

Library Palette（行为库）是 Director 内建的程序码数据库，这些事先编写好的 Lingo 程序，可以提供电影互动及有趣的动画效果，初学者可以直接使用，不必再写任何程序；而 Behavior Inspector（行为编辑器）则可以用来建立与修改简易的交互行为，若想拥有更复杂的交互行为就得编写 Lingo 或 Javascript 程序。

1. Behavior Inspector（行为编辑器）

单击快捷工具栏上“ ”按钮即可打开 Behavior Inspector 窗口，如图 8-9 所示，我们可以利用行为编辑器来建立自己所需的交互行为。编辑器窗口分为三个部分，即 Behavior、Events 和Actions，这三个小窗口的操作是有先后顺序的。首先，单击添加行为按钮“＋”，为新的行为起一个名字，单击 OK 后，Events 窗口的“＋”按钮才可以起作用，然后单击弹出如图8-10 所示的 Events 菜单，选择一种事件后，Actions 下拉菜单按钮“＋”才起作用，此时就可以选择由这种事件触发的一个或多个动作了。

行为编辑器中的事件主要有以下种类。

(1) Mouse Up：表示鼠标置于精灵上时，用户单击鼠标左键，并在鼠标仍在精灵上时释放鼠标左键。

(2) Mouse Down：表示鼠标置于精灵上时，鼠标的左键被按下。

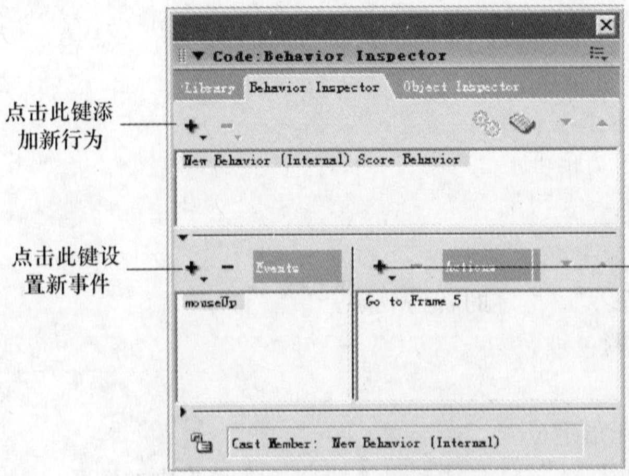

图 8-9　行为编辑器

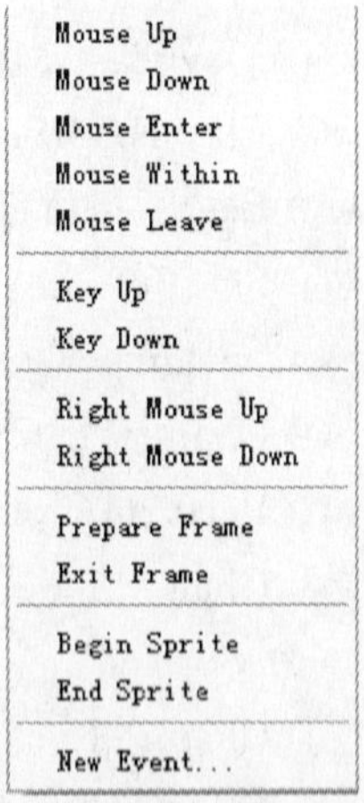

图 8-10　Events 菜单

(3) Mouse Enter：表示鼠标进入了精灵的范围，如果精灵的 Ink 为 Copy 时，精灵的范围是围绕精灵的矩形区域，如果精灵的 Ink 为 Matte 时，精灵的范围是精灵被蒙版的区域。

(4) Mouse Within：表示鼠标在精灵范围内，每一个帧循环都将发送该消息。

(5) Mouse Leave：表示鼠标离开精灵范围。

(6) Right Mouse Up：表示鼠标右键被单击，并在鼠标仍在精灵上时释放鼠标右键。

(7) Right Mouse Down：表示右键被按下。

(8) Key up：表示键盘上的键被松开。

(9) Key Down：表示键盘上的键被按下。

(10) Prepare Frame：表示播放头离开了前一帧，但还没有进入下一帧。

(11) Enter Frame：表示播放头已经进入当前帧。

(12) Exit Frame：表示播放头退出当前帧。

(13) New Event：添加新事件的名称，这个事件的动作由脚本或者行为来指定。

行为编辑器中的动作主要有以下种类。

(1) Navigation：

① Go to frame：将播放头跳转到指定的帧，在弹出的对话框中输入帧的序号。

② Go to Marker：将播放头跳转到指定的标记。

③ Go to Movie：跳转到指定的 Director 影片。

④ Go to Net Page：跳转到指定的 Internet 网址。

⑤ Exit：退出电影。

(2) Wait：

① Wait on Current Frame：让播放头停留在当前帧，直到另外的行为或者 Lingo 脚本产生动作使播放头跳转。

② Wait Until Click or Key Press：在当前帧等待，直到鼠标单击或按下键盘的任意键，电影才继续播放。

③ Wait for Time Duration：在当前帧停留一段指定的时间后，继续播放。

（3）Sound：

① Play Cast Member：播放演员表中指定的声音演员。

② Play External File：播放指定的外部声音文件。

③ Beep：播放系统的声音，"当"的一声。

④ Set Volume：将系统的音量设置为指定大小。

（4）Frame：

① Change Tempo：改变电影的播放速度。

② Perform Transition：在当前位置完成指定的转场效果。

③ Change Palette：改变当前帧的调色板。

（5）Sprite：

① Change Location：将精灵移动到指定位置。

② Change Cast Member：改变"扮演"当前精灵的演员为指定的演员表中的演员。

③ Change Ink：改变精灵的墨水效果。

（6）Cursor：

① Change Cursor：改变鼠标样式。

② Restore Cursor：还原鼠标样式。

③ New Action：添加新动作的名称，新的动作要执行 Lingo 函数或者向处理程序发送信息。

上机实训：小丑

本实训是利用鼠标进行交互的一个实例。当光标移动到小丑身上时，光标变成手指的形状，小丑开始张口"说话"；当光标移开时，小丑与光标都恢复原状，如图 8-11 所示。

（1）导入素材演员，注意本例中的小丑素材为 GIF 动画，需要导入两次，分别以 GIF 动画和位图格式导入，如图 8-12 所示，位图演员导入时要注意设置其颜色位数。

图 8-11　小丑

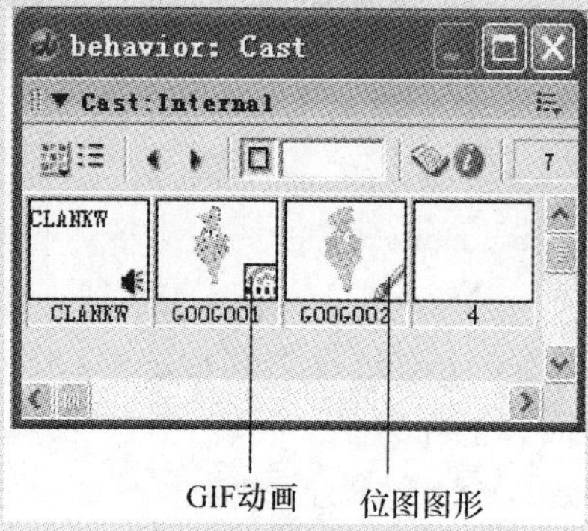

图 8-12　小丑演员表窗口

（2）将位图演员拖到 Score 窗口的第 1 帧，GIF 演员拖到第 2 帧。

（3）双击第 1 帧的帧脚本通道，在弹出的 Script 脚本窗口中输入"go to the frame"，如图 8-13 所示，将该脚本也复制到第 2 帧的脚本通道。

图 8-13　等待脚本

(4) 将播放头放到第 1 帧，单击播放按钮“ ▶ ”，测试发现播放头停留在第 1 帧；将播放头放到第 2 帧，单击播放按钮“ ▶ ”，播放头停留在第 2 帧，此时可以欣赏小丑动画的效果。

(5) 先单击演员表中空白演员的窗口，再单击快捷工具栏上的“ ”行为按钮，打开 Behavior Inspector 窗口，添加行为并将其命名为“控制小丑”。

(6) 添加 Events 事件 Mouse Enter，并添加一系列的 Actions 动作，使之产生当光标接触小丑时，光标变成手指的形状且小丑开口说话的交互效果。

(7) 添加 Events 事件 Mouse Leave，并添加一系列的 Actions 动作，使之产生当光标离开时，小丑和光标又恢复原状的效果，Behavior Inspector 编辑窗口如图 8-14 所示。

(8) 同时选中小丑精灵的两帧，将“控制小丑”的行为演员拖动到舞台的小丑身上，发现小丑四周出现加粗的虚框，如图 8-15 所示，光标也增加了“＋”符号，松开鼠标，行为即可添加到相应的精灵上。

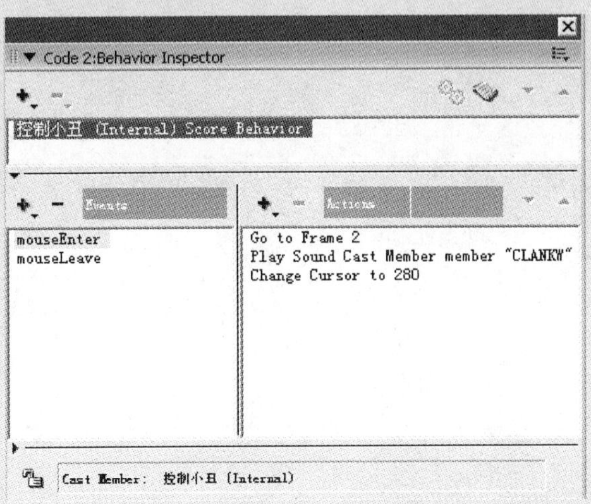

图 8-14　控制小丑的行为编辑窗口

图 8-15　给小丑添加行为效果

(9) 单击播放按钮“ ”,并利用鼠标,测试与小丑精灵的交互效果。

小提示:为了使交互更逼真,可以将第 1 帧的位图精灵墨水效果设置为 Matte,但 GIF 格式的精灵不支持以下墨水效果:Background Transparent,Matte,Reverse,Not Reverse,Darkest,Lightest,Add,Add Pin,Subtract 和 Subtract Pin。

2. Behavior library(行为库)

在 Director 中选择“Window>Library Palette”命令,或者单击快捷工具栏中“ ”图标,即可打开行为库面板。Library 中按照其功能与性质不同,分为十大类型,而部分类型的行为又细分几个项目,单击面板左上角的 library list 按钮,在弹出式菜单中选择所需要的行为类别,如图 8-16 所示。

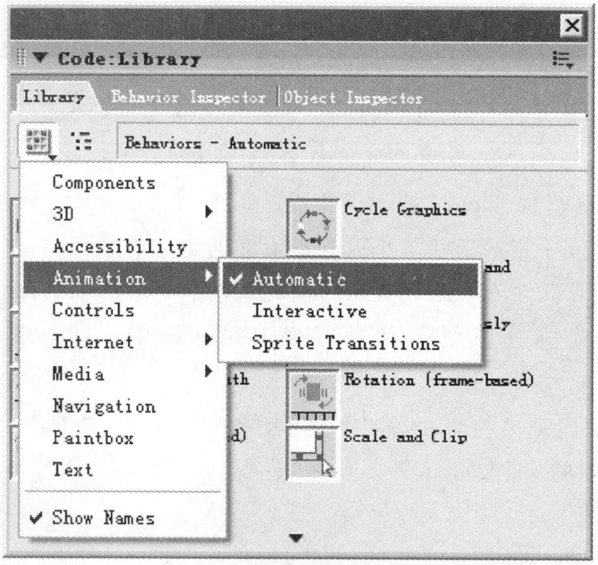

图 8-16 行为库列表

行为库列表主要有以下种类:

Components:Flash 组件库。

3D:3D 行为库。

Actions:与 3D 相关的动作。

Triggers:3D 触发器。

Accessibility:辅助类行为。

Animation:动画行为库。

Automatic:能自动运行的动画。

Interactive:交互动画。

Sprite Transitions:精灵转场效果动画。

Controls:控制类行为。

Internet:网络行为。

Forms：表单类程序。

Streaming：数据传输类程序。

Media：媒体控制类行为。

Flash：控制 Flash 的行为。

QuickTime：控制 QuickTime 视频播放。

RealMedia：控制 RealTime 格式的行为。

Sound：控制声音播放、音量调节等行为。

Navigation：导航跳转类行为。

Paintbox：绘图工具类行为。

Text：文本行为库。

下面为大家重点介绍几个常用的行为库。

(1) Animation 动画行为库。动画行为库是以演员的行为为主,利用行为脚本使演员产生互动或动画特效。

① Automatic 自动动画库提供了 14 种行为脚本,大多适用于图形、文字及 Flash 动画等类型的演员,可使演员产生自动运行的动画行为,表 8-1 列出了各种行为的主要功能。

表 8-1 Automatic 动画行为库

图标	名称	功能	使用说明
	Color Cycling	颜色循环	指定精灵作色彩的循环,可选用两种颜色的循环模式,一种是调色板循环,一种是 RGB 颜色循环
	Cycle Graphics	图片循环	指定演员按照设定的速度和顺序循环播放
	Fade In Out	淡入/淡出特效	指定的精灵呈现淡入/淡出的效果
	Random Movement and Rotation	随机移动及旋转	可赋予指定对象不断地随机移动及旋转的效果
	Rotate Continuously (frame-based)	依帧连续旋转	指定的精灵,随帧播放速度,按照设定的角度连续转动
	Rotate Continuously (time-based)	依时间连续旋转	指定的精灵,按照设定的时间和角度连续旋转
	Rotate to Follow Path	依路径旋转	指定的精灵以中心点为基准,顺着移动的路径曲线移动并自动进行旋转角度的调整
	Rotation(frame-based)	依帧旋转	指定的精灵对象,在设定的帧数内,按照设定角度旋转
	Rotation(time-based)	依时间旋转	指定的精灵对象,在设定的时间内,按照设定角度旋转

续表

图标	名称	功能	使用说明
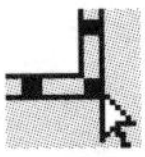	Scale and Clip	缩放及剪裁	指定的精灵对象按照设定比例缩放，只适用于矢量形状及 Flash 演员，注意精灵放大时，因为可视范围为角色初始的范围，所以变大部分将会被裁减掉
	Scale and In Out	移入移出	使精灵对象具有滑入/滑出的动画效果
	Sway	摇摆	可依照帧做精灵来回摇摆的动画，适用于位图、Flash、文字及矢量形状，可以制作类似钟摆的效果
	Waft	飘动	可依照帧来做旋转角度的调整，适合做水中泡泡或是落叶飘落的特效，适用于位图、Flash、文字及矢量形状
	Zoom In/Out	画面拉近/拉远	让指定的精灵对象以拉近或拉远的效果出现在舞台上或离开舞台，可以只做一次特效或是不断地做重复循环

上机实训：烟花绽放

利用动画行为库制作维多利亚港上空绽放着五颜六色烟花的动画效果。

(1) 单击“”导入背景图片“维多利亚港”和烟花的素材图片，并拖放到舞台，设置烟花的墨水效果为 Background Transpareat 透明背景，如图 8-17 所示。

图 8-17　烟花绽放

(2) 单击"[icon]"按钮,打开 Behavior library 行为库,选择"Animation>Automatic"菜单,拖动"[icon]"Color Cycling 的图标到舞台的烟花图片上,弹出该行为的设置窗口,如图8-18 所示。

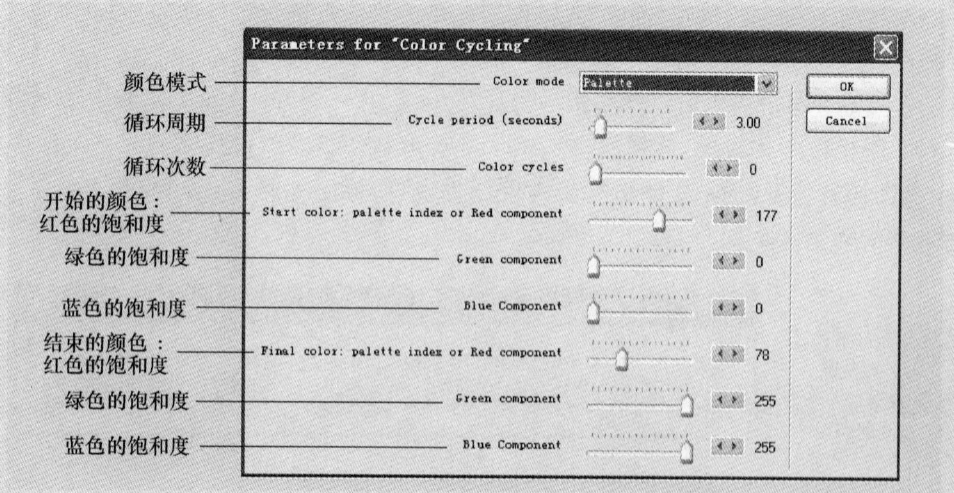

图 8-18　Color Cycling 属性设置窗口

(3) 在颜色模式 Color mode 中可选择调色板(Palette)循环或 RGB 颜色循环;在循环次数 Color cycles 中设置为-1,则可以产生颜色无限循环的动画效果,设置完毕后单击 OK 按钮。

(4) 单击播放按钮"[icon]",测试动画效果,如果需要修改或编辑行为属性,在舞台上选中相应的精灵,单击其 Property Inspector 属性检查器的第二栏 Behavior 属性窗口,如图 8-19 所示,可以直接在下拉菜单中修改相关参数,也可以单击面板上的"[icon]"行为参数按钮,打开图 8-18 窗口进行设置。

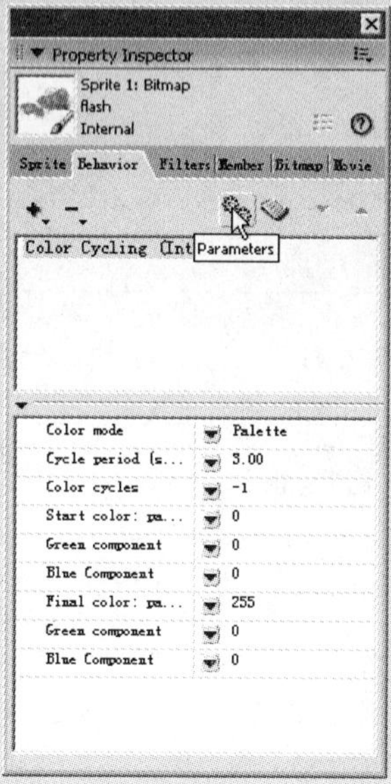

图 8-19　精灵的行为属性窗口

上机实训：钟摆

利用动画行为库制作如图 8-20 所示的钟摆动画。

（1）利用 Paint 工具绘制钟摆，并把图形的中心注册点设置在钟摆的顶端。

（2）将钟摆从演员表窗口拖动到舞台。

（3）打开行为库面板，选择“Animation＞Automatic”菜单，拖动“ ”Sway 的图标到精灵钟摆上，弹出行为属性设置窗口，如图 8-21 所示，可以设置钟摆的摆幅大小。

图 8-20　钟摆

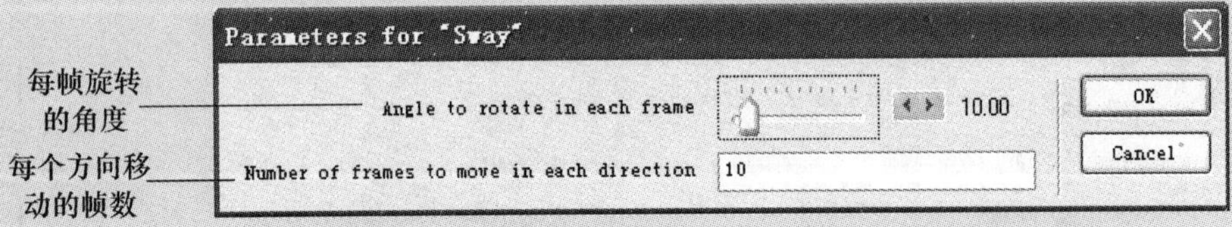

图 8-21　Sway 设置窗口

（4）我们可以计算出，该钟摆向一个方向摆动的角度是 100°，而通常钟摆的摆动应该是按照重力线垂直对称的，因此我们需要先将钟摆顺时针旋转 50°，即设置钟摆精灵的 Rotation 属性为 50。

（5）单击播放按钮“ ”，测试动画效果。

小提示：行为库为我们提供了功能强大的行为脚本，在使用过程中如果想修改其脚本，对于一般用户基本不可能，因此我们为了适用行为库的脚本，通常需要对我们的精灵对象的属性稍作修改。

② 交互动画行为库 Interactive 提供了 21 种功能，能让精灵对象与使用者之间进行互动的动作行为，表 8-2 列出了各种行为的主要功能。

表 8-2　Interactive 交互行为库

图标	名称	功能	使用说明
	Avoid Mouse	避开鼠标	当鼠标接近指定对象时，该对象会自动避开鼠标
	Avoid Sprite	避开指定精灵	当鼠标拖动该精灵接近指定对象时，该对象会自动避开
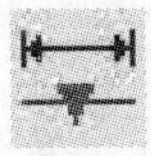	Constrain to Line	限制于直线运动	限定该对象只做直线移动，先设置角色的可移动方向，再设置可调整的范围
	Constrain to Sprite	限制区域	限定指定对象只能在另一精灵范围内做运动
	Drag and Toss	拖拽/抛出	将指定对象拖拽后松开时，角色就会呈现被抛出的感觉，使用时需要配合 Vector Motion 一同使用

续表

图标	名称	功能	使用说明
	Drag Quad Points	拖顶点变形	可使用鼠标拖拽精灵的四个顶点，产生变形效果
	Drag to Rotate	拖拽而旋转	可使角色随鼠标的拖拽而旋转
	Drag to Scale	拖拽而改变大小	可使角色随鼠标的拖拽而改变大小
	Drag to Stretch and Flip	拖拽后拉长或翻转	角色拖拽后压缩或拉长以及进行水平或垂直翻转
	Draggable	可拖拽	该角色可用鼠标任意拖拽
	Follow Sprite	跟随指定精灵	指定对象自动向该精灵的中心点靠近，如果精灵位置改变，指定对象也跟随着移动
	Move Rotate and Scale	移动、旋转和缩放	使用鼠标拖动并配合键盘上设定的功能键对指定对象做移动、旋转及缩放的操作
	Multiple Sprite Drag	拖移多个角色	以群组的方式一次拖移多个精灵对象
	Rollover Cursor Change	鼠标移过时变换光标	当鼠标移过该精灵对象时变换鼠标光标形状
	Rollover Member Change	鼠标移过时变换图形	当鼠标移过该精灵时其演员发生改变
	Snap to Grid	对齐网格线	精灵对象会按照参考线 Grid 对齐
	Sprite Track Mouse	精灵跟随鼠标移动	当鼠标移动时，指定的精灵对象会跟随鼠标一起移动
	Turn to Fixed Point	指向固定点	程序运行时指定对象会转向某一固定的点
	Turn Towards Mouse	指向鼠标	指定的对象根据设定的条件朝向鼠标的方向
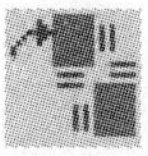	Turn Towards Sprite	指向精灵	指定的对象根据设定的条件朝向某个精灵的方向
	Vector Motion	矢量移动	可与 Drag and Toss 结合使用，设置对象被投掷的方向和移动的速度

上机实训：变形图片

利用动画行为库制作拖曳图片的四个顶点，使图片任意变形的交互效果，如图 8-22 所示。

图 8-22　变形图片

(1) 利用 Paint 绘图工具绘制如图 8-22 所示的位图演员，并将其拖放到舞台。

(2) 打开行为库，选择“Animation＞Interactive”菜单，拖动“ ”Drag Quad Points 的图标到图片上，弹出对话框，如图 8-23 所示，询问是否利用“Alt”功能键还原变形的图片，选中即可。

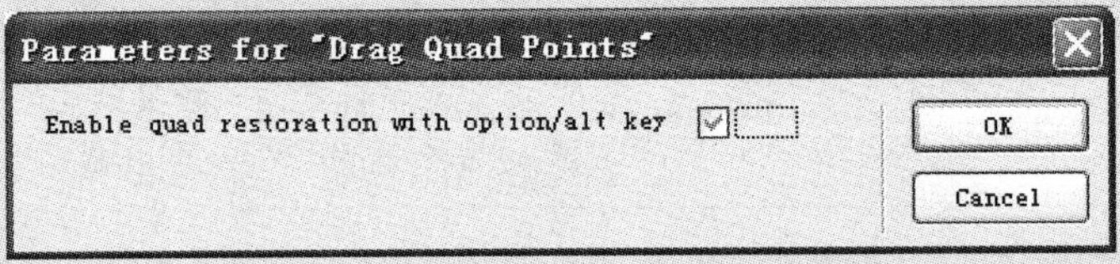

图 8-23　Drag Quad Points 对话框

(3) 单击播放按钮“ ”，测试交互效果。

注意：Library 提供的各种行为脚本使用的对象范围各有不同，比如指令 Drag to Scale、Drag to Stretch and Flip 与 Drag Quad Points 的功能相似，都能使指定演员随鼠标拖曳而改变大小、伸缩或翻转，但前两个行为只适用于图片，Drag Quad Points 不仅适用于图片还能应用于文本演员。

小提示：行为库为我们实现多媒体的交互功能提供了非常便利的工具，因此在实际应用中如何去实现交互已经不是多媒体作品制作的重点和难点，关键是在作品的设计中怎样把交互功能恰当应用，比如“变形图片”这个实例，可以应用于平面设计等课程讲解中，老师通过线条图片的变形，来讲解线条的空间造型的作用。

上机实训：指向鼠标

该例为制作当鼠标在舞台上移动的时候，舞台上的箭头始终会指向鼠标的位置，如图 8-24 所示。

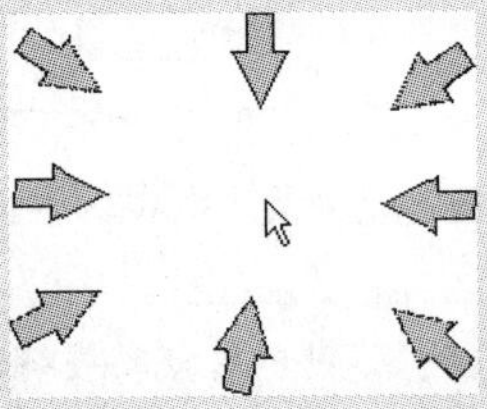

图 8-24　指向鼠标

(1) 利用 Paint 绘图工具绘制一向右的箭头图片，并将其多次拖放到舞台上。

(2) 选中所有箭头精灵，打开行为库，选择“Animation＞Interactive”，拖动“ ”Turn Towards Mouse 的图标到箭头上，弹出如图 8-25 所示的对话窗口，选择“towards the mouse”和“always”选项。

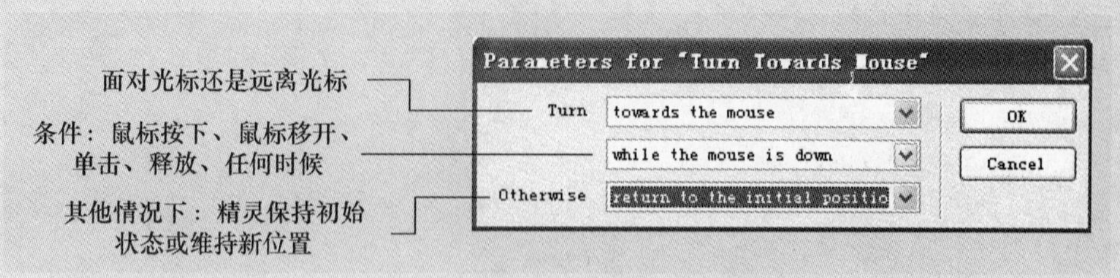

图 8-25 Turn Towards Mouse 对话框

(3) 单击播放按钮“▸”，测试效果。

小提示：Turn to Fixed Point、Turn Towards Sprite 与 Turn Towards Mouse 效果类似，同学们可以上机操作测试，这类的交互可以应用到地图的指南针，或者磁力线的教学中。

注意：Sprite 精灵是有 Face 面的，初始状态下的 Face 是朝向右边，一般指“Sprite Turn towards...”是指精灵的右边朝向哪个方向，这也是本例素材箭头指向“右”的原因。

③ 精灵转场行为库 Sprite Transitions 提供了 6 种常用的转场动作行为，用于精灵的入画或出画的转场效果，其效果有开门/关门、马赛克、羽化、滑动、抹擦等，表 8-3 列出了各种行为的主要功能。

表 8-3 精灵转场行为库 Sprite Transitions

图标	名称	功能	使用说明
	Barn Door	开门/关门效果	可设置为水平或是垂直状态
	Pixelate	马赛克转场	可以让角色从高分辨率转到低分辨率，或是从低分辨率转到高分辨率
	Slide	滑动特效	当角色在开始或结束时拥有滑动的效果
	Soft Edge Wipe	柔边抹擦特效	可设置柔边特效出现的方向以及持续的时间，进场或退场的转场效果
	Stretch	伸展特效	可设置展开特效出现的方向以及持续的时间
	Wipe	抹擦特效	可设置抹擦特效出现的方向以及持续的时间，让角色拥有抹擦的进场或退场的转场效果

上机实训：打开大门

本实例是利用精灵转场行为库制作打开故宫大门的动画效果，如图 8-26 所示。

图 8-26　打开故宫大门

(1) 导入故宫太和殿和大门的图片素材，将太和殿图片作为背景放在 Sprite 1 通道，大门的图片放在 Sprite 2 通道，即大门的图片在背景图片的上一层。

(2) 打开行为库，选择“Animation>Sprite Transitions”菜单，拖动“ ”Barn Door 放在大门图片上，弹出对话窗口，如图 8-27 所示，选择“end of sprite”。

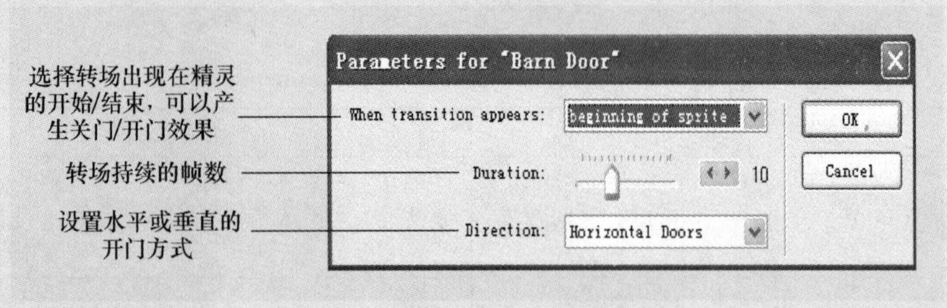

图 8-27　Barn Door 设置窗口

(3) 单击播放按钮“ ”，测试动画效果，如果动画速度太快，可以通过 Control Panel 设置帧速率为 10fps。

小提示：在动画设计制作中，我们要充分利用画面语言来表达作者的思想感情，比如“打开故宫大门”这个动画就可以充分表达出作者想通过打开故宫大门这一画面表达中国打开了沉睡已久的古老文明的大门、打开了改革开放的大门，一个朝气蓬勃的新中国展示在世人面前的思想内涵。

(2) Controls 控制类行为库。控制类行为库主要是以控制类型的程序为主，提供了 12 种行为控制程序，包括单选按钮、下拉菜单、多状态按钮等，表 8-4 列出了各个行为的功能和说明。

表 8-4 Controls 控制行为库

图标	名称	功能	使用说明
	Analog Clock	模拟时钟	具有时针、分针、秒针的行为，可以显示系统时间，但注意该行为仅对矢量图和Flash素材适用
	Display Text	说明文字	用来创建光标下的提示文本或状态栏的显示信息，需要与其他的行为配合使用，从而显示用户自定义的字符串的内容
	Draw Connector	画连接线	单击拖拽鼠标可以画出一条直线
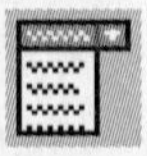	Drawdown List	下拉式菜单	仅适用于文本域演员，弹出一个下拉式菜单，列出同一目录下的电影文件或本文件中的标记，单击进行跳转或返回相关信息
	Jump Back Button	返回按钮	与 Jump to Marker Button 或 Jump to Movie Button 联合使用，可以让播放头返回到使用者之前浏览过的标记或是电影
	Jump Forward Button	跳到下一个按钮	仅与 Jump Back Button 联合使用，可以跟踪使用者之前浏览的路径，与 Jump Back Button 反方向的跳转
	Jump to Marker Button	跳转至标记的按钮	可以指定跳转到某个标记或者跳到下一个或上一个标记
	Jump to Movie Button	跳转至电影的按钮	可以跳转到指定的电影
	Multi-State Button	多状态按钮	分为关闭及开启两种状态，每种状态又可以设置标准状态、鼠标移过和鼠标按下时显示不同的图形，也可以将相同类型的按钮群组成一组单选按钮
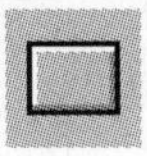	Push Button	按钮	可以设置按钮的标准状态、鼠标移过、鼠标按下以及按钮不可用几种状态，分别显示不同的图形
	Radio Button Group	单选按钮	将几个按钮群组为一组单选按钮，并设置一个 ID，则这组按钮有且只能有一个被选中的状态
	Tooltip	提示信息	适用于任何类型的演员，当鼠标在精灵上可以显示设置好的提示信息，需要与 Display Text 联合使用

上机实训：模拟时钟

本实例为利用控制行为库设计制作一个有创意背景的时钟，时分秒针可以显示系统的时间，如图 8-28 所示。

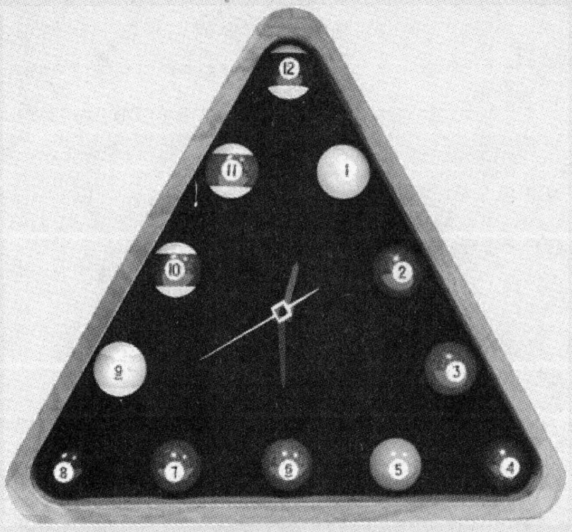

图 8-28 模拟时钟

（1）导入或者自己设计一个有创意的时钟背景图片和时分秒的表针，注意表针必须是矢量图形或 SWF 格式的素材，将它们拖放到 Score 剧本窗口，使他们的中心注册点对齐。

（2）单击“ ”图标打开 Library 行为库面板，选择 Controls，拖动“ ”Analog Clock 分别到 Score 窗口的时分秒表针精灵通道上，在对话框中分别设置为时针、分针、秒针的行为，如图 8-29 所示。

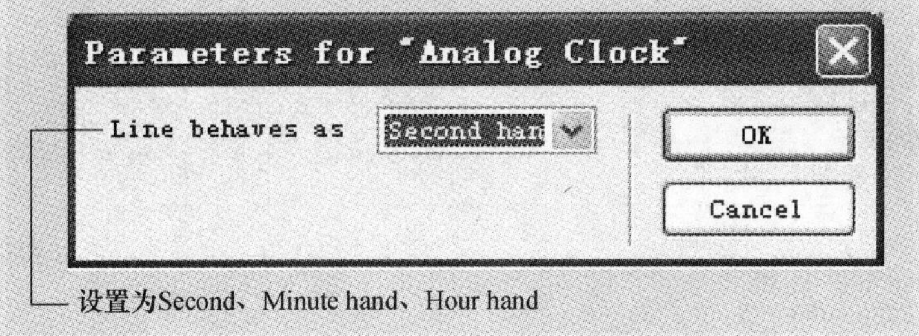

图 8-29 Analog Clock 设置窗口

（3）单击播放按钮“ ”，测试时钟的效果。

上机实训：说明文字

本实例为利用控制行为库制作图形对象的提示说明效果，鼠标放在圆形上面文本框显示“圆形”，放在矩形上面文本框显示“矩形”，放在三角形上面文本框显示“三角形”，如图 8-30 所示。

图 8-30 说明文字

(1) 利用 Paint 工具绘制如图 8-30 所示的三个图形演员，并将他们拖动到舞台。

(2) 利用 Text 文本工具创建一个文本演员，前景色为蓝色，背景色为黄色，字体为微软雅黑，字号为 36，居中显示，文字内容不能为空。

(3) 将文本演员拖放在 Sprite 4 精灵通道上，并在舞台上调整到合适的位置，如图 8-30 所示。

(4) 选择 Controls 行为库，拖动“”Tooltip 行为到舞台的圆形对象上，在如图 8-31 所示的设置窗口中，填入“圆形”，并选择 Sprite 4 为显示文本精灵。

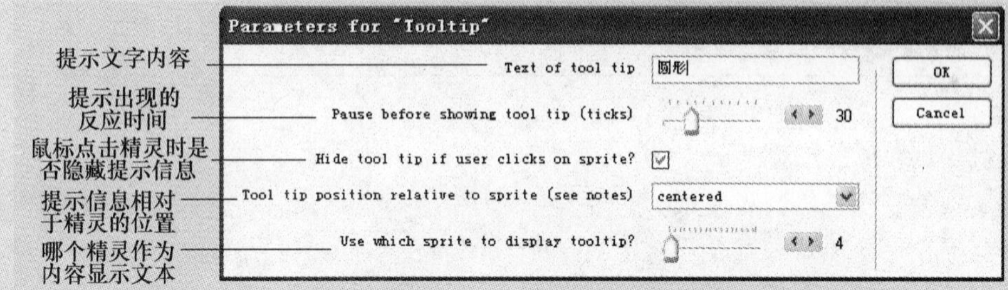

图 8-31 Tooltip 设置窗口

(5) 同样操作，分别拖动 Tooltip 行为到矩形和三角形精灵对象上，分别在如图 8-31 所示的设置窗口中，填入“矩形”和“三角形”，并选择 Sprite 4 为显示文本精灵。

(6) 拖动“”Display Text 到 Sprite 4 文本精灵上，在弹出的对话框中选择 status bar (fixed size and position)固定大小与位置的状态栏。

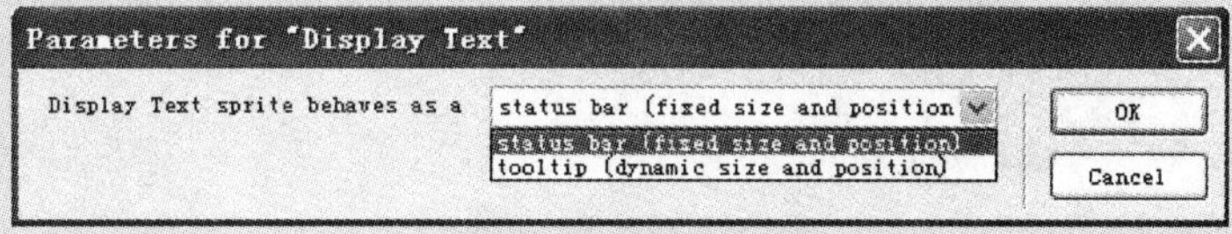

图 8-32 Display Text

小提示：在这一步中，选项 tooltip (dynamic size and position)用户自定义的大小和位置，一般适用于提示效果，其位置是用户在图 8-31 所示的窗口中选择的相对于精灵的位置。

(7) 单击 Play ▸ 播放按钮，测试效果。

(3) Media 媒体行为库。媒体行为库主要实现对声音、视频和动画媒体的控制，分为 4 个子库，分别提供了对 Flash、QuickTime、RealMedia 三种媒体文件的控制脚本，以及实现对各种声音文件控制的 Sound 行为脚本。表 8-5 列出了 Sound 行为的功能和说明。

表 8-5　Sound 行为库

图标	名称	功能	使用说明
	Play Sound	播放声音	利用一个精灵或帧的事件，播放指定的声音演员
	Pause Sound	暂停声音	暂停指定声道的声音
	Stop Sound	停止声音	停止指定声道的声音
	Sound Beep	播放“当”声音	播放系统的声音，“当”的一声
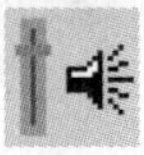	Channel Volume Slider	音量控制杆	拖动滑杆，可以调节音量的大小
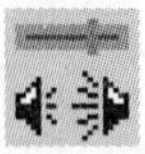	Channel Pan Slider	左右声道控制杆	拖动滑杆，调节声音左右声道的平衡

上机实训：音乐播放机

本实例为利用媒体行为库，制作如图 8-33 所示的音乐播放机，可以通过相关按钮实现对声音的控制。

(1) 单击快捷工具栏上的“ ”图标，导入音乐播放机背景、按钮等图片素材以及准备播放的音乐文件，如图 8-34 所示。

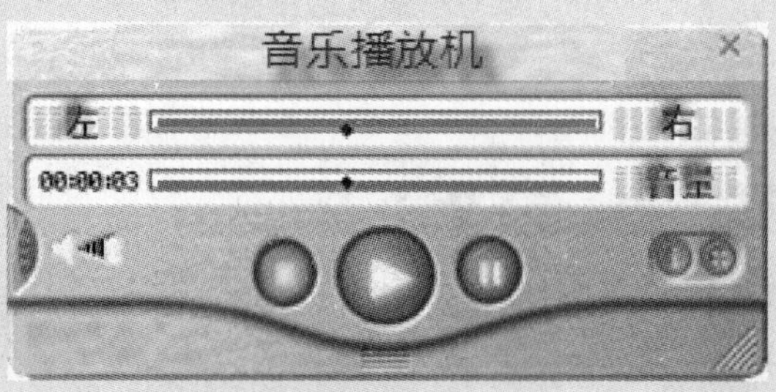

图 8-33　音乐播放机

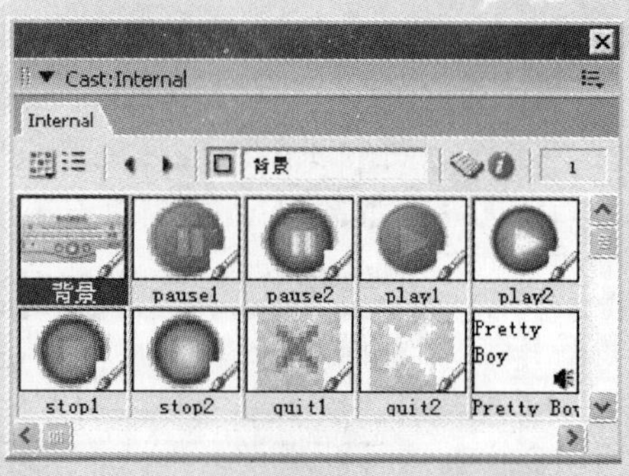

图 8-34　音乐播放机 Cast 窗口

（2）先将播放机背景图片拖放到舞台上，然后将每个按钮的两个图片演员之一，拖放在背景图片上，如图 8-33 所示。

（3）在演员表窗口选中一个空白演员窗口，单击“ ”打开 Behavior Inspector 行为编辑器，创建一个新的行为“playbutton”，设置 mouseDown 时，play 按钮的图片为“play1”；mouseUp 时，play 按钮的图片为“play2”；mouseEnter 时，Cursor 光标为 Finger 手指的形状；mouseLeave 时，Restore Cursor 还原光标。

小提示：在交互设计中，为了能模拟现实机器中按钮“弹起”和“按下”两种不同状态的效果，通常一个按钮需要准备两张或两张以上的相似图片，然后利用行为脚本实现不同鼠标事件对不同状态图片的调用，本例中就是利用了“playbutton”行为实现了“play1”和“play2”两张按钮图片的切换。

（4）将行为演员“playbutton”拖放到播放按钮“ ”上，并测试一下按钮的交互效果。

（5）同样步骤制作出“暂停”和“停止”播放按钮的动态交互效果。

（6）单击“ ”图标打开 Library 行为库，选择“Media>Sound”，打开 Sound 行为面板，将“ ” Play Sound 图标拖放到舞台的播放按钮“ ”上，在如图 8-35 所示的设置窗口中，选择要播放的声音演员，并设置在第 1 声道播放声音。

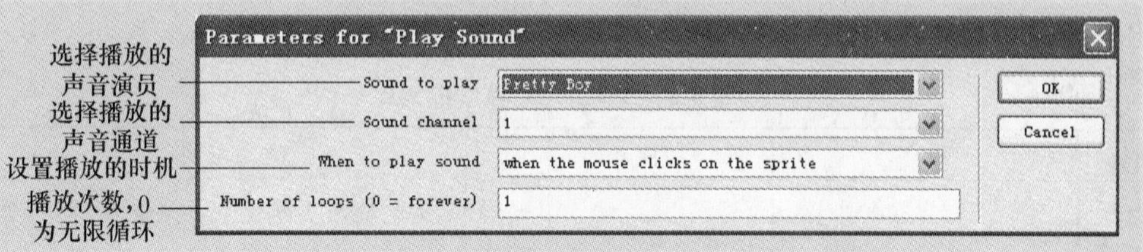

图 8-35　Play Sound 设置窗口

（7）拖动“ ” Pause Sound 图标放在暂停按钮上，不改变默认的参数设置。

（8）拖动“ ” Stop Sound 图标放在停止按钮上，不改变默认的参数设置。

（9）利用 Paint 工具绘制一条直线和一个小矩形，分别作为音量调节的滑道和滑块，将直线拖动到背景的音量设置框中，并调整直线的长度与背景框同宽，再将小矩形放在直线上，注意查看这两个精灵的通道号，例如滑道为 Sprite 6，滑块为 Sprite 7。

（10）拖动“ ” Channel Volume Slider 图标放在滑块上，在弹出属性设置窗口中，选择 Constraining sprite 为 6，并将初始的音量大小设置为中间值 125，如图 8-36 所示。

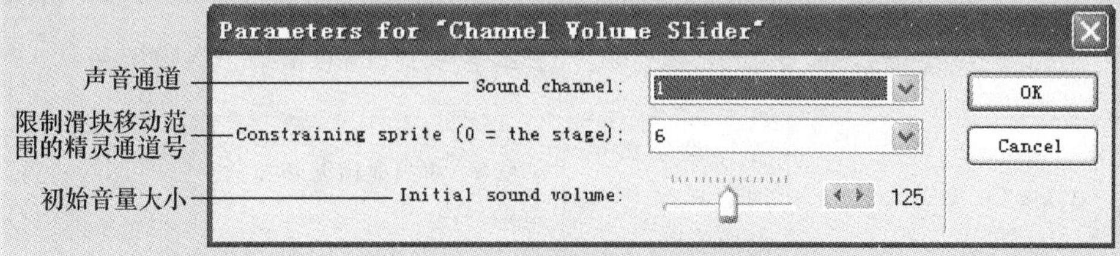

图 8-36　音量滑块参数设置

(11) 拖动直线和滑块演员到左右声道调节框，查看他们的精灵通道号，分别为 Sprite 8 和 Sprite 9，拖动“ ” Channel Pan Slider 图标放在调节声道的滑块上，在属性窗口中，选择 Constraining sprite 为 8，如图 8-37 所示。

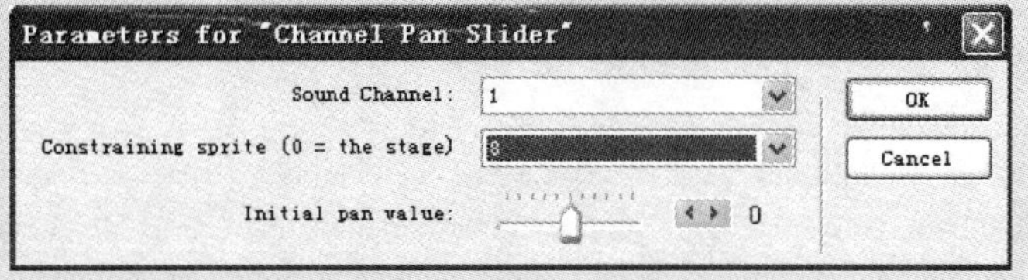

图 8-37　声道滑块参数设置

(12) 单击播放按钮“ ”，测试控制声音的播放效果，当按下播放键时，播放音乐“Pretty Boy”，在播放过程中相应的按钮可控制其暂停、停止或重新播放，也可对其进行音量，左右声道的调节。

(4) Navigation 导航类行为库。导航行为库主要用来控制播放头的位置，提供了 11 种互动行为，包括标记页面之间的跳转、循环播放、暂停播放、跳转到指定画面或电影等，表 8-6 列出了 Navigation 导航行为库的主要功能和说明。

表 8-6　Navigation 导航行为库

图标	名称	功能	使用说明
	Go Loop	回绕式播放	帧脚本，可将播放头跳回之前最近的标记，如果没有相关的标记，则跳回第 1 帧，并循环播放
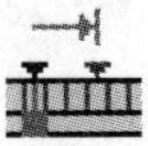	Go Next Button	跳转到下一个标记	适用于图形演员，当鼠标弹起时，播放头跳转到下一个标记
	Go Previous Button	跳转到前一个标记	适用于图形演员，当鼠标弹起时，播放头跳转到前一个标记
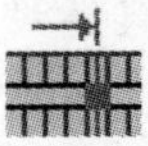	Go to Frame X Button	跳转到指定帧	适用于图形演员，当鼠标弹起时，播放头跳转到指定的帧
	Go to URL	跳转到指定的网址	适用于图形演员和帧脚本，打开默认的浏览器，下载指定的网页
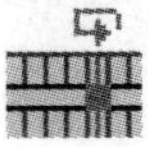	Hold on Current Frame	在当前帧等待	帧脚本，使播放头停留在当前帧循环播放
	Loop for X Seconds	等待设定的时间后跳转到指定的标记	帧脚本，在当前帧循环播放一段时间后，跳转到指定的标记

续表

图标	名称	功能	使用说明
	Play Done	重回上一个播放点	适用于图形演员和帧脚本，将播放头跳回最近执行 Play 指令的帧
	Play Frame X	跳转到指定帧	适用于图形演员和帧脚本，将播放头跳转到指定的帧
	Play Movie X	跳转到指定的电影	适用于图形演员和帧脚本，跳转到一部新的电影
	Wait for Mouse Click or Keypress	等待鼠标单击或按键	帧脚本，在当前帧等待，直到鼠标单击或键盘按下才继续播放

(5) Paintbox 绘图工具类行为库。绘图工具类的行为库包含 6 种互动行为，提供了画布、画笔、橡皮擦等多项基本绘图工具，可以用来制作涂鸦板，表 8-7 列出了 Paintbox 绘图工具行为库的主要功能和说明。

表 8-7　Paintbox 绘图工具行为库

图标	名称	功能	使用说明
	Canvas	画布	建议应用于 32 位的位图演员，可以设置画布的颜色、画笔的初始颜色、粗细、形状等
	Color Selector	选择画笔的颜色	以下的绘图行为都必须配合 Canvas 一起使用，用鼠标拾取指定图像的颜色作为画笔颜色
	Erase All Button	清除按钮	清除画布上所有绘制的图形
	Tool Selector-Brush	选择画笔形状	将位图演员定义为画笔，包括定制画笔的形状、颜色等
	Tool Selector-Eraser	橡皮擦	拖放给图形精灵当作橡皮擦的按钮，可设置任何演员作为橡皮擦拭的轮廓
	Undo Paint	撤销操作	可以取消上一步的绘画操作

上机实训：自制画板

利用绘图行为库创建一个自制的画板，如图 8-38 所示。

(1) 导入一张背景图片，并放置于舞台。

(2) 利用 Paint 工具绘制一实心矩形，颜色位数为 32 位，覆盖在舞台的背景图片上作为画布，如图 8-38 所示。

图 8-38 自制画板

(3) 可以从外部导入较为规范的调色板图片，也可以利用 Paint 工具绘制一个包括各种颜色的选色器，这里我们推荐利用 Paint 提供的喷枪“ ”工具，设置其墨水效果 Ink 为 Cycle，即可快速绘制一个颜色循环的色块“Color”，将其放在舞台的左上角。

(4) 在舞台上创建两个按钮，命名为“清除”和“撤销”。

(5) 单击“ ”图标打开 Library 行为库，拖动 Paintbox 行为库中的“ ”Canvas 行为到舞台的矩形画布上，在弹出的对话窗口中设置画笔的初始颜色为 color(0,0,0)，这三个数值分别代表 RGB(red,green,blue)每个数值取值范围为(0～255)，因此 color(0,0,0)代表黑色，而背景色 color(255,255,255)为白色，如图 8-39 所示。

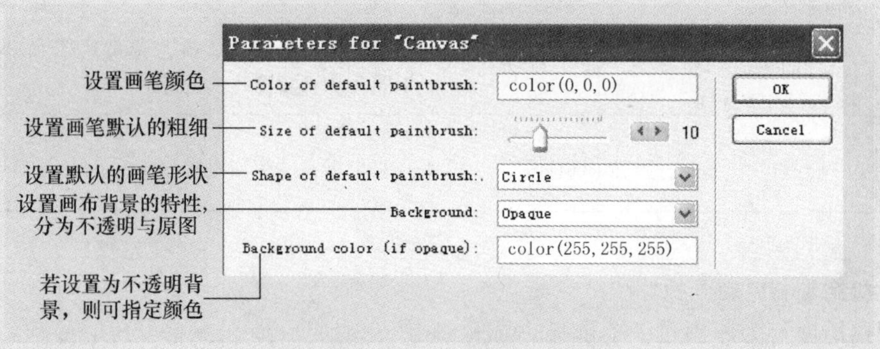

图 8-39 Canvas 画布参数设置

(6) 拖动“ ” Color Selector 行为到“Color”精灵，拖动“ ” Erase All Button 行为到“清除”按钮，拖动“ ” Undo Paint 行为到“撤销”按钮。

(7) 单击播放按钮“”,测试画板的功能,发现出错信息,系统指出 121 语句有错,注意这是 Director MX 以上版本出现的 bug,请直接在调试器中将改行语句修改为:pTimeOutObj = timeOut(). new(“canvasTimeOut1”,pTimeInterval, # tryPaintStroke, me)

(8) 可以从外部导入一些有趣的小图片,如图 8-38 右上角所示,拖动“” Tool Selector-Brush 到这些小图片上,在程序运行过程中鼠标单击这些图片,画笔即可成为图片的形状,可以在画布上涂鸦,也可以作为印章效果。

(9) 单击播放按钮“”,测试画板的功能。

(6) Text 文本行为库。文本行为库主要用来控制和格式化文本对象,提供了 13 种行为脚本,包括限制输入字符格式、自定义文本滚动条、打字机效果和超文本的应用等,各个行为的功能和说明参见表 8-8。

表 8-8 Text 文本行为库

图标	名称	功能作用	说明
	Add Commas to Numbers	给数字增加分隔符	适用于 Text 和 Field 演员,为了方便阅读比较长的数字,在数字中加入逗号或空格
	Calendar	月历	创建一个具有超链接的万年历,可以翻看不同月份或年份的月历
	Countdown Timer	倒计时	利用一个设置好初始时间的数字时钟进行倒计时显示,这个时钟单位可以包括天数、小时、分钟、秒和毫秒,将该脚本拖动到 Text 或 Field 精灵上就可以显示该时钟,在时间到达时,可发出信息给所有的精灵或电影脚本
	Custom Scroll Bar	用户自定义的滚动条	利用四个图形演员(上下箭头、滑块和滑道)建立一个有个性的文本滚动条,该滚动条效果不影响其他精灵的穿过和动画的演示
	Force Case	强制大小写	可以转换标准键盘输入的英文字母为大写或小写
	Format Numbers	格式化数字	显示货币或用户自定义的其他数字格式
	Get Net Text	获取网络文本	从指定的 URL 网络地址上的 text/HTML 中检索信息数据
	Hypertext-Display Status	超文本提示状态栏	需要与 Display Text 行为配合使用,可在光标略过超文本时,在状态栏显示超链接的信息

续表

图标	名称	功能作用	说明
	Hypertext-General	跳转到超文本链接的地址	超文本链接的内容通常的 URL 地址包括 http://、https://、ftp://和 mailto:等,直接输入网址即可跳转,如果需要跳转到某个影片,需要输入 lingo 指令 lingo: go to movie ‘myMovie. dir’
	Hypertext-Go to Marker	跳转到指定的标记	可将超文本设置为当前文件内部页面之间的跳转导航,可以跳转到指定的标记画面上也可以跳转到“first”、“previous”、“next”和“last”标记
	Password Entry	输入密码并判断其正确	可将 Text 或 Field 精灵变成一个密码输入栏,判断输入的字符与设定的密码是否一致,并根据判断结果发送消息
	Ticker Tape Text	水平滚动的文字效果	按照设定的速度,以单排水平滚动的方式显示 Text 或 Field 演员上的内容
	Typewriter Effect	打字机效果	将 Text 或 Field 的文字内容,以打字机的打字方式在舞台上显示出来,如果加上声音效果更佳

上机实训:自定义文本滚动条

在交互界面设计过程中,经常遇到文本内容较多,但必须要限制在某个区域内显示的情况,上下翻页给用户整体阅读带来了不便,而系统自带的文本滚动条的色彩可能与界面的整体色调不太相配,这时就需要我们自己设计用来控制文本上下滚动的滚动条。

(1) 导入在外部图形编辑工具制作好的上箭头按钮的两种状态图片“up”、“up-dn”和下箭头按钮两种状态图片“dn”、“dn-dn”以及作为滑块的 dragger 共五张图片。

(2) 将准备控制显示的文本演员拖动到舞台上,并设置该文本精灵 Text 属性中 Framing(外观框架)为 Fixed 固定大小,如图 8-40 所示。

(3) 利用 Tools 工具面板提供的填充矩形工具绘制一个图形对象,作为滑道 bar,并将“up”、“dn”和“dragger”三张图片也拖动到舞台上,按照图 8-41 所示的位置示意图进行摆放,注意箭头所指示的地方相邻的两个精灵对象要对齐,而不要改变图片的大小,可以通过 Property Inspector 的参数设置进行精确对齐。

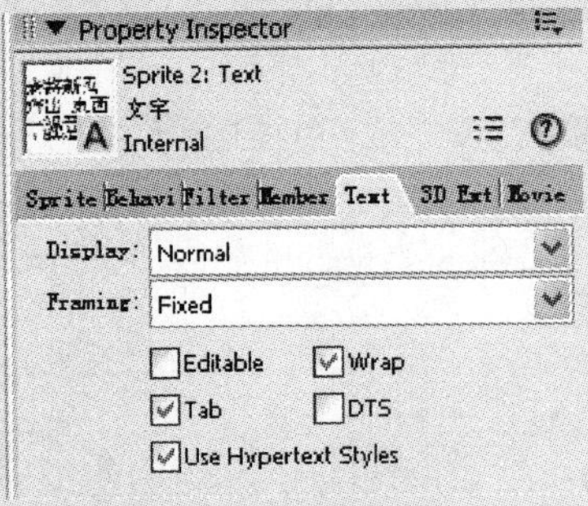

图 8-40　精灵的文本属性设置

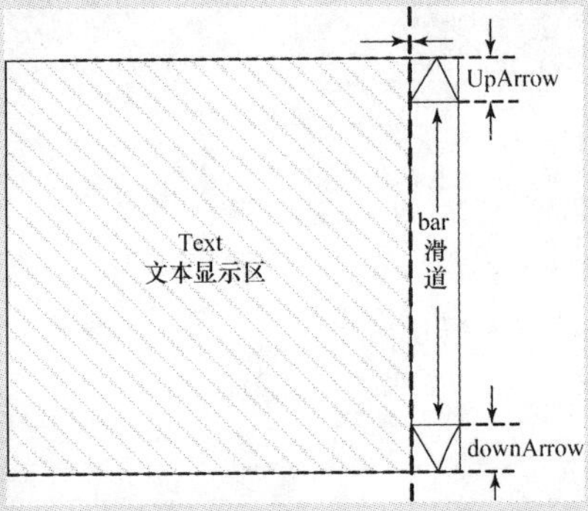

图 8-41　文本滚动条对象位置示意图

(4) 打开 Library 的 Text 行为库,拖动“ ”Custom Scroll Bar 图标到上箭头“up”上,在如图 8-42 所示的对话窗口中,选择 upArrow 等相关参数与演员。

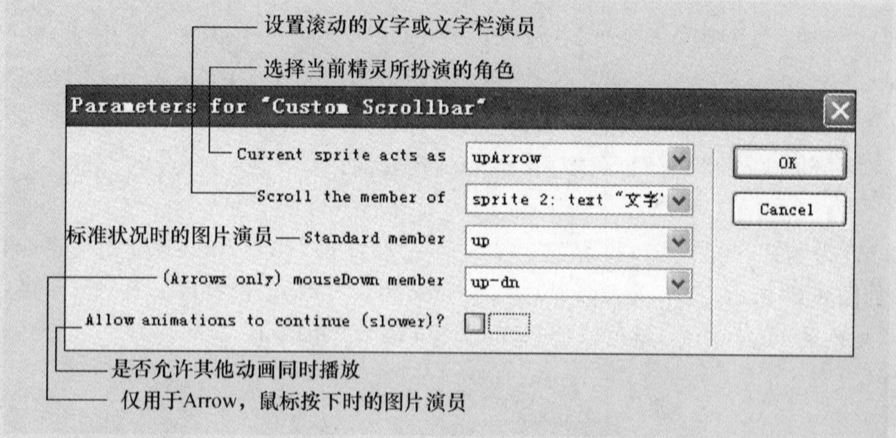

图 8-42 自定义滚动条参数设置

(5) 同理,分别拖动“ ”Custom Scroll Bar 图标到下箭头“dn”、滑道“bar”和滑块“dragger”上。

(6) 单击播放按钮“ ”,测试滚动条对文本的控制效果。

上机实训:超链接文本

一段普通的文本中可能包含多个超文本,利用文本行为库提供的脚本,可以实现通过状态栏显示超文本链接的地址,单击超文本实现页面的跳转的交互效果,如图 8-43 所示。

(1) 利用 Text 窗口输入一段文字,并拖动到舞台上,放在 Sprite 1 通道,如图 8-43 所示。

(2) 创建一个文本演员,设置其背景色为黄色,放在 Sprite 2 通道。

(3) 执行“Window>Text Inspector”,或利用快捷键“Ctrl+T”,打开如图 8-44 所示的文本检查器,双击舞台上的 Sprite 1 文本,文本周围会出现斜线虚框,选中文字“北京大学”并在文本检查器的超链接栏“ ”输入“http://pku. edu. cn”,这时加入超链接的文本会变成蓝色并有下划线,这是系统自动设置的超文本的格式。

图 8-43 超链接文本

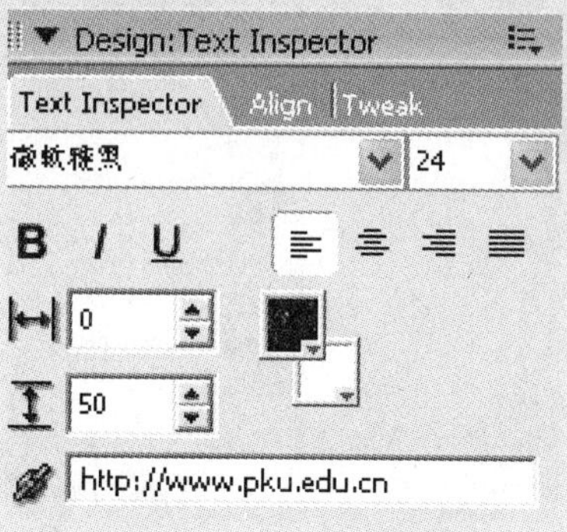

图 8-44 文本检查器

(4) 同样操作可以设置其他文字信息的超链接属性。

(5) 打开 Library 的 Text 行为库，拖动“”Hypertext-Display Status 和“”Hypertext-General 到 Sprite 1 文本上，然后打开 Controls 行为库，拖动“”Display Text 到 Sprite 2 文本上，在弹出的对话框中选择 status bar(fixed size and position)固定大小与位置的状态栏。

(6) 单击播放按钮“”，测试超文本的跳转效果。

(7) 3D 行为库。组成 3D 世界的三个主要元素是 3D 模型 Model、灯光 Light 和摄像机 Camera，如图 8-45 所示。Shockwave 3D 是 Director 的一大特色，利用 Library 提供的 3D 行为不需要编写复杂的 Lingo 指令，就可以控制 3D 对象，制作简单的 3D 电影。

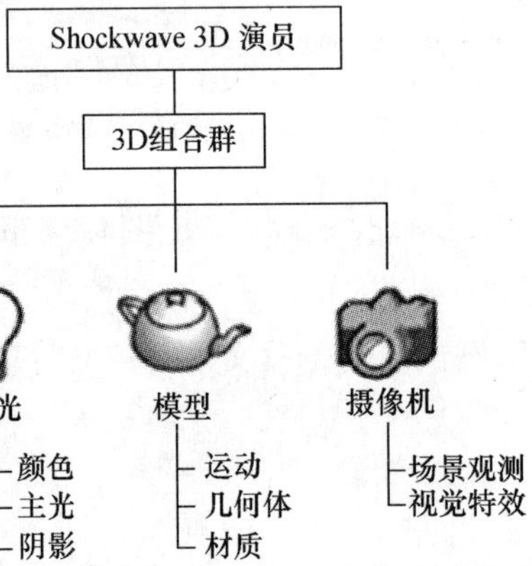

图 8-45 Shockwave 3D 的组成要素

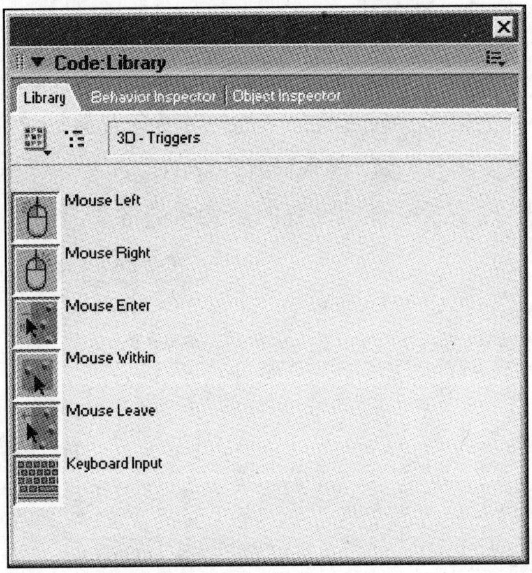

图 8-46 3D Triggers 行为

3D行为库包括 Actions 动作库和 Triggers 触发器库两大类。Triggers 行为主要发送消息给 Actions 行为，通过操作鼠标或键盘触发行为的执行，如图 8-46 所示。Actions 行为库提供了 23 种行为，大多作用于摄像机和 3D 模型上，表 8-9 列出了 Actions 库各个行为的主要功能和说明。Actions 行为又可以分为三种类型：

① Local 行为：局部行为，仅接收所附着精灵的触发。

② Public 行为：公共行为，可以接受所有精灵的触发。

③ Independent：行为，独立行为，不需要触发器即可执行动作。

表 8-9　3D Actions 行为库

图标	名称	功能作用	说明
	Dolly Camera	推拉摄像机	需要通过触发器来控制摄像机的推拉
	Drag Camera	拖拽摄像机	推拉摇移和旋转摄像机
	Fly Through	飞越穿过	飞越穿过一个 3D 场景
	Pan Camera Horizontal	摄像机水平摇动	可以通过两个触发器分别控制摄像机向左或向右的摇动
	Pan Camera Vertical	摄像机垂直摇动	可以通过两个触发器分别控制摄像机向上或向下的摇动
	Orbit Camera	锁定摄像机	通过触发器控制摄像机围绕某一模型在某个轨道上运动
	Reset Camera	还原摄像机	将摄像机参数还原到初始值
	Rotate Camera	旋转摄像机	通过触发器控制摄像机旋转，就像整个 3D 场景在旋转的效果
	Automatic Model Rotation	模型自动旋转	模型沿着设定的轴按照一定的速度自动旋转
	Click Model Go To Marker	跳转到某个标记	通过触发器单击某设定的模型，可以跳转到某个标记
	Drag Model	拖曳模型	利用鼠标拖曳模型
	Drag Model to Rotate	拖曳模型旋转	用鼠标拖曳 3D 模型沿着设定的轴旋转
	Model Rollover Cursor	变换光标形状	不需要触发器，当鼠标略过模型时，光标变为设定的形状

续表

图标	名称	功能作用	说明
	Play Animation	播放动画	不适用于3D文字，单击后播放一段原有的动画影片
	Create Box	创建一个立方体	利用触发器，在3D场景中创建一个立方体
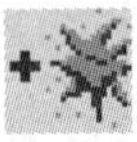	Create Particle System	创建分子系统	通过触发器，可以在3D场景中创建类似烟火、蒸汽、爆炸等不同的分子特效
	Create Sphere	创建一个球体	在3D场景中创建一个球体
	Level of Detail	减少模型的细节	通过降低模型的细节即切面数，减少文件量，使运行更加流畅
	Sub Division Surface	增加模型的细节	当摄像机靠近时，可以通过增加模型的切面数，让模型表面更加平滑
	Generic Do	指定类	利用触发器行为，传送用户自定义的Lingo指令
	Toggle Redraw	画面拖尾效果	设置成拖尾效果，模型运动后可产生残影，并逐渐消失
	Toon	模型卡通化	通过设置减少光源、降低色彩层次，强调模型边缘等将模型卡通化
	Show Axis	显示坐标	让坐标轴、基准线可见

上机实训：3D文字动画

Director可以创建3D文字，利用3D行为库，可以控制文字的3D动画效果，如图8-47所示。

图8-47　3D文字

（1）单击文本工具“A”打开Text窗口，输入“3D”，设置字体大小为96，字体Arial Black，居中，加粗，作为3D显示的文字尽量选择饱满一点的字体。

（2）将文字演员拖动到舞台上，选中文字精灵，打开Property Inspector属性检查器的Text属性栏，设置Display（显示效果）为3D mode，这时舞台上的文字即成为3D效果的文字。

（3）单击快捷工具栏“ ”按钮，打开Shockwave 3D窗口，如图8-48所示，可以通过窗口提供的工具控制Camera摄像机的运动，在不同角度查看3D模型。

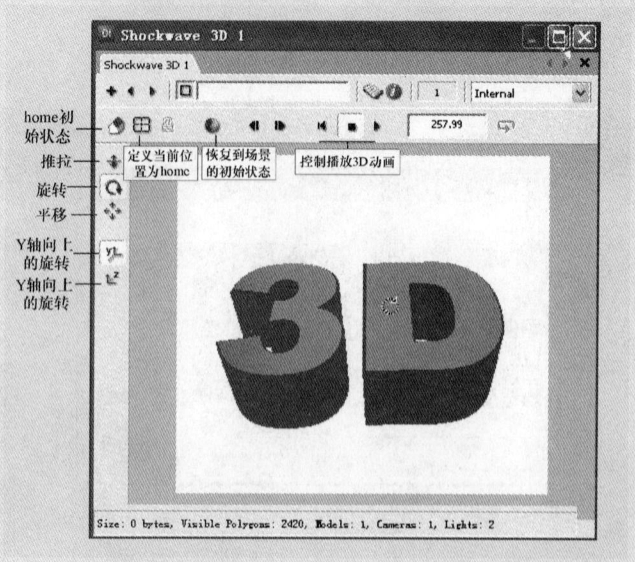

图 8-48　Shockwave 3D 窗口

(4) 打开 Property Inspector 属性检查器的 3D Extruder 设置窗口如图 8-49 所示，通过修改相关参数，改变 3D 模型的外观效果。

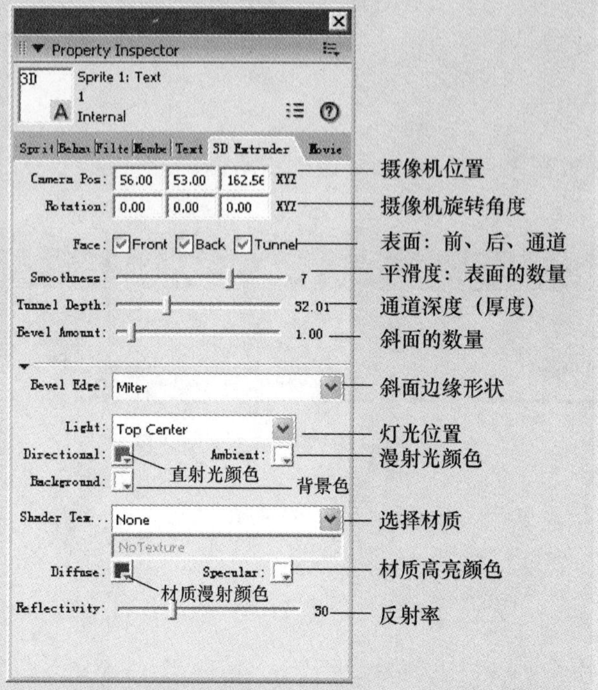

图 8-49　3D Extruder 设置窗口

(5) 设置3D模型的材质，可以直接从外部导入材质库素材，也可以通过Paint工具自行绘制图形演员作为材质。双击Paint窗口中的“ ”Pattern填充图案按钮，打开设置窗口，如图8-50所示，选择填充效果，并用该效果绘制一填充矩形，命名为“材质”。

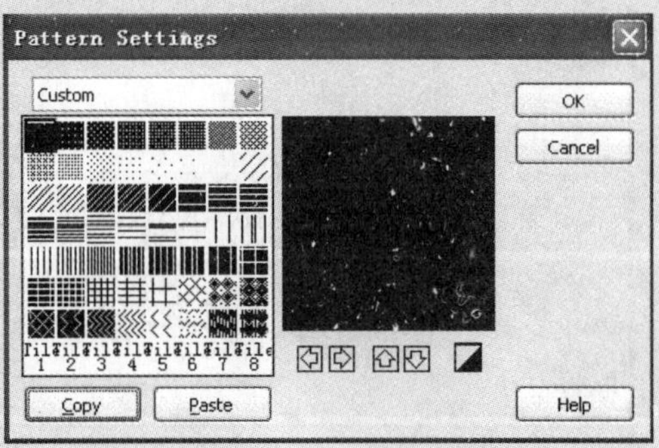

图8-50　Pattern填充图案选择窗口

(6) 在如图8-50所示的窗口中，设置Shader Texture为Member、材质，这时舞台上的3D文字已经穿上了“花衣裳”，如图8-51所示。

图8-51　添加了材质的3D文字

(7) 打开Library的3D＞Actions库，拖动“ ”Automatic Model Rotation图标到舞台的3D文字上，在如图8-52所示的对话框中设置旋转速度为“1”，围绕着“Y”轴进行旋转。

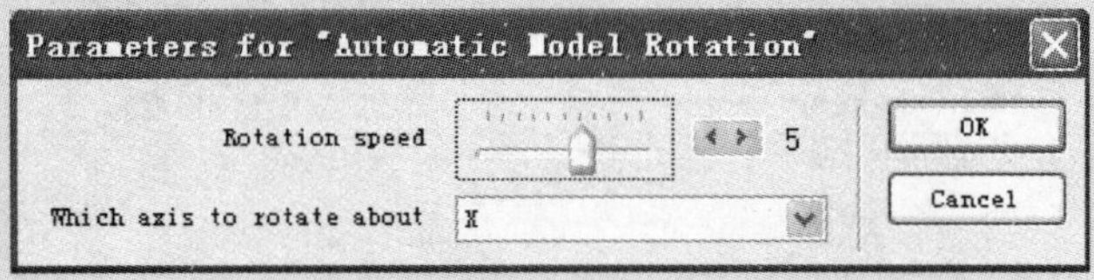

图8-52　模型自动旋转对话框

(8) 单击播放按钮“ ”，测试3D文字的动画效果。

上机实训：森林

利用3D行为库在如图8-53所示的场景中，实现3D漫游的效果。

(1) 导入素材“森林.w3d”，利用3ds Max等建模软件创建3D模型后，将其以W3D(Web 3D)格式输出，就可以在Director中作为3D素材演员导入了。

（2）设置舞台背景色为黑色，把 3D 演员"森林"拖动到舞台上，并拉伸成宽荧幕效果，如图 8-53 所示。

图 8-53　3D 场景

（3）打开 Library 的 3D>Actions 库，拖动"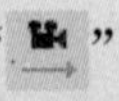" Dolly Camera 到舞台的 3D 精灵上，在弹出的如图 8-54 所示的对话窗口中设置每帧 dolly 的程度为 1。

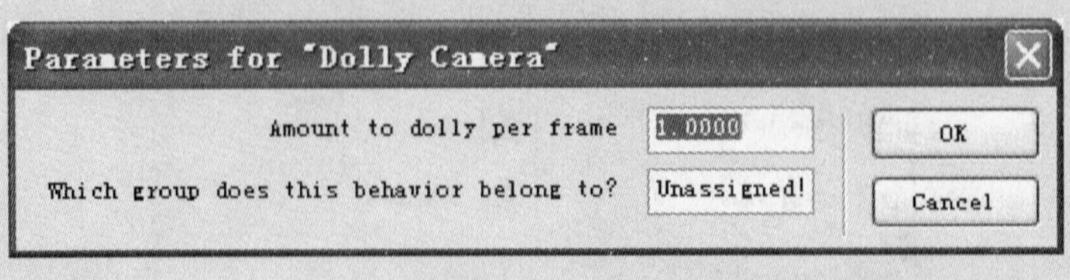

图 8-54　Dolly Camera 参数设置

（4）打开 Library 的 3D>Triggers 库，两次拖动"" Keyboard Input 到 3D 精灵上，在弹出的如图 8-55 所示的对话窗口中，分别设置 Up arrow 对应 Move Camera In，Down arrow 对应 Move Camera Out。

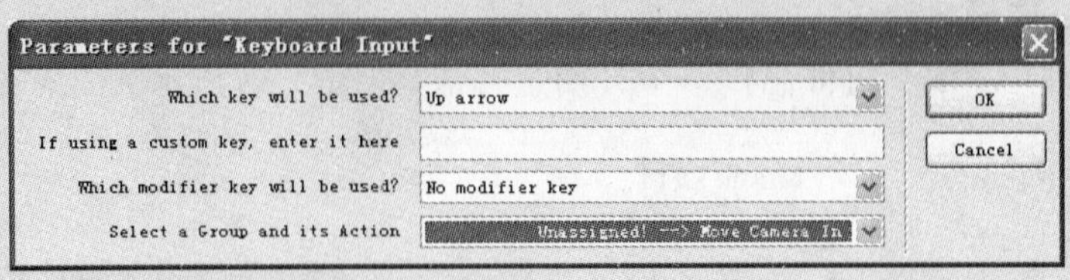

图 8-55　Keyboard Input 触发器设置

（5）打开 3D>Actions 库，拖动"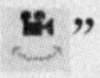" Pan Camera Horizontal 到 3D 精灵上，在弹出的如图 8-56 所示的对话窗口中设置每帧 pan 的程度为 1。

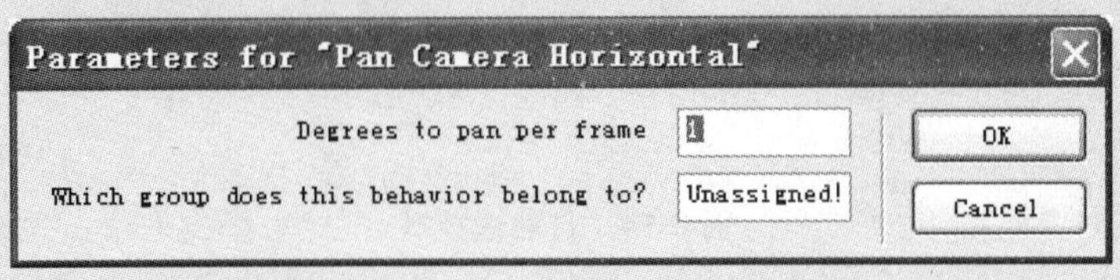

图 8-56　Pan Camera Horizontal 参数设置

（6）打开 Library 的 3D＞Triggers 库，两次拖动“ ” Keyboard Input 到 3D 精灵上，在弹出的对话窗口中，分别设置 Left arrow 对应 Pan Camera Left，Right arrow 对应 Pan Camera Right。

（7）单击播放按钮“ ”，测试利用键盘控制浏览 3D 场景的动画效果。

（8）Components Flash 组件库。Director 提供了 12 种 Flash 格式的组件，如图 8-57 所示，无论是建立向量按钮、单选/复选式按钮、下拉列表、日期选择、密码输入、图片滚动框，还是多功能的 DVD 播放器界面，都可以通过 Components 组件库来完成。

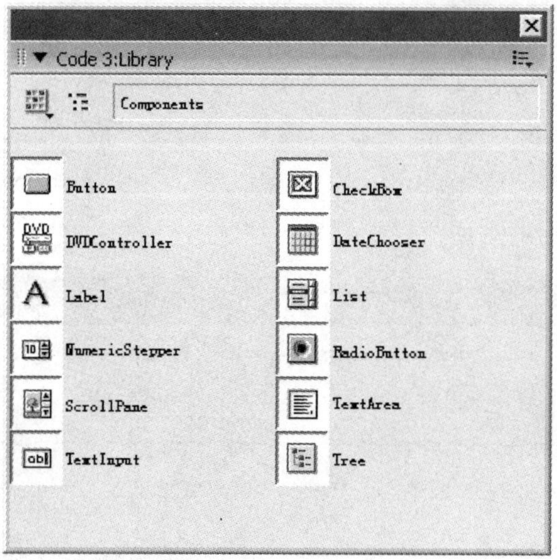

图 8-57 Components 组件库

上机实训：选择日期

本实例为利用 Flash 组件制作一个日期选择器，如图 8-58 所示。

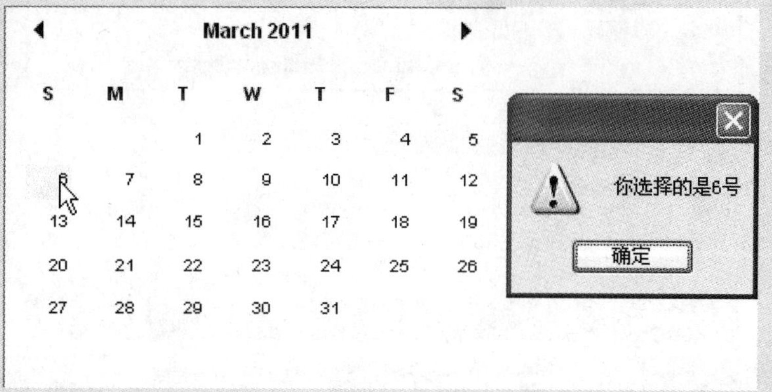

图 8-58 日期选择器

（1）打开 Library 的 Components 组件行为库，拖动“” DateChooser 日期选择器组件到舞台上，即可显示当前月份的日历。

（2）打开 Property Inspector 属性面板中的 Flash Component 选项卡，在 Events 属性的 change 中勾选 true，确保 change 事件启用。

（3）在舞台上选择 DateChooser 组件，单击鼠标右键，在菜单中选择 Script，打开脚本编辑窗口，输入：

```
on change me
_player. alert("你选择的是"&integer(sprite(me. spriteNum). selectedDate. getDate
())&"号")
end
```

（4）单击播放按钮“”，单击日期测试交互效果。

上机实训：图片滚动条

本实例为利用 Flash 组件制作一个图片滚动条的效果，如图 8-59 所示。

图 8-59 图片滚动条

（1）打开 Library 的 Components 组件行为库，拖动“” ScrollPane 图片滚动条组件到舞台，并根据需要调整显示的图片区域大小。

（2）打开 Property Inspector 属性面板中的 Flash Component 选项卡，在 contentPath 属性栏中输入图片的绝对路径，注意图片的名字不能用中文。

（3）单击播放按钮“”，测试图片滚动条的效果。

（9）Internet 网络类互动行为库。网络类行为库主要是以网际网络的行为为主，又分为两类程序库：Forms 表单类行为库和 Streaming 数据传输行为库。Forms 行为库可以从电影文件中传送数据给网络服务器，主要应用于 CGI 之类的表单，如图 8-60 所示；而 Streaming 提供了 10 种与数据传输相关的互动行为，如图 8-61 所示，这些行为大多是制作 Loading 读取程序时所需要用到的。

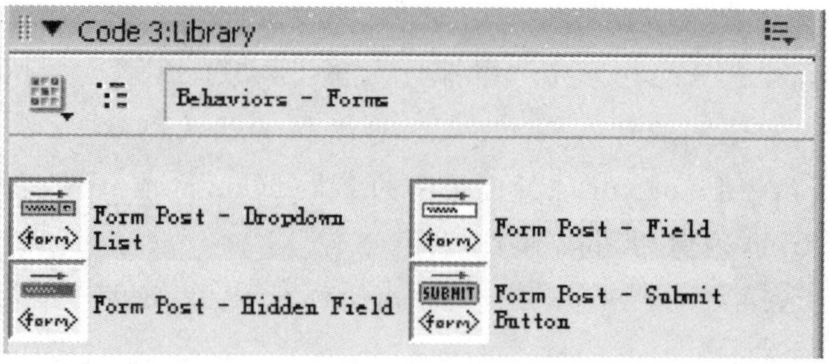

图 8-60　表单类行为库

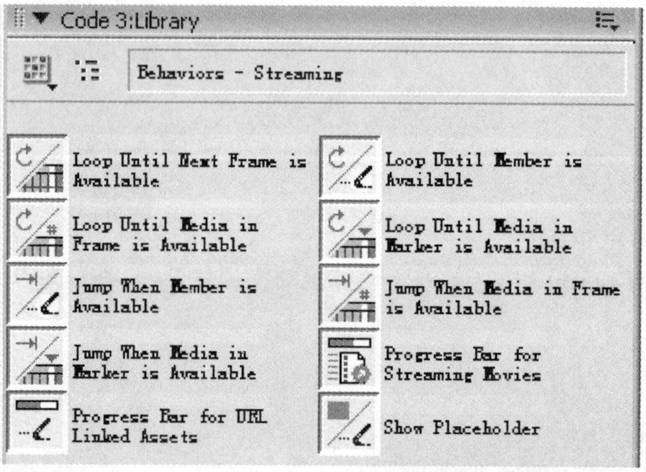

图 8-61　数据传输行为库

（10）Accessibility 辅助类行为库。Accessibility 辅助类行为库为用户提供了通过键盘、语音和字幕 3 种引导方式来制作教学或导引类的多媒体交互软件。辅助行为库包括了 10 种行为程序，如图 8-62 所示，它们彼此之间必须互相配合使用才能正常运作，用户可以参考每个行为的说明文字来了解它们之间的使用顺序。

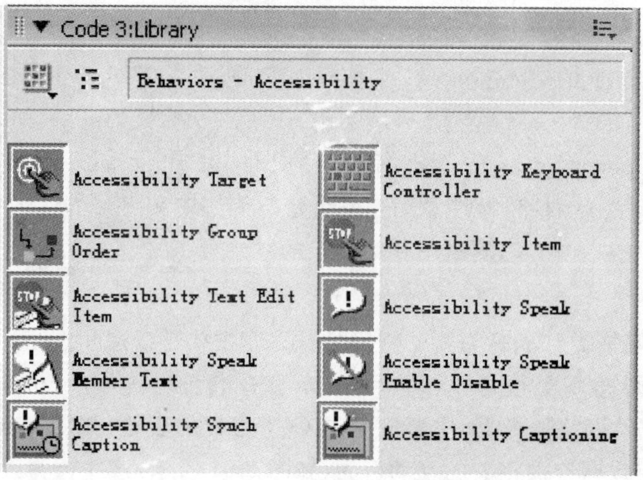

图 8-62　Accessibility 辅助类行为库

3. 中华行为库

中华行为库不是 Director 自带的行为库，而是国内的 Director 发烧友，在奥古多媒体网站(http://www.aougu.net)的组织下，将自行开发的常用行为程序共享，方便了广大 Director 用户的使用，提高了软件开发的效率。

中华行为库主要分为文本、交互、效果运动和媒体控制四个行为库，以 CST 外部演员表文件的格式存放，用户需要时从外部导入这些行为演员即可使用，使用前可打开行为的脚本窗口，查看相关的使用说明。中华行为库还在不断的添加与更新中，敬请大家多关注相关网站。

(1) 中华-文本行为。中华-文本行为库包括了动态文本提示、文本滚动条、域文本交互等 13 种行为，如图 8-63 所示。

图 8-63 中华-文本行为库

(2) 中华-交互行为。中华-交互行为库包括了与按钮、菜单、窗口等相关的 18 种交互行为，如图 8-64 所示，可以利用"使用次数、期限加密"行为脚本给自己的作品加密从而保护自己作品的知识产权，利用"拖拽判断"行为可以轻松实现课件中常见的匹配题的效果。

图 8-64 中华-交互行为库

(3) 中华-效果运动。中华-效果运动行为库主要提供了与动画效果相关的 33 种运动效果，包括雪花飘落、模拟 3D 旋转以及图片的过渡效果等，如图 8-65 所示。

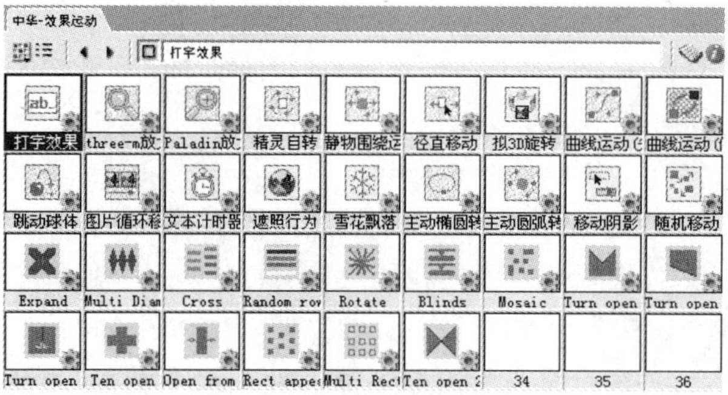

图 8-65 中华-效果运动

(4) 中华-元素控制。中华-元素控制主要提供了视频和 Flash 动画的控制效果,包括从控制按钮到播放进度条等全套的 Flash 控制交互脚本,如图 8-66 所示。

图 8-66 中华-元素控制

四、实验内容与步骤

(一) 作品内容框架的跳转

一般作品内容框架之间的跳转关系如图 8-67 所示,本实验将尝试在 Director 中实现这些跳转与链接。

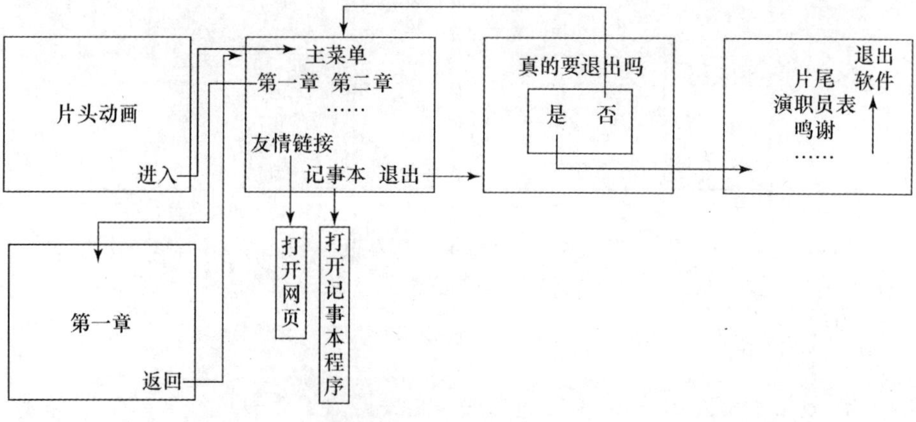

图 8-67 多媒体作品内容框架之间的跳转关系图

1. 片头

(1) 片头动画。关于动画制作技巧已经在实验七做了详细的介绍，这里我们仅用一个简单的移动缩放动画代替片头动画，但是为了配合随时单击进入的“Enter”按钮，需要把片头动画制作成一个 Film Loop。

(2) 进入按钮。

① 导入准备好的按钮不同状态的三张图片素材，如图 8-68 所示。

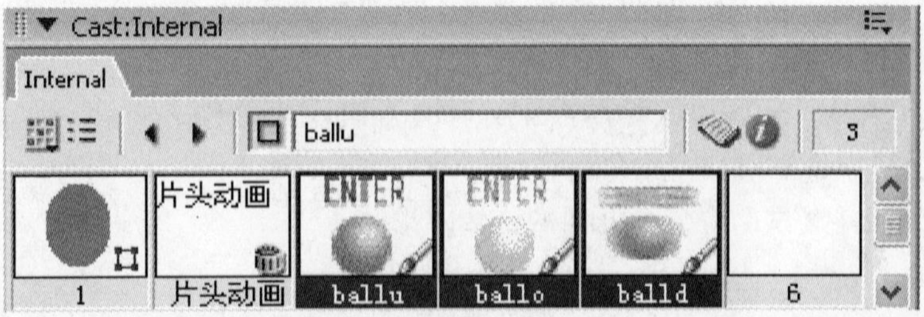

图 8-68 按钮的三张图片演员

② 选中 Cast 窗口中的空白窗口 6，单击快捷工具栏上“ ”按钮打开 Behavior Inspector 编辑窗口，添加新的行为进入按钮，设置：

mouseEnter→Sprite>Change Cast Member>ballo
Cursor>Change Cursor>Finger

mouseLeave→Sprite>Change Cast Member>ballu
Cursor>Restore Cursor

mouseDown→Sprite>Change Cast Member>balld
Cursor>Restore Cursor

mouseUp→Navigation>Go to marker>主菜单
Cursor>Restore Cursor

③ 将 Film Loop 演员“片头动画”拖动到 Score 窗口 Sprite 1 通道，设置为 1 帧。

④ 将“ballu”图片演员拖动到舞台右下角，Sprite 2 通道，设置为 1 帧。

⑤ 双击第 1 帧的帧脚本通道，在 Script 脚本窗口中输入“go to the frame”。

⑥ 将行为进入按钮拖动到 Sprite 2 Enter 按钮上。

(3) 上机实践，并测试按钮的交互效果。

(4) 保存影片，命名为“作品框架”。

2. 主菜单

(1) 电影之间的跳转。

① 制作一个影片“第一章”，与电影“作品框架”保存同一个目录下。

② 打开电影作品框架，设计一个简易的“主菜单”画面，放在影片的第 6 帧，并给该帧添加标记命名为“主菜单”，在帧脚本通道里添加“等待”脚本。

③ 打开 Library 的 Navigation 库，拖动“ ” Play Movie X 到舞台的“第一章”文字上，在弹出的对话框中输入“第一章”，如图 8-69 所示，即可实现跳转到影片“第一章”。

④ 单击播放按钮“ ”，单击舞台上的“第一章”，测试跳转效果。

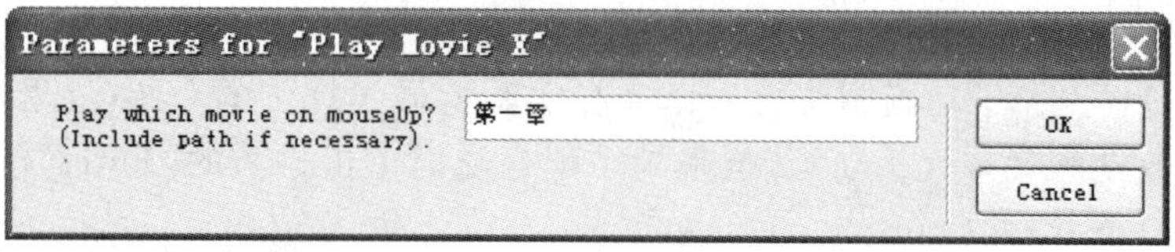

图 8-69　Play Movie X 对话框

⑤ 打开电影“第一章”，在 Tools 工具面板中选择 Classic 单击“ ” Push Button 按钮，在舞台的右下角拖动鼠标画出一个按钮，输入“返回”。

⑥ 鼠标右键单击“返回”，在菜单中选择 Script，输入 go to“主菜单” of movie “作品框架”--跳转到电影“作品框架”的“主菜单”标记。

⑦ 上机实践，并测试两个影片之间的跳转效果。

(2) 打开网页。

① 打开电影“作品框架”，打开 Library 的 Navigation 库，拖动“ ” Go to URL 到主菜单场景中的友情链接文字精灵上，在弹出的对话框中输入“http://www. scnu. edu. cn”，如图 8-70 所示。

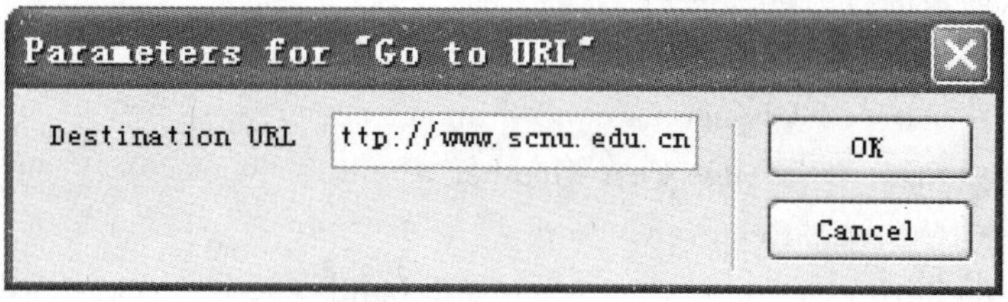

图 8-70　Go to URL 对话框

② 上机实践，并测试是否能够打开网页。

(3) 打开记事本。

① 找到 Windows 系统安装目录下的记事本应用程序“ ” notepad. exe，并将其拷贝到与电影作品框架同一个文件目录下。

② 在电影作品框架的主菜单场景中，选中记事本文字精灵，单击鼠标右键，在菜单中选择 Script，输入 open “notepad. exe”--打开应用程序“notepad. exe”。

③ 上机实践，并测试程序。

(4) 标记之间的跳转。

① 在主菜单场景中，选中“退出”文字精灵，单击鼠标右键，在菜单中选择 Script，输入 go to “退出”--跳转到当前电影的“退出”标记。

② 上机实践，并测试程序。

3. 退出

(1) 弹出对话框。

① 参考图 8-67 所示，设计一个简易的退出对话窗口，放在影片的第 50 帧，添加标记退出，并在帧脚本通道里添加等待脚本。

② 在退出场景中,选中"否",单击鼠标右键,在菜单中选择 Script,输入 go to "主菜单"--跳转到当前电影的"主菜单"标记。

③ 选中"是",单击鼠标右键,在菜单中选择 Script,输入 go to "片尾"--跳转到当前电影的"片尾"标记。

(2) 片尾。

① 大约在第 95 帧的位置加入一个标记片尾,并将播放头放在片尾标记的位置,设计一个从下到上的滚动字幕的效果,字幕上可以写上制作人员名单和鸣谢等信息。

② 在字幕动画的最后一帧的帧脚本输入"quit",即可退出程序。

(3) 上机实践,并测试程序,最终影片作品框架的 Score 窗口如图 8-71 所示。

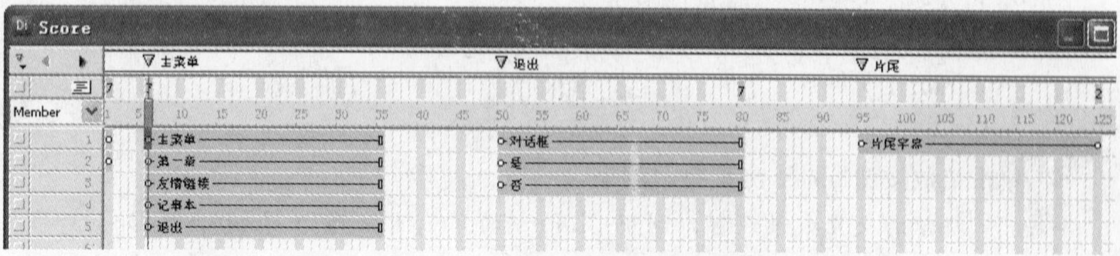

图 8-71 作品框架的 Score 窗口

(二) 课件中常用的互动行为

1. 提示效果

提示效果是课件中常用的一种互动行为,当鼠标移至英文单词或其他对象时右下方出现其中文解释或说明信息,如图 8-72 所示。

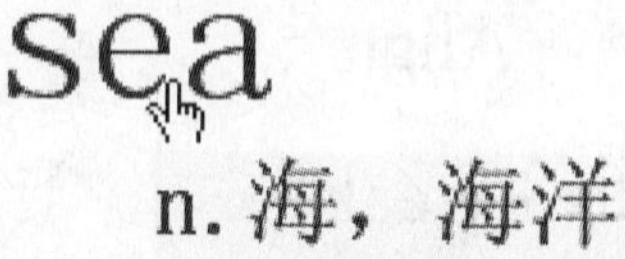

图 8-72 提示效果

(1) 利用 Text 文本编辑器,创建两个文本演员,分别为英文单词及其中文解释,并分别拖动到 Score 窗口的 Sprite 1 和 Sprite 2 通道上,在舞台上调整好他们的位置。

(2) 在 Score 窗口中,将 Sprite 2 起始帧改为第 10 帧,并添加标记"提示",如图 8-73 所示。

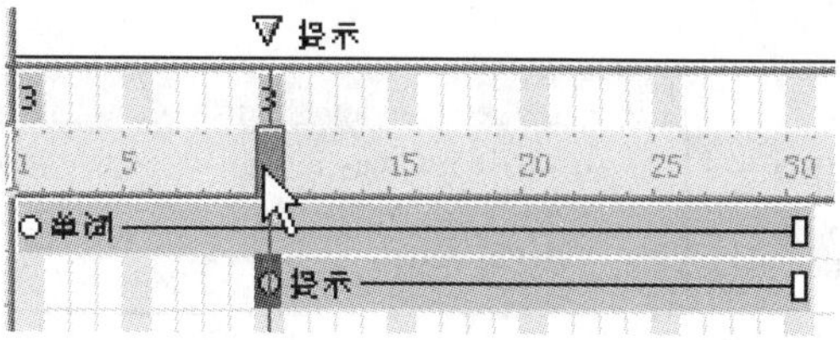

图 8-73 提示效果的 Score 窗口

(3) 分别在第 1 帧和第 10 帧的帧脚本通道，添加等待脚本：

```
on exitFrame me
    go to the frame
end
```

(4) 选中 Sprite 1 单击鼠标右键，添加脚本：

```
on mouseEnter me
  go to "提示"
  cursor 280
end
on mouseLeave me
  go to frame 1
  cursor-1
end
```

(5) 单击播放按钮"▸"，测试提示效果。

小提示：提示的交互效果还可以利用 Library 的 Controls 库的 Tooltip 和 Display Text 行为来实现，也可以利用 Behavior Inspector 自己创建的行为来实现，大家可以尝试一下。

2. 单项选择题

在如图 8-74 所示的单项选择题中，有且只能有一个选项被选中，而且正确选项有正确的反馈效果，错误的有错误的反馈效果。

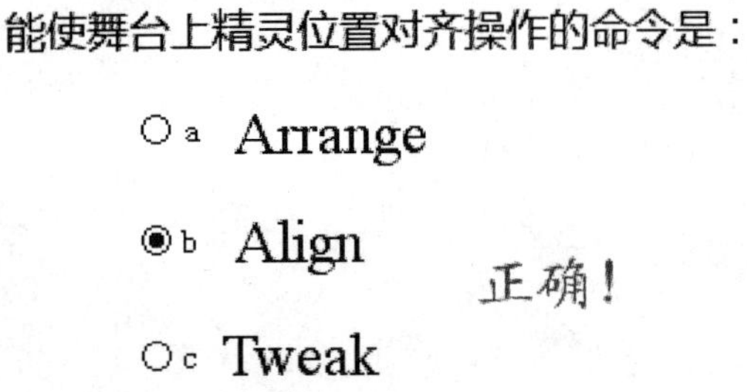

图 8-74 单项选择题

(1) 利用 Text 文本编辑工具和 Tools>classic 面板中的"◉" Radio Button 单选按钮编辑设计如图 8-74 所示的单项选择题。

(2) 打开 Controls 行为库，同时选中舞台上 a、b、c 三个按钮，拖动"⁝" Radio Button Group 行为放在三个按钮精灵上，在弹出的如图 8-75 所示的设置窗口中，输入该组的 ID 为"对齐"。

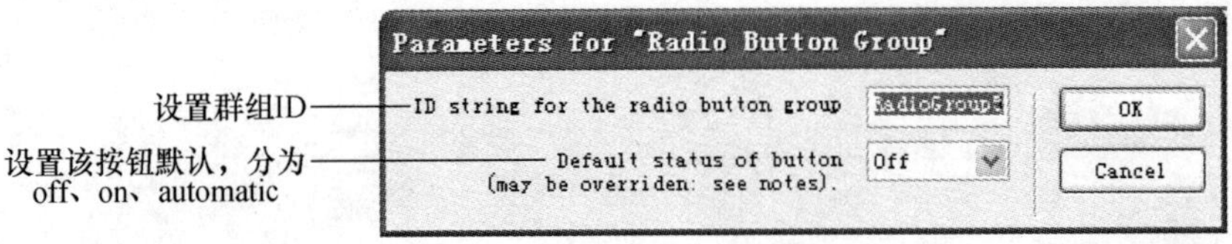

图 8-75 单选按钮群组设置窗口

(3) 在精灵通道上添加两个标记 right 和 wrong，分别在第 1 帧和这两个标记帧的帧脚本通道上添加等待行为：

```
on exitFrame me
   go to the frame
end
```

(4) 拖动正确的反馈信息的演员到 right 标记的帧，拖动错误的反馈信息演员到 wrong 标记的帧。

(5) 鼠标右键单击正确选项“b”，添加脚本：

```
on mouseUp me
   go to “right”
end
```

(6) 鼠标右键单击错误的选项“a”，添加脚本：

```
on mouseUp me
   go to “wrong”
end
```

并将该脚本行为演员拖动到其他的错误选项“c”上。

(7) 单击播放按钮“ ”，测试单选按钮的反馈效果。

3. 连线匹配题

如图 8-76 所示的连线匹配题，用户可以根据需要在舞台上画任意的线条。

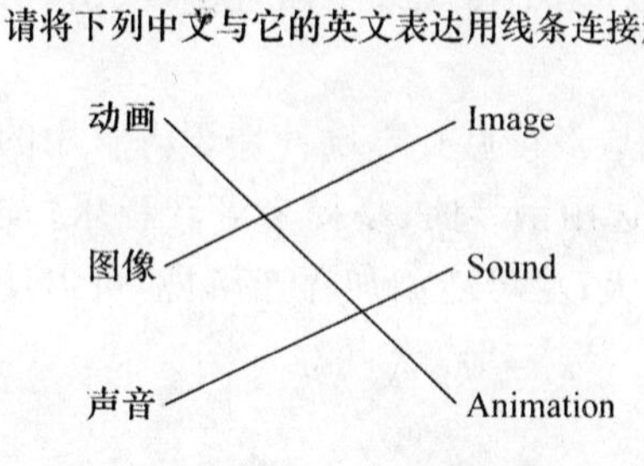

图 8-76　连线匹配题

(1) 利用 Text 文本编辑工具，在舞台上设计如图 8-76 所示的连线题。

(2) 利用 Tools 工具面板中的 Line 线条工具，在舞台外面画出三条直线。

(3) 打开 Controls 行为库，拖动“ ” Draw Connector 行为分别到这三条直线上。

(4) 单击播放按钮“ ”，测试画线的效果。

注意：对于画线题，答题正确和错误没有及时的反馈信息，我们通常在旁边添加一个按钮，单击可以查看参考答案。

(三) 多媒体作品交互界面的设计

1. 构图

利用隐喻设计方法，设计准备界面的元素与素材。

利用 Photoshop 等平面设计工具，遵循“九宫法/黄金分割法”的构图定律，注意主体或关键元素要占画面的较大比例，注意保持画面的平衡感。

2. 色彩设计

主色调：可以选用同色相，饱和度/透明值不同的颜色，以柔和的风格为主，避免大红大绿。

辅助色：可以选用对比色/反色/互补色，起点缀装饰作用，但不可喧宾夺主。

3. 人性化的交互设计

按钮的图形化设计：尽量避免文字链接式按钮，尽量给每个按钮设计一个有意义的图标，注意界面图形、按钮的统一协调。

常用的功能按钮要有固定的位置，方便用户能快速地找到需要的内容。

要有返回或后退等按钮设计，要能“进得去，走得出”。

可以根据自己的作品名称设计一个有趣的 Logo(品牌)。

4. 排版

在同一功能区块里，权重大的元素占的比例也相应大，适当形成对比。

给各元素留适当的安全距离，适当留白。

标题、按钮上的文字，要用正规端庄的字体，首选黑体类，如微软雅黑，慎用空心、异形类字体，不要用繁体字，可以适当运用英文字体来辅助设计。

内容文字一定要注意设置合适的行间距。

5. 添加多媒体元素

适当添加页面转场的动画效果，不需要太华丽，淡入淡出、滑入滑出之类即可，注意内容的切换速度，让眼睛反应过来。

注意在主题内容展示过程中，多花点心思设计知识讲解用的动画。

音效：添加背景音乐，建议选用钢琴曲、小提琴等轻音乐；按钮音效可有可无，或只是单击时有轻轻的一下，声音不宜过大；尽可能添加语音解说，可以使多媒体作品显得更亲切、更专业。

6. 关注细节设计

建议过一段时间再看看自己的设计，你一定会有新的发现，可以对某些细节设计进一步改进，“细节设计＝检查＋反复检查＋没完没了的检查”。

没有最好，只有更好，一个优秀的多媒体作品设计完成后，还需要在应用过程中，不断的修改完善。平时也要多注意观察别人作品的细节设计，多“借鉴”与参考优秀的作品，加上自己原创的东西，试图超越它。

五、实验讨论与评价

(一) 问题讨论

1. 在提示效果中，如果有一段文字内容，仅需要对其中一个单词添加提示信息，该如何处理?

2. 单项选择题中总会有一个被选中的选项，特别是程序一运行就有选项被选中，效果不太理想，如何解决这一问题？

3. 如何设计一个动态按钮，鼠标移进时变大，移出变小？

(二) 评价方法

学生自评、小组同学互评与教师点评相结合。

六、实验报告

完成撰写实验报告，注意写明实验过程中遇到的问题和解决方法。

实验九　Lingo基础及其应用

一、实验目的

1. 掌握 Lingo 语言的基本组成和语法规则。
2. 能够利用 Lingo 语言设计简单的交互程序脚本。

二、实验设备与相关软件

1. 能够连接 Internet 的多媒体计算机。
2. Director 等软件。

三、实验基本理论

(一) Lingo 语言基础

1. Lingo 语言简介

Director 支持 Lingo 和 JavaScript 两种编程语言，本书将重点介绍 Lingo 语言。

Lingo 是一种 Director 所特有的、面向对象(Object-Oriented Programming，简称 OOP)的编程语言，OOP 就是把程序和对象结合起来，在 Director 中程序就是 Lingo 或 JavaScript 代码，对象就是演员、精灵、帧或整个电影；OOP 具有继承性，程序只需写一遍，就能够运用于多个对象。

Lingo 是一种事件驱动的结构，程序的运行靠触发事件来完成，Lingo 是在 C 语言的基础上建立起来的，在很多地方都看到 C 语言的影子，例如：if 语句、case 语句等，但它比 C 语言更接近一般的英文书写格式，是最易理解的高级语言。

2. 编写 Lingo 的基本工具

(1) Script 窗口。Script 窗口主要用来键入脚本命令。单击""脚本按钮即可打开如图 9-1 所示的 Script 窗口，可以直接输入和编辑脚本。当不确定某常用 Lingo 命令的书写时，可以通过单击窗口中的""按钮或者 Script 窗口左侧的 Lingo 字典插入所需要的 Lingo 命令或函数，单击其中任一个按钮，从它的下拉菜单中选择 Lingo 命令时，Director 将会把所选择的 Lingo 命令插入到光标插入点所在的位置。如果所插入的 Lingo 命令带有参数设置，Lingo 会在需要的位置显示参数占位符，并将该参数占位符高亮度显示，如图 9-2 所示。

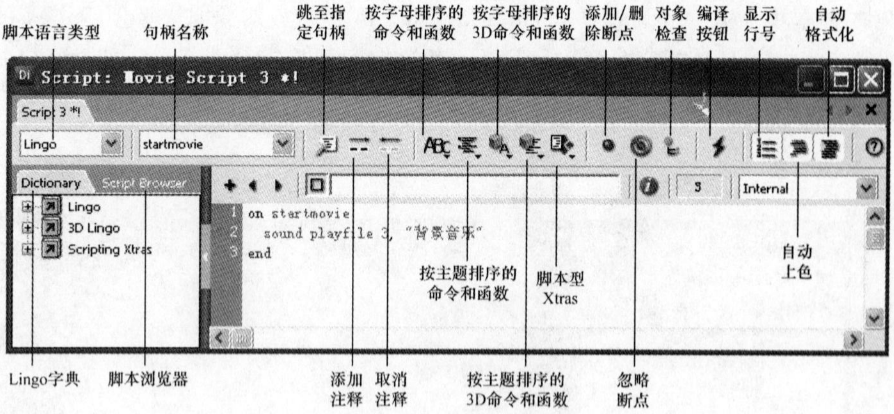

图 9-1　Script 窗口

```
on shijiandao
  _player.alert(displayString)
end
```

图 9-2　利用辅助工具输入脚本

(2) Message 窗口。Message 窗口可以用来键入单句的 Lingo 命令，显示某些程序产生的消息，是 Director 中最基本的脚本调试窗口。单击快捷工具栏中的“ ”按钮或者按“Ctrl＋M”组合键打开 Message 窗口，如图 9-3 所示。Message 窗口主要分为两个部分，上方用来编写程序，下方显示程序返回的结果。单击 Message 窗口中的 Trace 按钮，可以跟踪正在运行的脚本行为，并在 Message 窗口中返回执行的情况。在 Message 窗口中执行指令及测试命令，通常用 put 指令返回测试结果。Message 窗口不仅可以返回文字信息，也可以返回声音，例如输入“voiceSpeak”(“Welcome to Guangzhou”)，测试一下会有怎样的响应。

(3) Debugger 调试器。Debugger 调试器为查找 Lingo 脚本中的错误指令提供了非常实用的工具。如果要使用 Debugger 调试器，必须在脚本中加入一个断点。当 Director 遇到错误的脚本或运行到脚本断点的时候，就会产生中断，弹出 Script Error 对话框，如图 9-4 所示，对话框中显示了发生错误的类型，并询问是否调试脚本、在 Script 窗口中编辑脚本或取消操作。

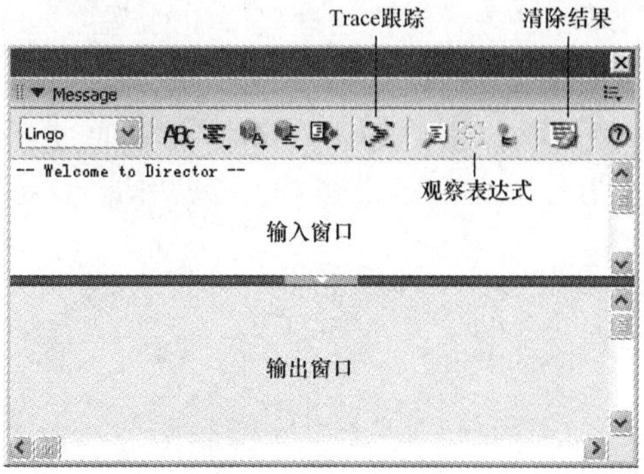

图 9-3　Message 窗口

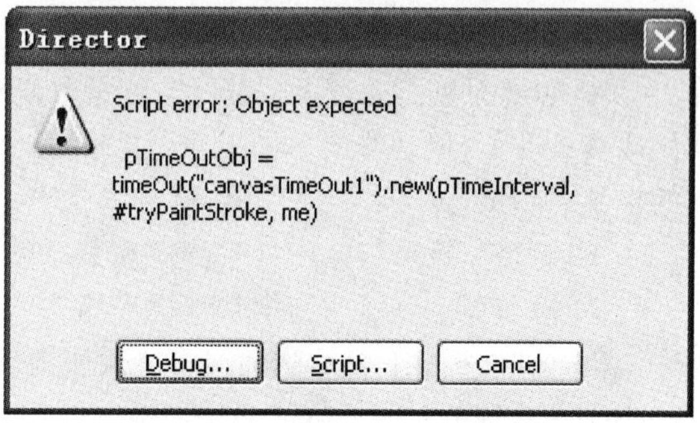

图 9-4　Script Error 对话框

如果在脚本中加入一个断点，当 Director 运行到断点处时，脚本就会停止执行，Script 窗口转变为 Debugger 窗口。在 Script Error 对话框中单击 Debugger 按钮也可以打开 Debugger 调试器窗口，如图 9-5 所示。

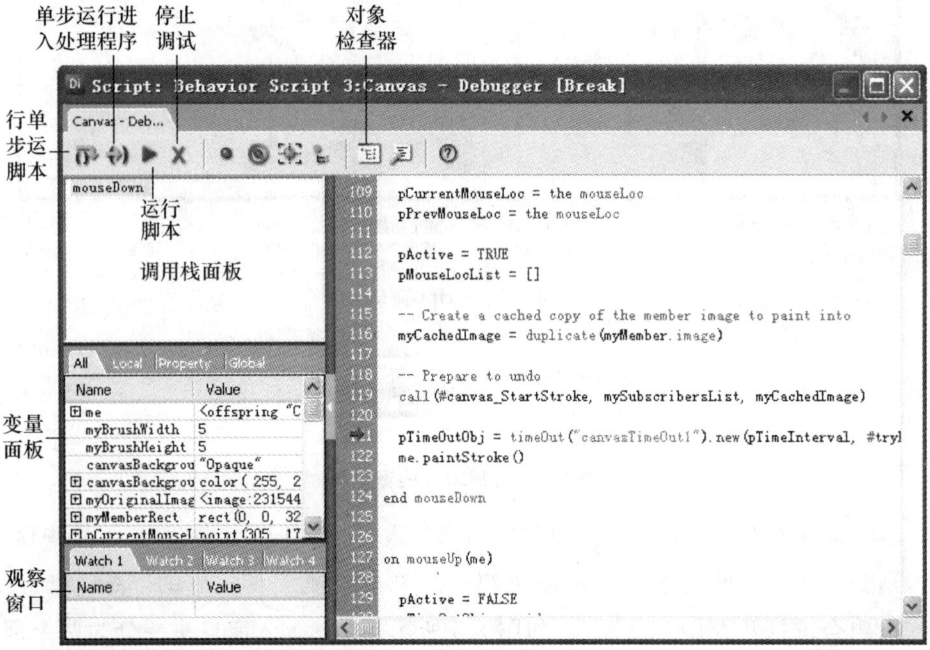

图 9-5 Debugger 窗口

从图上可看到，在 Debugger 窗口中，第 121 行的左侧有一个绿色的箭头，表示该行的 Lingo 命令为运行中断的语句，经过检查发现这是 Director Paint 行为库中 Canvas 画布行为的一个 bug，将改行语句，修改为以下脚本：

pTimeOutObj = timeOut().new("canvasTimeOut1", pTimeInterval, #tryPaintStroke, me)

① 调用栈面板。调用栈面板显示电影在运行当前 Lingo 命令行前所调用的嵌套处理程序序列，该序列一般被称为调用栈。使用调用栈面板可以对 Lingo 脚本中的处理程序结构进行跟踪。单击调用栈中任一个处理程序的名称，都可以查看与该处理程序相对应的 Lingo 脚本，同时，与该处理程序相对应的变量也会显示在变量面板中。

② 变量面板。变量面板显示与当前处理程序相关联的各个变量及其值，可以通过双击修改变量的值，但是修改后的变量及其值都会显示为红色。变量面板有四个用来查看变量的标签：

All 标签：显示与选中处理程序相关联的所有全局变量和局部变量。

Local 标签：显示与选中处理程序相关联的所有局部变量。

Property 标签：显示当前脚本中声明的属性。

Global 标签：显示与选中处理程序相关联的所有全局变量。

③ 观察窗口。使用 Watcher 变量观察窗口不仅可以查看与当前处理程序相关联的变量和数据对象，还可以查看与其他处理程序相关联的数据对象。双击 Watcher 变量观察窗口中

Name列的任一个方格，输入对象的名称，就可以将对象添加到Watcher面板中，可以对它们的数值及其变化进行跟踪。在Lingo命令运行的时候，如果对象的值改变，对象名称和数值都会变成红色。

3. 脚本的类型(Types of Scripts)

脚本是包含了语句、结构和信息的文字组合，在Lingo中所有编写的程序都可以被叫做脚本。脚本也可以包含多个语句，也可以只包含一个语句：如

```
on mouseup
    beep
end
```

Lingo脚本的基本结构是以on开头，以end结尾。脚本里可以有多个句柄，但是同名的句柄只能有一个。

Director的脚本有四大类型：

Behavior Script行为脚本，Script of Cast Member演员脚本，Movie Script电影脚本，Parent Script父脚本。

(1) 行为脚本。行为脚本只有被添加到精灵或帧上才能起作用，包括Frame Script帧脚本和Sprite Script精灵脚本两种类型。一个精灵可以附加有多个行为脚本，但一个帧只能附加一个行为。行为脚本的图标为"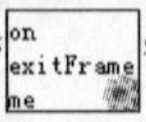

"。

① 帧脚本(Frame Script)。帧脚本写在帧脚本通道中，播放头在进入、退出或是停留在这帧中的时候就会执行Frame脚本，主要处理画面播放过程中所定义的程序事件，一直执行到电影停止播放为止。常用的Frame脚本事件有：

on enterFrame --当播放头进入该帧的时候。

on exitFrame --当播放头离开该帧的时候。

on prepareFrame --当播放头预备要显示该帧的时候。

② 精灵脚本(Sprite Script)。精灵脚本总是附在精灵上，当对该精灵的一系列交互操作中才会起作用，精灵脚本中常用的事件主要有：On mouseDown（鼠标按下)、On mousUp(鼠标弹起)、On mouseLeave(鼠标离开)、On mouseWithin(鼠标在对象内)。

例如，我们可以在一精灵脚本中输入：

```
--当鼠标在一精灵上弹起时，播放头跳转到第15帧
On mouseUp
    go to frame 15
End
```

(2) 演员脚本。在Cast演员表窗口中选定一个非脚本类型的演员，然后单击演员窗口中的"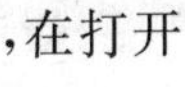" Cast Member Script按钮，或者选择鼠标右键菜单里面的"Cast member Script"命令，在打开的脚本窗口中编写的就是演员脚本。演员脚本就像其图标一样是附着在演员上的，其图标为"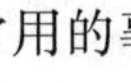"。

演员脚本常用的事件和精灵脚本基本相同，均用于处理鼠标或键盘与演员对象间的交互，如mouseUp、KeyDown等。它们的不同之处在于一个Cast可以对应多个Sprite，当我们编写了一个Cast脚本之后，电影中所有由该演员生成的Sprite都具有相同的脚本。例如，我们可以在一图形演员脚本中输入：

```
--鼠标进入时光标变为手指,出来时还原为箭头
on mouseEnter
   cursor 280
end
on mouseLeave
   cursor-1
end
```

然后利用这一图形演员,通过改变前景色等属性,创建不同的按钮精灵,再给这些精灵分别添加跳转到不同位置的脚本。由此可见,我们可以把精灵共有的交互动作写在演员脚本中,精灵个性化的交互程序写在各自的精灵脚本中。

(3) 电影脚本。电影脚本是一种全局脚本,不依赖任何一个 Cast、Sprite 或 Frame。电影播放时,电影脚本独立存在于内存中,在整个播放过程中都起作用。凡是在电影中全局性的、通用性的交互程序都在这里写的,电影开始和结束的时候发生的命令也要写进电影脚本中,比如,电影一开始播放背景音乐,或者定义一些全局变量等。电影脚本的图标为"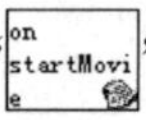

"。电影脚本特有的一些事件:

On StartMovie:电影开始的时候。

On PrepareMovie:电影播放前。

On StopMovie:电影结束的时候。

On idle:系统空闲的时候,没有任何脚本被执行的时候。

(4) 父脚本。父脚本是用来创建子对象的脚本,它就像一个模板,用来表示一个对象的属性和所要执行的程序,即对象的方法。子对象是具有自包含性和独立性的父脚本实例,同一类子对象对事件和消息的反应是相似的。也就是说,父脚本定义了所有子对象的公共属性,而每一个子对象虽然继承了父脚本的某些属性,但是又具有自身的属性,且各个子对象之间又不都是完全相同的,而是互相独立的。

下面来创建一个简单的父脚本及其子对象。

① 单击快捷工具栏上的"" Script 按钮打开脚本编辑窗口,输入代码,并将这个脚本演员起名为"parent":

```
on new me
   return me
end
```

② 选择 Cast 窗口中的"parent"脚本演员,从 Property Inspector 中的 Script 选项卡中 Type 类型下拉菜单中选择 parent,即父脚本,如图 9-6 所示。

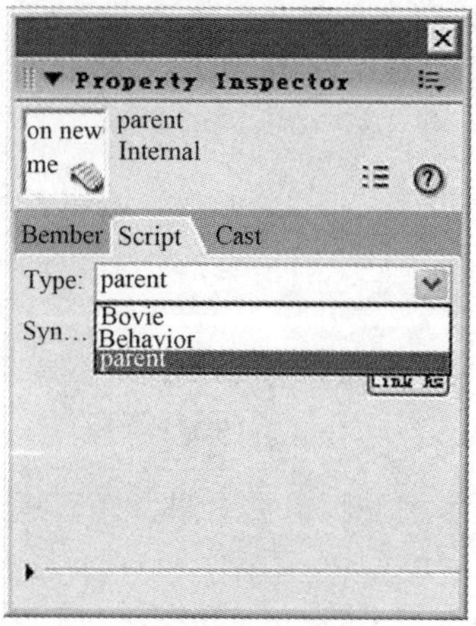

图 9-6 选择脚本类型

至此,一个父脚本就建立了,它在演员表窗口中的图标为"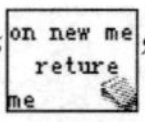

"。

我们再来创建一个基于上述父脚本的子对象。单击快捷工具栏上的"" Message 按钮,打开 Message 窗口,

输入代码：

```
child01=new(script"parent")     --创建了父脚本"parent"的一个子对象"child01"
put child01                     --输出子对象
```

输出结果：

--<offspring "parent" 2 317e4ec>

结果中 offspring "parent" 2 代表"child01"是"parent"父脚本的一个子对象或者说是它的一个后代；"317e4ec"是这个子对象的唯一标识符，在不同的机器以及每次创建新的对象时它会是不同的。

小提示：rawnew()函数也可以创建子对象，但是 new()函数和 rawnew()函数创建的子对象是有差别的。前者会激活 new()处理程序，在建立子对象之后会立即执行父脚本内的其他相关程序。后者只创建一个子对象不执行处理程序，因此，用 rawnew()创建子对象比 new()快 50%。

4. 事件(Events)和消息(Message)

事件是系统要执行的各项命令或者说是系统对外界输入的反应。Director 是一种事件驱动的结构，只有某个事件发生的时候，才会执行相应的动作，因此，事件是开发者认为最重要的活动。在 Lingo 中，事件就相当于处理程序名，即句柄。有些事件是用户行为，如 mouseUp 和 keyUp；而另一些事件则是由系统生成的，如 timeout。因此，我们可以将事件分为两大类：系统事件(System Events)和自定义事件(User-defined Events)。

(1) 系统事件。系统事件是指 Lingo 或 JavaScript 中存在的内部事件，这类事件在使用时无需用户定义，直接使用即可。例如当播放头进入某一帧的时候(on Enterframe)、当某精灵被单击的时候(on mouseUp)等。

(2) 自定义事件。自定义事件在使用时需要定义，自定义的事件名称与系统内部事件、函数或命令的名称不能相同，其形式与系统内部事件基本相同。如自定义一个事件，当精灵的背景颜色从红色变为蓝色时发生或一种声音播放五次时发生等。自定义事件一般放在电影脚本程序中，从而使整部电影都能使用。

自定义事件的语法结构如下：

```
on customEvent
statement(s)
end
```

其中，customEvent 是自定义事件的名称，statement(s)是自定义事件中的 Lingo 命令。自定义事件定义好之后，就要有脚本对它进行调用，自定义事件的调用还需要通过系统事件来实现，调用自定义事件的语法结构如下：

```
on systemEvent
statement(s)
customEvent
end
```

其中，systemEvent 表示系统事件的名称，statement(s)是系统事件中的 Lingo 命令。

(3) 消息。当有事件发生时，需要通知脚本并引发其开始执行，这个任务是由系统消息来完成的。系统消息可以看成是事件和脚本之间的通讯员，它是由计算机系统对特定的事件产生的反应。

一个事件发生的同时都会产生一条系统消息。但是，除非这些系统消息被 Director 接收到，否则它们将被忽略。被接收到的消息将触发相应脚本中的一个或多个命令所指定的动作。表 9-1 列出了最常用的事件和消息。

表 9-1 事件与消息的对照关系

事件	消息
窗口被激活	activateWindow
关闭一个窗口	closeWindow
使窗口无效	deactivateWindow
播放头进入某一帧	enterFrame
播放头退出某一帧	exitFrame
空闲(无任何其他事件)	idle
按下某键	keyDown
松开某键	keyUp
按下鼠标	mouseDown
松开鼠标	mouseUp
电影开始播放	startMovie
电影停止播放	stopMovie

消息表示电影在播放过程中发生了什么，句柄包含了如何执行某种操作。事件发生时，Director 会自动发送相应的消息，相应的消息就由相应的句柄来响应，当一个对象(包括电影、演员、精灵、帧)收到某种消息时，就会执行句柄中的语句。用户所要做的工作就是创建句柄中的语句，也就是响应消息的操作。

(4) 事件的分发。事件发生之后，Director 对它的处理叫做事件的分发，如果有相应的句柄处理，就称为分发成功，否则，就是分发不成功，Director 即忽略或是丢弃此事件，认为无响应。由此可见，Lingo 工作的基本机制可以表示为：事件→消息→事件的分发→响应消息的脚本。

事件的分发是有等级的，按照等级从高到低，依次为：精灵脚本＞演员脚本＞帧脚本＞电影脚本。

Director 优先将事件分发给精灵，如果精灵脚本包含有相应的响应消息的句柄，则分发成功，否则，事件向下一级分发，即向演员脚本分发，如果上两个脚本没有操作，则分发给帧脚本，分发事件的最后一级是电影脚本，如果没有任何脚本响应事件，则会丢弃该事件。

5. Lingo 的语法

Lingo 语句很像一般的英语，一个语句是一个可执行的独立句子。它具有如下书写习惯：

第一，Lingo 语句中的单词是以空格(Space)为间隔的，两个单词间隔一个空格与多个空格是等价的，但对于字符串引号(“”)中包含的字符，一个空格被认为是一个字符。

第二，lingo 语句中忽略大小写，允许用户根据自己的喜好使用大写或小写。

第三，在脚本中加入注释的方法为在所写的注释前加上两个减号“--”，“--”之后的文本被 Lingo 认为是注释的部分。注释是不被执行的代码，但通过对某些复杂执行语句的注释，使读者更易于读懂程序，也更有利于程序员之间的交流。

(1) Lingo 的基本组成。Lingo 使用各种部件(Element)组合成语句，用以传递信息和控制电影。根据各部件所担任的工作不同，分类如下表 9-2 所示。

表 9-2　Lingo 中各部件的分类

部件	作用
命令	电影播放时告诉电影执行某种操作
函数	经过运算或判断给出一个值
关键字	因为有特别的含义，被 Lingo 保留的单词
属性	表示对象的某种性质
运算符	运算的符号

(2) 变量。变量是程序中可以变化的量。Lingo 中没有常量的概念，只要不改变变量的值，它实际上就起到了常量的作用。

① 变量的赋值。Lingo 不必事先声明变量的数据类型，它能自动识别。通过赋值运算符"＝"给一个变量赋值，格式如下：

变量名＝变量值

例如，pName＝"zhangflower"，定义了一个名称为 pName 的字符串变量。

② 变量的命名。与其他编程语言一样，在 Director 中对变量的命名也有一定的规则和限制，变量命名规则如下：

第一，变量名必须以字母开头，可以由字母、数字、美元符号(MYM)和下划线组成，如 myName、string001、at_6 等。

第二，不能使用 Lingo 语言中的关键字或保留字作为变量名，如 False、me、enterFrame 等均不能作为变量名。

第三，Lingo 语言是不区分大小写的，因此，名称为 myName 和 MyName 的两个变量实际上表示的是同一个变量。

良好的命名习惯可以为团队合作开发推波助澜，无论在项目开发过程中还是在后期的维护上都能起到非常重要的作用。变量命名时，切忌胡拼乱凑，要尽可能表达出变量所要代表的意思。比如，myFile 一看就知道是一个与文件有关的变量，而诸如 a、b、c 之类的变量名，如果不为代码加上注释，不要说其他人看不懂变量代表的内容，就连开发者本人过一段时间再去看代码，也是一件很费劲的事。因此，掌握通用的一些变量命名方法有助于提高代码的通用性和可读性，目前常用的变量命名方法主要有匈牙利命名法、骆驼命名法和帕斯卡命名法。

匈牙利命名法

匈牙利命名法是由一位匈牙利的程序员 Charles Simonyi 发明的，其基本原则是：变量名＝属性＋类型＋对象描述，其中每一对象的名称都要求有明确的含义。例如，要命名一个变量来记录当前背景音乐播放的状态，可以将变量命名为 g_bMusicOn，g_表示是一个全局变量，b 表示变量的数据类型为布尔型，MusicOn 表示播放背景音乐。

匈牙利命名法的关键是：变量名以一个或者多个小写字母开头作为前缀，前缀之后是首字母大写的一个单词或多个单词的组合，该单词要指明变量的用途。

骆驼命名法

骆驼命名法是近年开始流行的一种命名方法，正如它的名称所描述的那样，是指混合使用大小写字母来构成变量和函数名称的一种命名方法。如 authorName 表示与作者姓名相关的变量，traceOpratorTimes()则是一个表明跟踪操作次数的函数。

帕斯卡命名法

帕斯卡命名法与骆驼命名法类似，只不过骆驼命名法首字母小写，而帕斯卡命名法的首字母是大写，如 UserName 表示用户名称的变量，DisplayInfo()为显示信息的一个函数。

● 全局变量与局部变量

根据变量作用域的不同，可分为全局变量与局部变量。

全局变量(Global Variable)指的是可以在句柄、脚本和电影之间共享的变量。在程序运行中，全局变量一旦声明，就会一直存在，直到 Director 发出 ClearGlobals()命令清除或退出电影程序为止。每一个声明了全局变量的句柄都可以引用、访问和更改全局变量的值，一旦全局变量的值被改变，所有使用了该全局变量的句柄中的值都会随着改变。

局部变量(Local Variable)是 Lingo 中的默认变量，只在定义它的句柄内有效，当这个句柄执行完以后，变量就会被释放。因此，在不同的句柄中可以使用相同的局部变量名。

声明全局变量的方法是使用关键字(Global)，只要没有用(Global)声明的变量就被 Lingo 自动认作是局部变量。

如果要同时声明多个全局变量，可以将声明放在同一行语句中，也可以将声明分开单独成行，例如：

```
global g_sName, g_sAge, g_sAddress
```

或是：

```
global g_sName
global g_sAge
global g_sAddress
```

两种全局变量的声明方法都是正确的。我们还可以通过 showglobals()方法列举所有全局变量的变量名和值。

● 属性变量

属性变量经常用在行为脚本或父脚本中，用关键字 Property 来定义，在使用前也需要先声明。属性变量在内存中保留的时间与包含它的对象存在的时间一样长。可以在脚本编辑窗口的顶端或同一脚本中任何句柄的外部声明属性变量。属性变量一旦声明就可以被同一脚本中的任何句柄访问。因此，属性变量的作用域大于只能在某个句柄中有效的局部变量，但小于在整个电影的任何位置都有效的全局变量的作用域。

(3) 运算符。运算符是用来操作数据和比较信息的符号，Director 中的运算符主要包括算术运算符、逻辑运算符、赋值运算符、比较运算符和字符串运算符等。

① 算术运算符。Lingo 中的算术运算符主要用来执行加法、减法、乘法、除法和其他一些数学运算，圆括号“()”和负号“－”都属于算术运算符，如表 9-3 所示为 Director 中的算术运算符以及它们的作用和优先级。

表 9-3 Director 中的算术运算符

运算符	含义	优先级
( )	组合其中的表达式,使其首先计算	5
—	负号	5
Mod	求余	4
*	乘号	4
/	除号	4
+	加号	3
—	减号	3

在 Lingo 中,当所有的操作数为整数时,结果才为整数,而只要包含有一个浮点数的所有运算结果场为浮点数。当两个整数相除不能除尽时,Lingo 不会给出小数部分,不会进行四舍五入判断,小数部分一概抛弃。

不同类型的变量之间可以通过相应函数进行转换。

String():将括号中的内容转换为字符串类型。

Float():将括号中的内容转换为浮点数据类型。

Integer():将括号中的内容转换为整数类型。

试一试 在 Massage 窗口中输入:

```
Put 9/2
Put 9/2.0
Put 9/Interger(2.0)
```

注意查看输出结果有什么不同,为什么?

② 逻辑运算符。逻辑运算主要用来判断两个逻辑表达式的结果是 TURE 还是 FALSE。Lingo 中的逻辑运算符包括:and(与)、or(或)和 not(非),常用于条件语句中,判断条件是否成立。其中"and"用来判断运算符两边的逻辑表达式是否都为真,只要有一个为假,返回值就为 0,例如:

Mynum>60 and mynum<90

则,Mynum 的值如果在 60 和 90 之间,该表达式返回值为真。

"or"用来判断运算符两边的逻辑表达式中任意一个结果是否为真,只要有一个为真,返回值就为 1,例如:

sprite(1). left<0 or sprite(1). right>(the stageright-the stageleft)

该表达式判断的是只要 sprite 1 的左边框或者右边框超出了舞台范围,该表达式返回值就为真。

"not"用来将一个逻辑表达式的值变为与之相反的值,也是非常有用的,例如:

sprite(1). filpH=not sprite(1). filpH

因为 sprite(1). filpH 本身只有 0 或 1 两个值,该表达式可以使得 sprite 1 进行水平翻转。

③ 比较运算符。比较运算符主要用来对两个数值进行比较,其结果为 TURE 或者

FALSE，比较运算符包括＝（等于）、＞（大于）、＜（小于）、＜＞（不等于）、＞＝（大于或等于）、＜＝（小于或等于）。

> **试一试** 在Massage窗口中输入下列表达式，体会一下各个比较运算符的运算：
> Put 1＜2
> Put 1＜＝2
> Put 1＞2
> Put 1＞＝2
> Put 1＜＞2

④ 字符串运算符。字符串运算符是用来连接和定义字符串变量的，常用的有三个连接运算符："、&& 和 &。

“”是字符串开始和结束的标记，我们经常利用 char、word 和 item 等关键词获取字符串里面包含的相关数据。

> **试一试** 在Massage窗口中输入下列表达式，测试输出结果。
> mystring＝“hello world”
> put Mystring1
> put mystring1. char[3]
> put mystring1. word[2]
> put mystring1. char[2. . 4]
> mystring2＝“one，two，three，four”
> put mystring2. item[3]
> “&”用来将两个字符串连接在一起；“&&”连接两个字符串，并在两个字符串之间插入一个空格。

> **试一试** 在Massage窗口中输入下列表达式，体会一下 && 和 & 连接符的不同效果：
> Put “Hello” & “world!”
> Put “Hello” && “world!”

(4) 表达式。在 Lingo 中，表达式可以简化为一个数值，也可以是一个字符串或是一个算式，将各种数值、变量和函数返回值等数据通过运算符按一定的规则连接起来，能够表达特定信息的式子就是表达式。如：

i＝i＋3

put “Welcome to Guangzhou!”

在 Director 中，表达式主要用来对各种类型的数据进行添加、删除、排序、提取和运算等操作，可以说每一段程序代码都是由多个表达式组成的。

6. 程序流程控制

在编程过程中，掌握并合理使用各种流程控制，不仅可以使程序功能变得更加强大，而且能大大提高程序的执行效率。在 Lingo 语言中,常用的流程控制有顺序结构、条件结构和循环结构。

(1) 顺序结构。顺序结构是流程控制中最基本、最常用的结构。在该结构中,程序自始至终按照语句排列的顺序一条一条地执行,不出现流程的控制转移,如图 9-7 所示。顺序程序设计就是把需要处理的问题分解,按顺序排列下来,然后使用命令来实现。

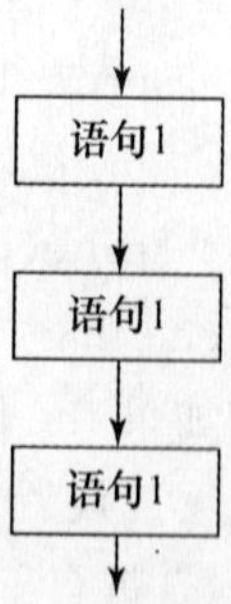

图 9-7　顺序结构

组成顺序结构的语句大都是最基本的语句,用于描述简单的操作,包括赋值语句和输入、输出语句以及一些导航语句等。例如:

```
on mouseDown
   sprite(4). locV=sprite(4). locV-1
   sprite(5). locV=sprite(5). locV-1
   sprite(6). locV=sprite(6). locV-1
end
```

当鼠标按下的时候,舞台上精灵 sprite 4、sprite 5 和 sprite 6 同时上移一个像素的效果。

(2) 分支结构。人们认为计算机之所以聪明的原因在于计算机程序具有判断的能力,它可以对一些数据的结果进行智能判断,从而给人们提出解决问题的方案,如图 9-8 所示的是分支程序结构的流程图。

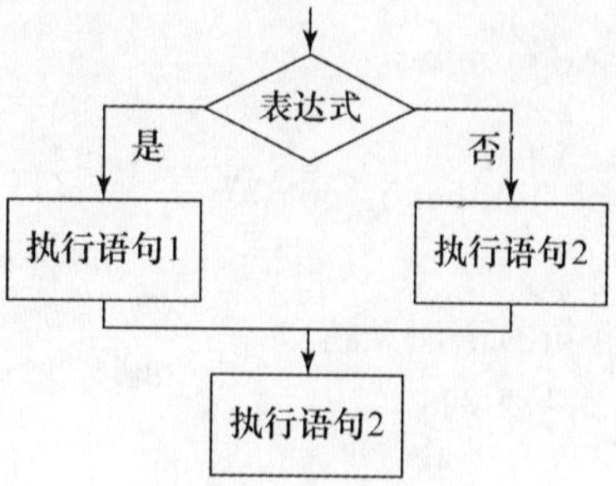

图 9-8　分支结构

条件语句通过判断一个逻辑表达式的值是 True 还是 False,确定动作的选择。其形式主要有以下几种类型。

① 简单的 if... then... 语句。简单的 if... then... 语句是一种简单的判断语句,它分为单句执行语句和多句执行语句两种结构类型。

单句执行语句的语法:

if 逻辑表达式 then 单行执行语句

例如,if sprite(1). memberNum>10 then go 1

假如 sprite 1 的演员表序号>10,条件成立,则执行 then 后面的语句,播放头跳转到第 1 帧;如果条件不成立,则 then 指定的动作不执行。

多行执行语句的语法:

```
if 逻辑表达式 then
  多行执行语句
end if
```

当我们在一个条件之后要执行多种操作时,需要使用多句执行语句。这类语句可以在

then 关键词后面列出多行执行语句，例如：

```
if the frame >15 then
  sprite(1).member=member(i)
  sprite(5).visible=1
  sprite(me.spritenum).blend=30
end if
```

如果 the frame>15 的值为真，那么系统将替换 sprite 1，将 sprite 5 隐藏，并将精灵自身的透明度设置为 30。

② 带有 else 的分支结构。这里的 else 可以理解为“否则”，即当逻辑表达式值为真时，执行 then 后面的语句，当逻辑表达式值为假时，执行 else 后面的语句。其语法格式如下：

```
if 逻辑表达式 then
  多行执行语句
else
  多行执行语句
end if
```

例如：

```
If num =7 then
        Put "you entered the number 7"
  else
       Put "you entered the number is not 7"
end if
```

③ 多行 if 语句。多行 if 语句的语法结构如下：

```
if 逻辑表达式 1 then
    多行执行语句 1
  else if 逻辑表达式 2 then
    多行执行语句 2
  else
    多行执行语句 3
end if
```

例如：

```
if num =7 then
        put "you entered the number 7"
  else if num=9 then
        put "you entered the number 9"
  else
        put "you entered anther number"
end if
```

④ if 语句的嵌套。有时候需要对多个条件进行判断，并做出相应的选择，执行某种操作，可以通过 if 语句的嵌套来实现，其语法结构如下：

```
if 逻辑表达式 1 then
   多行执行语句 1
  if 逻辑表达式 2 then
   多行执行语句 2
  else
   多行执行语句 3
  end if
else
  多行执行语句 4
  if 逻辑表达式 3 then
  多行执行语句 5
  else
   多行执行语句 6
  end if
end if
```

上述的嵌套只进行了两层，Lingo 语言支持多达 32 层的嵌套，但任何超过 4 层的嵌套都可能使程序变得非常难以理解，因此要慎用嵌套。在使用嵌套的过程中，如果语法正确，Director 将会自动缩进，帮助程序员分清哪个 if 和哪个 end if 相匹配，在使用嵌套的 if 语句时，很容易多加或漏掉相应的 end if。

⑤ case 语句。为了实现计算机能针对用户输入的不同数据显示不同的内容的要求，使用 case 语句是最方便的，其语法结构如下：

```
case 数值表达式 of
  数值 1：
  多行执行语句 1
  数值 2：
  多行执行语句 2
  数值 3：
  多行执行语句 3
      …
  {otherwise
    多行执行语句 n}
end case
```

例如：

```
case num of
      7：put  "you entered the number 7"
      9：put  "you entered the number 9"
    otherwise
             put "you entered anther number"
  end case
```

(3) 循环结构。在很多实际问题中,经常会遇到要求进行许多有规律性的重复运算,因此,在程序中需要反复执行某些语句。一组被重复执行的语句称为循环体语句,每重复执行一次循环体语句,都必须进行是否终止循环的判断。决定是否终止循环的条件称为循环终止条件。所以循环语句是由循环体语句和循环终止条件两部分组成的。在不满足循环终止条件时循环结构会反复执行循环体语句,一旦满足循环终止条件就跳出循环,其流程如图 9-9 所示。

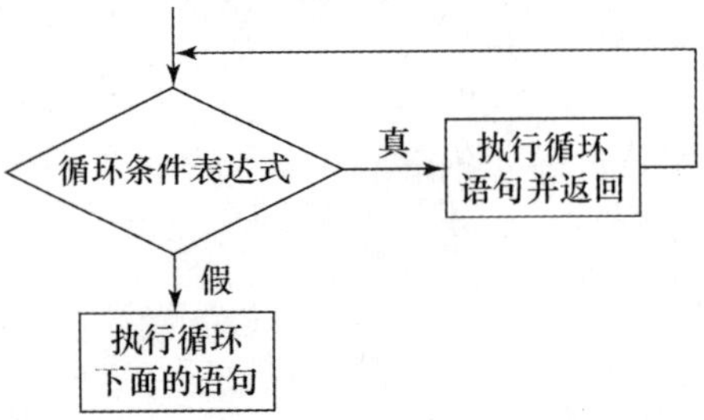

图 9-9 循环结构

在 Lingo 中,通过 repeat 语句来实现循环,其语法结构如下:

```
repeat while 条件表达式
  执行语句
end repeat
```

例如:

```
repeat while not the shiftDown
    put "Waiting..."
end repeat
```

直到用户按下 shift 键中止循环。

repeat while 循环适用于循环次数未知的情况,如果循环次数已经确定,可以使用 repeat with 语句,其语法结构如下:

```
repeat with 循环变量=初始值 to 终止值
  执行语句
end repeat
```

例如:

```
on countTo100
repeat with i = 1 to 10
  put i
  end repeat
end
```

这是个计数循环,步长为 1,在 message 窗口里输入 countTo100 观察结果。

(二) Lingo 语言的应用

1. Lingo 对精灵的控制

(1) sprite member。指令语法:the member of sprite。

指令说明:sprite 所代表的 cast member。

例如：演员替换　Sprite(1).member=“yuan”

点句表示法：

ObjectName.[Property|function|Chunk that you want to specity]

(2) sprite memberNum。指令语法：the memberNum of sprite。

指令说明：sprite 所代表的 cast member 所在的位置。

例：演员表中第 1 个演员到第 10 个演员在舞台上循环播放的效果。

```
on exitFrame me
  if sprite(1).memberNum=10 then
  sprite(1).memberNum=1
  else
   sprite(1).memberNum=sprite(1).memberNum+1
  end if
  go to the frame
end
```

(3) rotation(旋转)、skew(倾斜)、flip(翻转)、blend(透明度)。rotation 正值代表顺时针旋转，负值代表逆时针旋转，例如：

```
sprite(1).rotation=30
sprite(1).rotation=sprite(1).rotation+5
```

skew 正值向右倾斜，负值向左倾斜，正常状态为 0，例如：

```
sprite(1).skew=10
```

flipH 左右(水平)翻转，flipV 上下(垂直)翻转，其值为 TRUE 或 FALSE(1 或 0)，例如：

```
sprite(1).flipH=TURE
sprite(1).flipV=1
```

blend 相当于 sprite 在 stage 上的透明度，值可从 0 到 100，数值越小透明度越高，例如：

```
sprite(1).blend=50
```

小提示：在 Director 中，这些属性精灵默认的值均为 0。这些变换可以应用于位图、文本、矢量图形、GIF 及 Flash，但不能用于域文本，以及工具面板上的椭圆和矩形图形。

利用这些属性可以制作调节电流表的指针，控制小灯泡的亮度；也可以调整图片进行旋转、倾斜、翻转等交互效果。

(4) loc、locH、locV。指令说明：loc 是 Location 的缩写，代表该精灵中心注册点的坐标位置。

locH：精灵中心点的横坐标。

locV：精灵中心点的纵坐标。

它们都是相对于舞台左上角 point(0,0)的坐标，the loc of sprite 相当于 point(the locH, the locV)。例如，

```
sprite(1).loc=point(320,240)
```

(5) locZ。指令说明：locZ 表示 sprite 在舞台 Z 轴上的高度，channels 之间存在高低与前后的关系，channel 小的 sprite 位于下层，channel 大的 sprite 位于上层。

例：舞台上单击相应的图片，该图片移到最上层。

在电影脚本输入以下脚本，定义全局变量 highestCard：

```
on startMovie
  global highestCard
  highestCard=5
end
```

创建精灵脚本如下，并将其应用到舞台的每个图片精灵上：

```
on mouseDown
  global highestCard
  highestCard=highestCard+1
  sprite(the clickOn). locZ=highestCard
end
```

(6) rect 和 left、top、right、bottom。指令说明：rect 精灵的 Rectangular(矩形)，是指精灵四周的控点，以数组方式表示 Lingo 中环绕 sprite 长方形的左、上、右、下的坐标数值，即 Sprite(1). rect= rect(left, top, right, bottom)，大多数图像的大小、位置都是通过精灵的矩形来控制的，该组参数可以把精灵的四个边框设置任意尺寸，从而通过拉伸修改精灵的形状和大小。

在 Message 窗口中输入下列指令，注意查看输出结果：

```
Put Sprite(1). rect
put sprite(1). top
put sprite(1). bottom
put sprite(1). left
put sprite(1). right
```

上机实训：左右移动的小精灵

(1) 在电影脚本中定义一个全局变量作为移动的步长，脚本如下：

```
on startMovie
  global step
  step=5
end
```

(2) 在帧脚本中控制精灵移动到舞台边缘的时候，反方向移动，脚本如下：

```
on exitFrame me
   global step
  if (sprite(1). right>(the stageright-the stageleft)) or (sprite(1). left<0) then
         step=step * (-1)
  end if
  sprite(1). locH=sprite(1). LocH + step
  go to the frame
end
```

(3) 拖动一对象到 sprite 1 通道，查看精灵的运动效果。

(7) quad。指令说明：quad用数组的方式来存放sprite四个顶点的坐标值，依序分别为左上、右上、右下、左下，改变四个点的坐标，例如，[point(115.0000，104.0000)，point(432.0000，104.0000)，point(432.0000，330.0000)，point(115.0000，330.0000)]，我们可以利用精灵的quad属性改变sprite的图框形状。

在Message窗口中输入下列指令，注意查看输出结果：

```
put sprite(1).quad
put sprite(1).quad[1]
put sprite(1).quad[2]
put sprite(1).quad[3]
put sprite(1).quad[4]
```

上机实训：拖动图片的四个顶点使图片变形

(1) 导入一张位图，并将其拖动到舞台上。

(2) 利用Paint位图工具画一个圆形演员，不宜过大，用于对图片的四个顶点进行控制，将其分别拖到图片的四个顶点，拖动的先后顺序分别为左上、右上、右下、左下，如图9-10所示。

图9-10　变形图片

(3) 给四个顶点的圆形演员添加演员脚本，如下：

```
on mouseDown
  temp=sprite(1).quad
  repeat while the mouseDown
    sprite(the clickon).loc=the mouseloc
    temp[the clickon-1]=the mouseloc
    sprite(1).quad=temp
    updatestage
  end repeat
end
```

(4) 将顶点上的四个圆形精灵的blend属性设置为“0”，即在舞台上不可见，最后添加帧脚本go to the frame语句，使帧可以停住，便于控制。

(5) 上机测试运行效果。

(8) ForeColor、BackColor和Color。指令说明：控制精灵前景色、背景色的属性。这个属性主要用于Tools工具面板画出的Shape向量图形，而对于文本演员、位图演员、矢量图和GIF格式对象就是在他们图片本身的前景色和背景色叠加通过该指令设置的前景色或背景色后的混合色。

双击Tools工具面板颜色选择按钮或者执行“Window>Color Palettes”菜单命令，打开如图9-11所示的调色板窗口，256种颜色在调色板中都有一个对应的索引号，精灵的ForeColor和BackColor属性的值对应的正是这些颜色在调色板中的索引号。当然我们也可以通过调色板窗口提供的选色、排序等功能按钮创建自定义的调色板以满足对图片色彩的不同风格的需要。

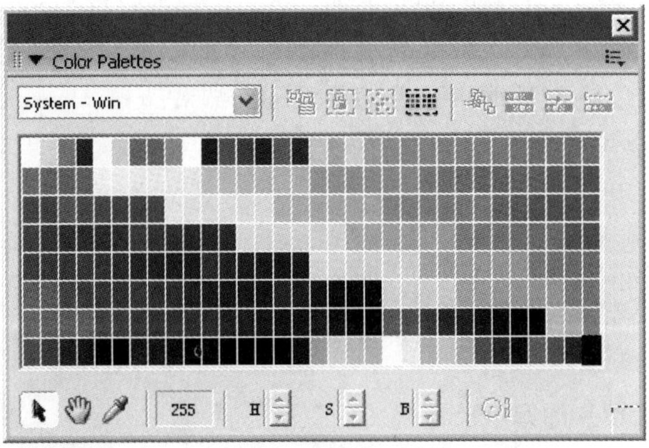

图 9-11　调色板窗口

上机实训：鼠标单击循环改变精灵的前景色

利用 Tools 工具面板提供的填充矩形，在舞台上绘制一个矩形，并为它添加以下精灵脚本：

```
on mouseUp me
  sprite(1). foreColor=sprite(1). foreColor-1
  put sprite(1). foreColor
end
```

打开 Massage 窗口，注意观察输出数据与调色板的对应关系。

利用 color 定义颜色的方法有两种：一种是利用 RGB(red, green, blue)结构，每个颜色的数值取值范围为(0,255)，例如，

Sprite(1). color= rgb (0,0,255)　——蓝色

另一种方法是使用颜色的 16 进制字符串表示，类似于 HTML 中使用的颜色值。例如，

Sprite(1). color= rgb ("#0000ff")　——蓝色

与前一句效果相同，将图像的颜色设置成蓝色，字符串中 6 个数字，两个一组分别代表红、绿、蓝三种颜色，每组数字的取值范围是(00,ff)。

(9) Visible。指令说明：sprite 在 stage 上可见或隐藏。一个隐藏的 sprite 仍具有位置、尺寸等各种属性，只是视觉上看不见而已。该属性默认状况为真(Ture)，即可见状态；为假(False)时，该精灵在舞台上为不可见状态，不能接受鼠标事件，其他事件照样发生。例：

Sprite(1). visible=0

表示 sprite 1 处于隐藏状态。

(10) Constraint。指令说明：将某一可移动的 sprite 的中心点的活动范围限制在另一个 sprite 的周边框内。例如：sprite(1). constraint=2，代表将 sprite 1 限制在 sprite 2 的范围内。

(11) trails。指令说明：在 stage 上留下残影，假如 sprite(1). trails=true，则 sprite 1 在舞台上运动时将留下拖尾的效果。

(12) updatestage。指令说明：更新画面,常用于显示连续的动作。

例如：拖尾移动

```
on mouseUp me
  sprite(1).trails=true
  repeat with x=1 to 100
    sprite(1).locH=sprite(1).locH+2
    updatestage
  end repeat
end
```

(13) puppetSprite(精灵木偶化)。指令说明：处于 puppet 状态的 sprite,其属性与行为将由 Lingo 控制,否则依据 Score 剧本窗口中的设置。例：将 sprite 1 设置为 puppet 状态。

```
On prepateMovie
  puppetSprite 1, true
end
```

2. Lingo 对鼠标的控制

鼠标常发生的事件及经常出现的状态主要有以下种类。

clickOn：——鼠标单击精灵。

rollOver：——当鼠标滑过精灵时。

mouseEnter：——当鼠标进入精灵的矩形框时。

mouseLeave：——当鼠标离开精灵的矩形框时。

mouseWithin：——当鼠标在精灵的矩形框中时。

mouseUp：——当鼠标弹起,即精灵被释放时。

mouseDown：——当鼠标按下,即精灵被选中时。

rightMouseUp/rightMouseDown：——对鼠标右键的控制。

(1) clickOn。指令说明：判断鼠标最近一次点选过的 sprite。返回最近一次单击精灵通道的通道号,如果在舞台上单击则返回值为 0。

只有附带程序(写在 cast 或 sprite 里面均可)的 sprite 才会被判断,即使这个程序毫无作用也无妨,例如：

```
on mouseDown
--
end
```

上机实训：单击第几通道的精灵,就会 beep 响几声

绘制一个位图演员,并添加演员脚本：

```
on mouseUp
  repeat with x=1 to the clickOn
    beep
  end repeat
end
```

将该演员多次拖动到舞台，运行测试单击不同精灵的反应。

在 Movie scripts 中输入：

```
on mouseDown
  put the clickon
end
```

运行测试，分别单击附带脚本和没有附带脚本的精灵，在 message 窗口中观察 the clickon 的输出结果。

(2) mouseH、mouseV 和 mouseLoc。指令说明：当前鼠标点(cursor)的水平位置(the mouseH)与垂直位置(the mouseV)，mouseLoc 是当前鼠标点的坐标，相当于 point(the mouseH, the mouseV)。

上机实训：判断鼠标在精灵注册点附近，变为手的形状

```
on exitFrame me
  dH=the mouseH-sprite(1).locH
  dV=the mouseV-sprite(1).locV
  if dH * dH+dV * dV<7 * 7 then
    cursor 280
  else
    cursor-1
  end if
    go to the frame
end
```

上机实训：实时显示坐标

```
on exitFrame me
  sprite(1).loc=the mouseloc
  member(1).text=string (the mouseloc)
end
```

(3) rollOver。指令说明：rollOver(whichSprite)的作用是判别光标目前是否位于 the sprite 的长方形区域内，是则 rollOver(whichSprite)为 1，否则为 0。

the rollover 所代表的是光标下的 sprite channel，这个 script 指令通常用在帧脚本。

上机实训：鼠标掠过不同的名称播放不同的音乐

```
on exitFrame me
  case (the rollover) of
    1: puppetSound "献给爱丽丝"
```

```
    2: puppetSound "秋天的私语"
    3: puppetSound "蓝色的爱"
  end case
  go the frame
end
```

(4) mouseEnter、mouseLeave 和 mouseWithin。指令说明：mouseEnter 判断鼠标是否刚刚进入某个 sprite 区域；mouseLeave 判断鼠标是否离开这个区域；mouseWithin 判断鼠标点是否位于某个 sprite 区域之内。对于墨水效果为"matte"的位图精灵，它的区域为图形本身，否则为环绕精灵的长方形。

mouseEnter、mouseLeave 与 rollover()的区别有以下两点。

第一，mouseEnter 与 mouseLeave 通常用在演员脚本或精灵脚本，而 rollOver()却用在帧脚本。

第二，mouseEnter 与 mouseLeave 只被执行一次，而 rollOver()常常会被连续执行。

上机实训：鼠标放到相应文字上改变颜色和鼠标形状

```
on mouseEnter
  member(1).forecolor=56
  cursor 280
end
on mouseLeave
  member(1).forecolor=255
  cursor-1
end
```

上机实例：鼠标在某物体上停留时间过长的警告

```
on mouseEnter me
  startTimer
end
on mouseWithin
  if the timer>120 then
    alert "Hey, you've been here too long!"
  end if
end
```

测试比较下面这段程序与上面程序的不同效果。

```
on mouseEnter
  starttimer
```

```
end
on mouseLeave
   if the timer>2 * 60 then
      alert "Too Slow!"
   end if
end
```

(5) mouseUp、mouseDown。指令说明：这是 Lingo 中最常用的指令。mouseUp 常用在 Button 里面，使用者须先按下再放开鼠标的按键时，程序才会被执行，万一用户按错的话，可以将光标移出 Button 区域，则程序不会被执行，可以减少出错的概率。mouseDown 常被用在拖拉对象，或某些需要快速判断的指令中。

上机实例：鼠标按住某一对象时，此对象随光标移动

```
on mouseDown me
   repeat while the mouseDown
    sprite (1). loc= the mouseLoc
      updatestage
   end repeat
end
```

3. 键盘控制的常用指令

(1) on KeyDown、on KeyUp。指令说明：这两个事件通常用于电影脚本，也用于可编辑修改的文本或文本域精灵、演员或帧脚本的句柄程序。当用户初次按下某个键时，keyDown 消息被发送，如果用户一直按着键，将不断发送 keyDown 消息；而 keyUp 事件只是当用户从某个键上弹起手指时，消息才被发出，如果用户一直按着键，也不会重复发送消息。

(2) the controlDown 和 the commandDown。指令说明：在 Windows 系统中，这两个事件都是在 Ctrl 键按下时返回一个 True 值；而在 Mac 操作系统上分别是按下 Control 键和 Command 键时返回一个 True 值。

(3) the optionDown。该事件在 Mac 上的 Option 键或 Windows 上的 Alt 键按下时返回一个 True 值。

(4) the shiftDown。该事件只有在 Shift 键按下时才返回 True 值。

(5) the key。指令说明：键盘上最近一次被按过的键，不区分大小写，但区分","、"<"。

例如：按下"L"键，精灵向左移动；按下"R"键，精灵向右移动；按"o"，弹出警告对话框"再见！"单击"确定"后退出程序。

```
on keyDown
  case the key of
    "L":sprite(1). locH=sprite(1). locH-5
```

```
    "R":sprite(1).locH=sprite(1).locH+5
    "o":alert "再见!"
      quit
  end case
end
```

(6) the keycode。指令说明：显示键盘上最近一次被按过的键所对应的号码。

查看键盘上每个键所对应的号码，可以在电影脚本中输入：

```
on keyDown
  put the keycode
end keyDown
```

运行测试，在 Massage 窗口中查看按键的代码，注意要激活舞台窗口。常用的按键对应的代码如下：

↑：126

↓：125

←：123

→：124

Space：49

Enter：36

(7) keyPressed。指令说明：该函数用以测试某个字符键是否被按下。

例如：如果 a 键被按下，keyPressed("a")返回 True。

(8) the keyboardFocusSprite。指令说明：当舞台上有多个可编辑的文本或文本域精灵时，此属性用于设置让文本插入符在各个精灵之间的切换。

4. 时间控制的常用指令

(1) the date、the time。指令说明：the date、the time 显示系统时间，可以增加修饰词，如 the long date、the short time，显示日期和时间数据的详细程度不同。

例如：显示当前的日期与时间。

在舞台上创建两个文本域演员，分别命名为"date"和"time"，

```
put the date into field "date"
put the long time into field "time"
```

上机尝试把上述脚本分别编写到电影脚本和帧脚本，查看显示效果有什么不同。

(2) the ticks。指令说明：在 Director 中，时间的最小单位是 tick。1 秒=60 ticks。the ticks 是将当前计算机从开机到目前的时间用 ticks 来显示。

想一想：如何在屏幕上显示以分钟为单位的开机时间。

(3) startTimer。指令说明：将所有关于用 ticks 计算时间的事件重新归零，相当于复位。

(4) the timer。指令说明：the timer 没有复位时显示结果与 the ticks 相同，执行 startTimer 命令后，显示重新计时到当前的时间为多少个 ticks。

5. Lingo 对文本的控制

Director 中的文本演员包括普通文本(Text)和域文本(Field)两大类，但在 Lingo 中文

本是以字符串(String)的形式给出的,因此 Lingo 对文本的控制多数是对表示文本内容的字符串的控制,而且脚本参数大多是针对文本演员的 member 属性而不是精灵(sprite)属性设置。

(1) 格式化文本字体。paragraph[PNum]、line[PNum]、word[PNum]、和 char[PNum]可以分别用来引用文本中由参数 PNum 指定的编号处的段落、文本行、单词和字符的内容,参数 PNum 还可以是一个由“..”连接的序列。

Lingo 对文本的格式化包括实现调整文本的颜色、字体、字体大小、字体样式和字间距等功能。

① 调整字体颜色。例如:member(“Short speech”).paragraph[3].color = rgb(255, 0, 0)

该程序为设置名为 Short speech 的文本的第三段文字颜色为红色。

又如:

```
on exitFrame me
  repeat with i=1 to 8
    member("text").char[i].forecolor=random(255)
    end repeat
end
```

该段程序可以使名为“text”的文本的第 1 到第 8 个字符的前景色随机变化。

② 调整字体和大小。例如:member(“text”).font=“Tahoma”

又如:member(“text”).fontSize=16

③ 调整字体样式。fontStyle 属性用于获取或设置字段演员成员中文字的字体样式,常用的包括 plain(常规)、bold(粗体)、italic(斜体)、underline(下划线)、shadow(阴影)、outline(轮廓线)等。

```
member("text").fontStyle="Bold,Italic,underline"
```

④ 调整字符间距。Lingo 不仅可以通过 charSpacing 属性获取或设置文字字符间距,还可以通过 kerning 属性获取或设置是否为字符调整间距。只有当 kerning 设置为 true 时,kerningThreshold 属性才有效,该属性用来获取或设置字间距的磅值大小,例如:

```
member(1).charSpacing=3
member(1).kerning=true
member(1).kerningThreshold=20
```

(2) 超链接文本。可以利用 Text Inspector 文本属性编辑器在文本编辑状态下,给有关文字添加超链接的效果,但如果使得超链接生效,必须给这个文本精灵添加如下脚本:

```
on hyperlinkClicked me,data
  gotoNetpage(data)  --跳转到新的影片则改为: Go to movie(data)
end
```

(3) TTS(Text To Speech)文本—语音转换技术。TTS 即“从文本到语音”,是人机对话的一部分,让机器能够说话,是语音合成应用的一种,它能够将存储于计算机中的文本文件转换成自然语音输出。TTS 可以帮助有视觉障碍的人阅读计算机上的信息,或者面向没有阅读能力的学龄前读者,或者对于不能提供很多说明文字的文本文档增加其可读性。

TTS 的制作原理是把基本的声音录制下来，再根据一定的原则合成这些声音单元。TTS 语音合成技术具有英文接口，能自动识别中、英文，支持中英文混读，所有声音采用真人普通话为标准发音，在智能语音控制器的作用下，文本输出的语音音律流畅，使得听者在听取信息时感觉自然，毫无机器语音输出的冷漠与生涩感，实现了 120～150 个汉字/秒的快速语音合成，朗读速度达 3～4 个汉字/秒，使用户可以听到清晰悦耳的音质和连贯流畅的语调。TTS 技术已广泛应用于电信、交通运输等各个行业，甚至有些 MP3 随身听都具有 TTS 功能。

Director 通过 Speech. x32 插件可以很轻松地使用 TTS 引擎，实现文本—语音的转换，制作出更人性化的多媒体作品。要在 Director 中使用 Speech 插件，系统中必须已经安装微软的语音应用程序接口，即 SAPI，Windows XP 以及更高版本，均已内置了 TTS Engines 5. 1，无需安装。但如果安装在中文操作系统下，则缺省的朗读语音是简体中文。SAPI 的缺点是不能支持中英文混读，在朗读中文的时候遇到英文，只能逐个字母读出，所以需要程序自己进行语音切换。

① 在 Massage 窗口中输入以下语句：

put voiceGetAll()　--获取系统中所有可用的 TTS 引擎

--[[＃name：“Microsoft Simplified Chinese”，＃age：“Adult”，＃gender：“Male”，＃index：1]，[＃name：“Microsoft Mary”，＃age：“Adult”，＃gender：“Female”，＃index：2]，[＃name：“Microsoft Mike”，＃age：“Adult”，＃gender：“Male”，＃index：3]，[＃name：“Microsoft Sam”，＃age：“Adult”，＃gender：“Male”，＃index：4]，[＃name：“Girl XiaoKun”，＃age：“Young”，＃gender：“Female”，＃index：5]]

--由此可以看出，系统默认的朗读语音是“简体中文”，“中年”，“男声”

② 测试，分别运行以下两个语句，注意打开音箱，

voiceSpeak(“happy new year”)

voiceSpeak(“新年好”)

测试结果：第一句的英文是逐个字母读出，第二句中文朗读正常，声音为中年男声。

③ 输入以下语句：

voiceSet(2)　--设置索引值为 2 的 TTS 引擎作为当前引擎的输出语音

再测试两句 voiceSpeak 的语音效果，结果发现英文单词朗读正常，中文无法朗读，声音为中年女声。

voiceSet(5)　--设置索引值为 5 的 TTS 引擎作为当前引擎的输出语音

再测试两句 voiceSpeak 的语音效果，结果发现中英文朗读都正常，声音为中年女声。该引擎是利用了从网上下载的“捷通华声 XiaoKun 女声”TTS 语音包，汉语普通话女声，可朗读简体、繁体中文，可中英文混读，中文音质清晰标准，互联网提供了很多类似的语音包的下载。

④ 将下列脚本添加到文本精灵上，可将文本内容朗读出来。

```
on mouseUp me
  voiceSpeak (sprite(me. spritenum). member. text)
end
```

⑤ 上机实践，测试运行结果。

(4) 字符串的运算与数据转换。在 Massage 窗口中输入以下语句，并运行测试结果。

put value("123")

put string(123)

myString = "["& QUOTE & "cat" & QUOTE &", "& QUOTE & "dog" & QUOTE &"]"

myList = value(myString)

put myList

--["cat", "dog"]

6. 声音控制的常用指令

(1) 播放声音。在 Director 中声音的使用方式大体上可以分为外部声音、内部声音和链接声音三种。

① 外部声音。外部声音存储在 Director 电影外部，与电影没有任何链接关系，但最好放在与电影同一个文件目录下，方便使用脚本指令来播放，比较适用于比较大的声音文件，如文件大小超过 2M 的背景音乐，其脚本如下：

sound playFile 3, "背景音乐.mp3" --3 是声音通道号，字符串为调用外部声音的文件名

② 内部声音。内部声音是完全导入到 Director 电影内部的声音，作为声音演员与电影文件一起保存，如图 9-12 所示的 Import 导入文件时，在 Media 类型中选择默认的 Standard Import 选项，在演员表窗口中的图标是"
"，适用于比较小的声音文件，如按钮等动作的效果声，其脚本如下：

图 9-12 Import 导入文件窗口

sound(2).play(member("ding")) --2 是声音通道号，该语句的效果是在第 2 声道播放演员表中叫做"ding"声音。

③ 链接声音。链接声音是以链接方式导入到电影中的声音文件,文件本身不与电影一起保存,保存的是其链接的文件信息,声音文件最好与电影文件放置在同一个文件目录下方便文件的管理,如图 9-12 所示的 Import 导入文件时,在 Media 类型中选择 Link to External File 选项,即可以链接方式导入声音文件,在演员表窗口中的图标是“

”,注意与直接导入的文件图标不同。这种方式一般适用于需要多次调用,而且文件比较大的声音,一般经验大于 1M 的声音在导入时就可以用链接的方式导入。在播放声音时,链接声音文件无需全部调入内存就可以播放,这样可以更加有效地利用内存,其播放调用的脚本等同于电影的内部声音文件。

(2) 控制播放声音。

sound(1). stop()

将第 1 声道的声音停止。

sound(1). pause()

将第 1 声道的声音暂停播放。

sound(1). rewind()

将第 1 声道的正在播放的声音从头播放。

(3) 控制音量。

① volume。用来控制声音通道中的音量,它的取值范围为 0～255,如:

sound(2). volume＝0 --代表声音通道 2 播放的声音为静音。

② pan。用来控制一个声音通道中左右声道的平衡,取值范围为－100～100,－100 时仅有左声道有声音,100 时仅有右声道有声音,如:

sound(2). pan＝0 --声源处于中间位置,左右声道平衡的状态。

③ fadeIn、fadeOut、fadeTo。用来控制声音的淡入/淡出过程,其参数的单位是毫秒,如:

sound(3). play(member(“清晨”))

sound(3). fadeIn(3000)

声音通道 3,在 3 秒内淡入播放“清晨”声音演员。

sound(2). fadeOut(5000)

使声音通道 2 的声音在 5 秒淡出。

fadeTo()用来将正在播放的声音淡入或淡出到用户指定的音量,如

sound(2). fadeTo(150,5000)

使声音通道 2 的声音音量在 5 秒过渡到 150,150 指音量的大小,它的取值范围为 0～255。

(4) 木偶化声音。通常,Director 利用剧本窗口的声音通道来放置声音精灵及播放声音,但是如果将声音木偶化后,Lingo 获得了声音的控制权,那么存在于剧本窗口中的声音通道 1 和声音通道 2 上的声音都将被忽略。木偶化声音的指令为:

puppetSound “SoundMemberName” 或

puppetSound member(“SoundMemberName”) 或

puppetSound n, “SoundMemberName”或

puppetSound n, member(“SoundMemberName”)

其中,“SoundMemberName”代表需要播放声音演员的名称,n 为选用声音通道的编号。如,

puppetSound 4,“清晨” --使用第 4 声道来播放声音演员“清晨”。

puppetSound “清晨” --使用第 1 没有被占用的声道来播放声音演员“清晨”。

puppetSound 0 或 puppetSound FALSE

这两个指令使所有通道中正在播放的声音全部停止,解除声音木偶化,Lingo 放弃对声音通道的控制权,控制权又重新掌握在剧本窗口的声音通道上。

试一试

导入两个不同的声音演员,将其命名为 music1 和 music2,在声音通道 1 播放 music1,然后在 Message 窗口中输入:

puppetSound 1,“music2”

单击 enter 键,观察声音的播放情况。

试验结果:music1 停止播放,music2 播放。证明声音播放已不受声音通道的控制。此时输入解除指令:

puppetSound 0

单击 enter 键,再观察声音的播放情况。

(5) 检测声音属性。

① startTime、endTime 和 Duration。假如声音通道 1 正在播放声音时,在 Message 窗口中输入:

put sound(1). startTime

put sound(1). endTime

put sound(1). Duration

将会检测到声音通道 1 中正在播放声音的起始时间、终止时间和声音演员所持续的时间,Duration=endTime-startTime,可以将 Message 窗口的输出数据跟 property Inspector 面板中的 Duration 数据比较是否一致。

② soundBusy 和 isBusy。判断某个声音通道中是否有声音在播放,如有声音正在播放,则返回 TRUE;返回 FALSE 则没有声音播放。如:

put sound(1). isBusy()

③ channelCount。用来检测某个声音演员的声道数,如返回值是 1,则表示该声音是单声道,如返回值大于 1,则代表该声音是立体声,如:

put member(“music1”). channelCount

④ status。在 Lingo 中 status 属性有五种取值用来检测某声音通道内声音的播放状态:

0——Idle 空闲,没声音播放。

1——Loading 下载中。

2——Queued 加载完成,但还没有播放。

3——Playing 播放中。

4——Paused 暂停状态。

(6) 声音播放的先后顺序。

① queue。queue()方法用来给一个声音通道定义一个声音队列。假设有 sound1、sound2 和 sound3 三个声音演员,我们希望这 3 个演员能够在声音通道 5 中按顺序依次被播放出来,指令如下:

sound(5).queue(member("sound1"))

sound(5).queue(member("sound2"))

sound(5).queue(member("sound3"))

sound(5).play()

这样我们就可以先预置一个声音播放序列到指定的声音通道中,然后执行一下 play(),就可以按顺序播放预置声音序列了。

② playnext。在播放预置声音序列过程中,执行该指令则立即播放序列的下一个声音。

例如:sound(5).play()

③ setPlaylist。setPlaylist()的功能和 queue()一样,但语法上有区别,setPlaylist()执行后会生成一个二维播放列表数组,如果 setPlaylist()括号中什么也不写,就可以起到清空播放器列表的功能。

7. 数字视频的控制

Director 支持多种格式的数字视频文件,包括 QuickTime 视频、Real Media 文件、Windows Media 的视频和音频(WMV 和 WMA)、MPEG 格式以及 H.264 编码的 MP4、F4V 和 FLV,Windows 系统中的 AVI 文件也是通过 Windows Media Xtra 导入电影。在 Director 中数字视频演员只能以 Link to External File 外部链接的方式导入,因此,进行电影文件分发的时候,一定要注意将电影文件与所有外部链接的数字视频文件放在一起。

导入 AVI 等数字视频文件时,会弹出图 9-13 所示的格式选择对话框,选择相应的格式将会有相对应的 Xtra 插件支持该视频的播放,这里建议在 Windows 系统中选择 Windows Media 格式导入,如果选择 QuickTime 格式需要在系统中安装 QuickTime 播放器,用户才能正常观看该格式的视频。

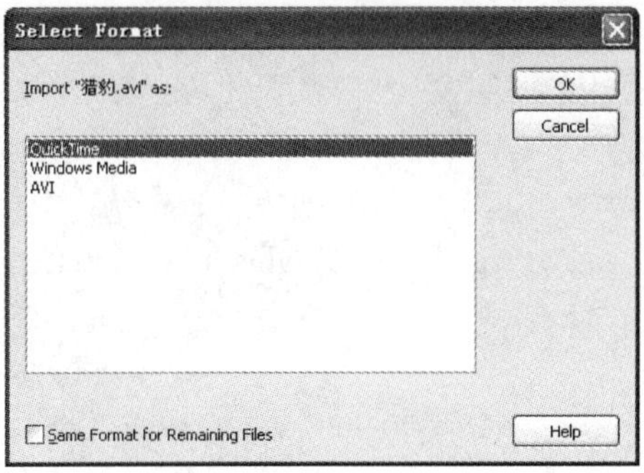

图 9-13　文件格式选择对话框

图 9-14　QuickTime 视频的属性窗口

(1) 视频演员的属性设置。QuickTime 视频的属性窗口如图 9-14 所示。其中：

Video，表示在播放数字视频的时候播放视频，不选中将不会播放视频。

Audio，表示在播放数字视频的时候播放音频，不选中将不会播放音频。

Paused，数字视频在舞台上的初始状态为暂停状态，不选中表示视频一出现就开始自动播放。

DTS(Direct to Stage)，表示不载入内存就直接在舞台上播放，这样可以提高视频的播放速度和效果，但占用较大的系统资源，而且该视频在舞台上将显示在其他类型演员的精灵最前面；如果不选中则该视频将按照精灵通道的前后层次顺序在舞台上排列。

Loop，表示视频循环播放。

Controls，表示数字视频在舞台上出现时，显示控制工具栏。

Steaming，表示以流媒体格式播放，即在播放过程中，视频中剩余的内容不断地载入内存。

Framing 是对视频裁剪方式的外框设置。

选中 Crop 选项表示当舞台上数字视频的外框比原有尺寸小的时候，视频只显示一部分画面，数字视频的外框比原有尺寸大的时候，视频也不会拉伸以充满整个外框，而是以原有尺寸显示；选中 Center 选项，则数字视频会居中显示在数字视频的外框中；选中 Scale 选项，表示无论数字视频的外框比视频原有尺寸大还是小，数字视频都会调整其自身尺寸大小，以适应数字视频的外框大小。

Playback 选项设置视频与视频中声音的同步方式。

Sync to Sound 表示当数字视频与声音不同步时，视频会跳过某些帧以达到同步的效果；Play Every Frame(No Sound)表示播放数字视频中的所有帧，而不播放其他的声音，在该项选中的情况下，还可以通过 Rate 对视频的播放速度进行设置。

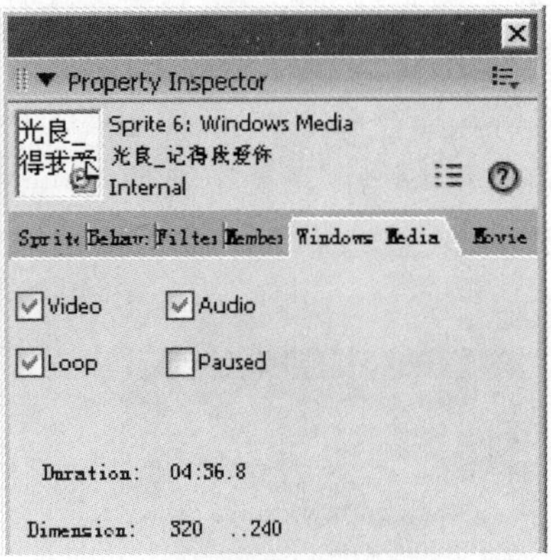

图 9-15 Windows Media 视频的属性窗口

Windows Media 视频的属性窗口如图 9-15 所示，其设置比较简单，其中 Duration 表示该视频的时间长度，Dimension 表示其窗口的原始尺寸大小。

(2) 播放控制。以不同格式导入到 Director 的视频播放控制指令有所不同，控制 QuickTime 视频的常见指令有以下几种。

loop：member("qtmask").loop=1。

play：sprite(1).movierate=1。

pause：sprite(1).movierate=0。

倒放：sprite(1).movierate= −1。

back：sprite(1).movietime=0。

控制 Windows media 和 RealMedia 视频的常见指令有以下几种。

play：sprite(1).play() 或 play sprite 1。

pause：sprite(1).pause()。

rewind：sprite(1).rewind()。

stop：sprite(1).stop()。

(3) QuickTime 视频的遮罩效果。利用 QuickTime 视频的 Mask 属性可以制作出各种形状的视频窗口。

利用 Paint 窗口绘制一个填充的多边形位图演员“mask”,并设置其中心注册点在图形的左上角,该演员的形状就是视频的显示窗口。

在电影脚本中输入:

```
on startMovie
  member( “babyswim”). mask= member (“mask”)
end
```

上机操作,测试显示效果。

(4) 全屏播放视频。由于舞台上内容版面设计的限制,一些视频文件仅能显示一个较小的窗口,有时候为了让观众看到更大的视频窗口,可以设置单击舞台上的视频全屏播放的效果,假如作品的屏幕分辨率为 1027×768,则可以利用数字视频精灵的 rect 属性,来设置精灵脚本:

```
on mouseUp me
  sprite(1). rect=rect(0, 0, 1024, 768)
end
```

还要注意可以利用一个全局变量来控制,再次单击数字视频,又缩小到原来的版面显示。

8. 控制 Flash 的播放效果

Flash 以其文件小、画面质量高、下载速度快,而且基于矢量图技术,随意缩放旋转也能保持它的平滑度,支持交互性设计等优点,成为目前最流行的网络动画制作软件,也是 Director 中一个功能强大的演员。Director 可以导入 SWF 格式的 Flash 动画,实现对 Flash 电影几乎所有属性的控制,如播放、回放、快进等,而且还可以保留原有动画文件设置的交互效果,以实现彼此功能的互补与扩展。

(1) Flash 演员的基本属性设置。在演员表窗口中选中一个 Flash 演员,打开属性检查器面板的 Flash 选项卡,如图 9-16 所示。

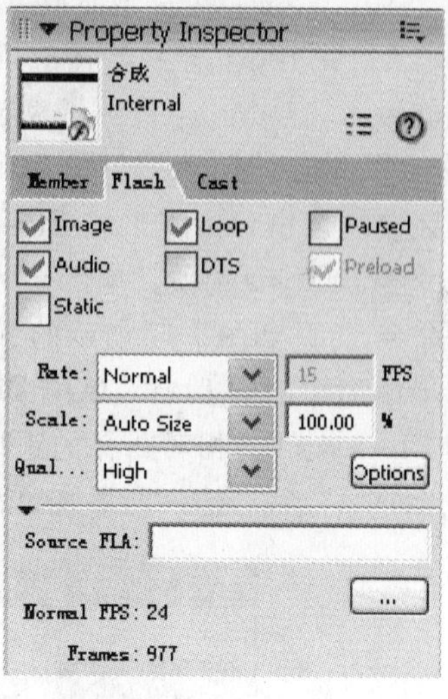

图 9-16 Flash 演员选项卡

① Flash 选项。

选中 Image,播放 Flash 时可显示图像,否则图像不可见。

选中 Audio,播放 Flash 时包括声音,否则没有声音效果。

选中 Paused,Flash 暂停在第 1 帧等待利用脚本等方式控制其播放,如果取消选中,则 Flash 一出现即开始播放。

选中 Loop 复选框,将循环播放,否则播放一次自动停止。

选中 DTS(Direct to Stage),则可以快速平滑地播放,但总是出现在精灵的最上层,墨水效果也无效;如果取消选中,则系统会将整个精灵与其他精灵一齐调入内存,并可以应用墨水效果。

选中 Static，Flash 如同一张图片一样静止不动，交互效果也不起作用。

② Rate 选项。

Normal：以 Flash 中已经确定的速度播放。

Lock-Step：Flash 中的一帧对应 Director 中的一帧。

Fixed：以指定速度播放 Flash。

小提示：Flash 的播放速度只能比 Director 电影中的帧速度要慢，不能快。

③ Scale 选项。

Show All：保持 Flash 的外观大小比例，并显示画面中的全部内容，必要的话，Director 使用电影的背景色来填充 Flash 外围方框。

No Border：通过修剪尺寸，保持 Flash 的外观大小比例，并且不留边框。

Exact Fit：不考虑外观大小比例的情况下，拉伸 Flash 以填充精灵的外围方框。

Auto Size：当 Flash 被旋转、扭曲时，Director 会调整 Flash 精灵的外围边框，以显示整个画面的内容，使用该项时一般将缩放比例设置为 100%。

No Scale：无论什么情况，Flash 在显示时都不进行任何的缩放。

④ Quality 选项。

High：以消除锯齿方式打开 Flash，速度降低。

Low：不消除锯齿方式打开 Flash，速度加快。

Medium：介于前两者之间。

Auto-Low：在开始播放 Flash 时不消除锯齿，但情况允许时消除锯齿。

Auto-High：在开始播放 Flash 时消除锯齿，但情况不允许时关闭消除锯齿。

Auto-Medium：介于前两者之间。

⑤ Source FLA 选项。可以在 Source FLA 文本框中查找输入 Flash 源文件的地址，这样在演员表窗口中双击该 Flash 演员，将直接调用 Flash 编辑工具打开源文件进行编辑。

⑥ Options 选项。单击 Options 按钮，或者执行"Insert＞Media Element＞Flash Movie"菜单命令，打开如图 9-17 所示的 Flash Asset 属性对话框。通过该窗口可以添加新的 Flash 演员：如果添加当地的 Flash，单击 Browse，Director 创建一个与该文件的链接，必须保证电影文件和 Flash 文件的相对路径的正确性，在发布过程才不会出错；如果从网络地址上添加，单击"Internet"，然后输入所添加文件的网络地址。

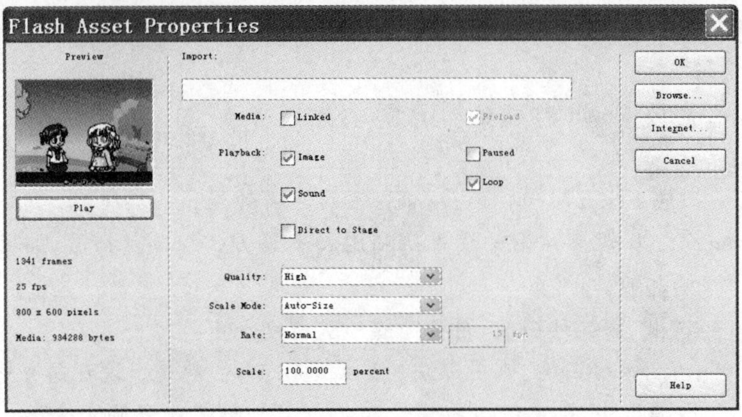

图 9-17　Flash Asset Properties 对话框

在 Media 选项中：选中 Linked，添加的 Flash 文件将以链接的方式保存在外部文件中，否则系统会将 Flash 复制到演员表中；选中 Preload（在选中 Linked 后才能选择），电影播放第 1 帧之前，Flash 会被预载，否则系统会立刻播放电影，同时逐渐调入 Flash。

其他选项的设置与图 9-16 中 Flash 演员属性的设置基本相同，这里不再一一介绍。

Flash 精灵支持混合度和颜色的设置，但只支持 Copy、Transparent、Background Transparent 和 Blend 几种墨水效果。

（2）控制 Flash 动画的常用脚本。Director 可以控制 SWF 格式的 Flash 动画的播放，常见控制按钮的脚本如下：

Play 按钮

```
on mouseUp
  sprite(1).play()
end
```

Pause 按钮

```
on mouseUp
  sprite(1).Pause()
end
```

Stop 按钮

```
on mouseUp
  sprite(1).stop()
  sprite(1).goToFrame(1)
end
```

Rewind 按钮

```
on mouseUp
  sprite(1).rewind()
end
```

Rotate 按钮

```
on mouseUp
  x=x+10
  sprite(1).rotation=x
  updatestage
end
```

Scale 按钮

```
on mouseUp
    repeat with y=1 to 5
      sprite(1).scale=100/y
      updatestage
    end repeat
    repeat with y=1 to 5
```

```
        sprite(1).scale=20 * y
        updatestage
    end repeat
end
```

四、实验内容与步骤

(一) 测试脚本执行的优先级

通过本实验,我们需要熟练掌握各种常见脚本的添加方法,并经过测试来验证在相同事件的驱动下,执行各种类型的脚本是否有优先级的问题存在。

1. 测试电影脚本

(1) 在第 1 帧帧脚本通道输入:

```
on exitFrame me
  go to the frame
End
```

(2) 选择演员表一空白窗口,单击脚本按钮打开脚本窗口,输入:

```
on mouseUp
  put "电影脚本"
end
```

(3) 单击"▶"按钮,在舞台任何地方单击,观察 Message 信息输出窗口,并将测试结果填写到实验报告。

2. 测试帧脚本

(1) 双击第 1 帧的帧脚本通道,在帧脚本窗口添加句柄:

```
on mouseUp
  put "帧脚本"
end
```

(2) 单击"▶"按钮,在舞台任何地方单击,观察 Message 信息输出窗口,并将测试结果填写到实验报告。

3. 测试演员脚本

(1) 利用 Paint 工具创建一个位图演员,在演员表窗口中选中该演员,单击鼠标右键选择"Cast Member Script"菜单命令,打开演员脚本窗口输入:

```
on mouseUp
  put "演员脚本"
end
```

(2) 将位图演员拖动到舞台上,设置为 sprite 1,并设置为 1 帧。

(3) 单击"▶"按钮,观察在 sprite 1 上单击与在舞台其他地方单击时,Message 窗口不同的输出信息,并将测试结果填写到实验报告。

4. 测试精灵脚本

(1) 在舞台上选中 sprite 1,单击鼠标右键,选择"Script"菜单命令,打开精灵脚本窗口输入:

```
on mouseUp
  put "精灵脚本"
end
```

(2) 单击"▶"按钮,观察在 sprite 1 上单击与在舞台其他地方单击时,Message 窗口不同的输出信息,并将测试结果填写到实验报告,也可以将精灵脚本的句柄改为"on mouseDown",再测试一下输出结果有什么不同。

通过上述实验测试可以说明:包含相同的句柄程序(on mouseUp)的各个脚本程序之间是有优先级的:精灵脚本>演员脚本>帧脚本>电影脚本。

(二) 控制精灵的属性

1. 按钮提示效果

本例利用精灵的 member 属性,进行演员的替换,当鼠标进入精灵时替换演员,并有提示效果,如图 9-18 所示。

(1) 利用 Paint 工具绘制一个红色位图演员,并复制一份设置其前景色为蓝色,在演员表窗口中分别命名为"red"和"blue",并将"red"演员拖动到舞台上。

(2) 利用 Vector Shape 工具绘制一个无边框的矩形,前景色选用舞台背景色白色,设置其中心注册点在图形的左上角,将该矢量图演员命名为"空白",并将它拖动到"red"的右下角。

图 9-18 按钮提示

(3) 利用 Text 工具创建一个文本演员,输入文字"进入",设置其背景色为黄色,并将该文本演员命名为"提示"。

(4) 在舞台上选中"red"精灵,单击鼠标右键菜单选择"Script"命令,在脚本窗口中输入:

```
on mouseEnter
  sprite(1). member="blue"
  sprite(2). member="提示"
end
on mouseLeave
  sprite (1). member="red"
  sprite(2). member="空白"
end
```

(5) 单击"▶"按钮,测试鼠标与按钮的交互效果。

2. 拖动匹配题

本例将利用精灵的 intersects 属性,判断是否将精灵对象拖动到正确的目标区域,如果正确,精灵将停留在该区域,如果不正确,精灵将返回初始位置,如图 9-19 所示。

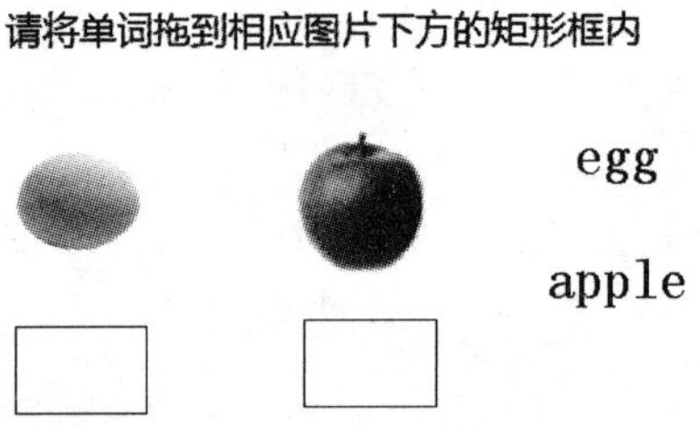

图 9-19 拖动匹配题

(1) 按照图 9-19 所示，准备好图片素材演员和文本演员，确定各个精灵的通道位置，这里假设文本“egg”、“apple”两个精灵分别为 sprite 3 和 sprite 4，鸡蛋和苹果下方的矩形框分别为 sprite 5 和 sprite 6，也就是 sprite 3 的正确目标区域为 sprite 5，sprite 4 对应着 sprite 6。

(2) 在 Massage 窗口中输入：

```
put sprite(3).loc
put sprite(4).loc
```

记录下输出结果：

```
--point(417, 109)
--point(399, 187)
```

这是两个精灵的初始位置坐标。

(3) 在舞台上选中 sprite 3，添加精灵脚本：

```
on mouseUp me
  if sprite 3 intersects sprite 5 then
  sprite(3).loc=sprite(5).loc
else
  sprite(3).loc=point (417, 109)
  end if
end
```

(4) 同理给 sprite 4 添加精灵脚本：

```
on mouseUp me
  if sprite 4 intersects sprite 6 then
  sprite(4).loc=sprite(6).loc
else
  sprite(4).loc= point(399, 187)
  end if
end
```

(5) 利用 Property Inspector 的“”按钮，将文本“egg”、“apple”两个精灵的属性设置为“可拖动的”。

(6) 单击“”按钮，运行并测试效果。

（三）鼠标控制

1. 自定义光标

我们可以根据作品场景需要，设计制作各种形状和特色的光标，如图 9-20 所示，鼠标进入乐谱区域，鼠标箭头变成彩色的乐谱图标，鼠标离开乐谱又还原成箭头的形状。

图 9-20 自定义光标

(1) 导入一些从网上搜集的可爱的小图片作为素材，或者自己利用 Paint 工具绘制一些图片也可以，但要注意准备作为光标的图片只能是 8 位位图。

(2) 选择"Insert>Media Element>Cursor"菜单命令，打开如图 9-21 所示的光标属性编辑窗口，在右边的演员浏览窗口中可以查看作为光标的图片素材，单击 Add 即可添加到左边的光标帧里面，单击 Preview 查看光标的效果动画，也可以选择创建的光标位置和大小，单击 OK 确定完成。

(3) 在 Cast 演员表窗口中，我们可以看到增添了一个如图所示的光标演员""。

(4) 将歌谱图片拖动到舞台合适的位置，并为它添加精灵脚本：

```
on mouseEnter
  cursor [15]  --15 为自定义光标的演员序号
end
on mouseLeave
```

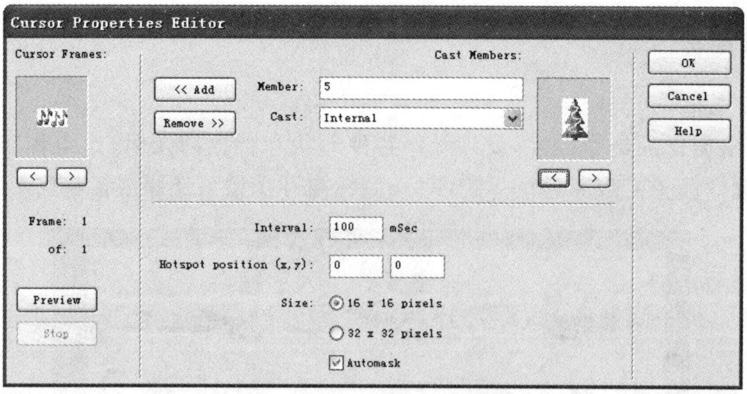

图 9-21　光标属性编辑窗口

　　cursor-1

end

(5) 单击“ ”按钮，运行并测试效果。

小提示：本实验创建了用户自定义的光标形状，其实 Director 已经为我们提供了很多系统自带的光标形状，我们直接用 cursor 调用即可，如 cursor 280 就是光标为手指的形状等，我们可以通过 F1 功能键或“Help>Director Help”菜单命令打开 Director 的帮助文档，在 Search 文本框中输入“Cursor”，即可查找到关于 Cursor 使用说明，其系统光标参数如表 9-4 所示。

表 9-4　系统光标参数

参数	描述	参数	描述
−1，0	Arrow	261	Rectangle tool
1	I-Beam	262	Rounded rectangle tool
2	Cross	263	Circle tool
3	Crossbar	264	Line tool
4	Watch (Mac) or Hour glass (Windows)	265	Rich text tool
5	North South East West (NSEW)	266	Text field tool
6	North South (NS)	267	Button tool
200	Blank (hides cursor)	268	Check box tool
254	Help	269	Radio button tool
256	Pencil	270	Placement tool
257	Eraser	271	Registration point tool
258	Select	272	Lasso
259	Bucket	280	Finger
260	Hand	281	Dropper
290	Closed hand	282	Wait mouse down 1
291	No-drop hand	283	Wait mouse down 2
292	Copy (closed hand)	284	Vertical size
293	Inverse arrow	285	Horizontal size

续表

参数	描述	参数	描述
294	Rotate	286	Diagonal size
295	Skew	301	Air brush
296	Horizontal double arrow	302	Zoom in
297	Vertical double arrow	303	Zoom out
298	Southwest Northeast double arrow	304	Zoom cancel
299	Northwest Southeast double arrow	305	Start shape
300	Smear/smooth brush	306	Add point
309	Move camera	307	Close shape
310	Rotate camera	308	Zoom camera

2. 鼠标右键菜单

鼠标右键菜单如图 9-22 所示，在舞台上任意一处单击鼠标右键，即可在鼠标位置弹出菜单，鼠标停留在上面时还有一个蓝色条跟随鼠标移动。

图 9-22 鼠标右键菜单

(1) 利用 Paint 工具，绘制一个灰色填充矩形作为右键菜单，设置其中心注册点在左上角，将其拖动到舞台 sprite 1 通道。

(2) 绘制一个蓝色矩形条，作为 sprite 2 拖动到舞台的右键菜单上，并设置与它同宽。

(3) 单击“”按钮，打开行为库，选择“Animation＞Interactive”菜单，先拖动“” Sprite Track Mouse 行为到 sprite 2 蓝色矩形条身上，然后再拖动“” Constrain to Sprite 到 sprite 2 身上，一定要注意先后顺序。

(4) 输入电影脚本：

```
on startmovie
  sprite(1).visible=0
  sprite(2).visible=0
end startmovie
on rightMousedown
  sprite(1).loc=the mouseloc
  sprite(1).visible=1
  sprite(2).visible=1
  sprite(1).LocZ=999
  sprite(2).locz=1000
end
on mouseDown
  sprite(1).visible=0
```

```
  sprite(2).visible=0
end
```

(5) 单击“ ”按钮，运行并测试效果。

(四) 键盘控制

本例为利用键盘控制木偶在舞台上上下左右行走和转身。

(1) 导入 8 张木偶的图片素材，如图 9-23 所示。

图 9-23　键盘控制的木偶

(2) 将 member 1 拖动到舞台 sprite 1 通道，设置为 1 帧，并添加等待的帧脚本 go the frame。

(3) 添加电影脚本：

```
on keydown
    if sprite(1).membernum>8 then
      sprite(1).membernum=1
    else
      sprite(1).membernum=sprite(1).membernum+1
    end if
    case the keycode of
      126: sprite(1).locV=sprite(1).locV-5
      125: sprite(1).locV=sprite(1).locV+5
      123: sprite(1).locH=sprite(1).locH-5
      124: sprite(1).locH=sprite(1).locH+5
      49: sprite(1).flipH=not sprite(1).flipH
    end case
end
```

(4) 单击“ ”按钮，运行并测试键盘控制的效果。

(五) 输入文字的判断

本例为设计填空题，如图 9-24 所示，在文本框中输入答案后，正确的有正确的反馈信息，错误的有错误的反馈信息。

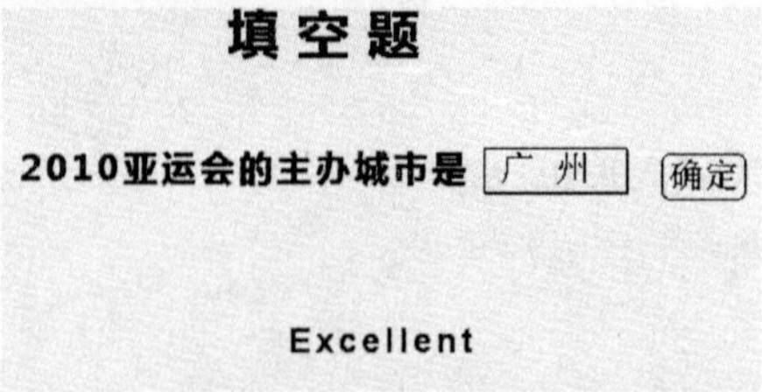

图 9-24 填空题

(1) 填空题由于属于主观题，其答案经常不是唯一的，而且还要容许用户输入空格等多余字符信息，对于本例正确答案可以是"广州"也可以是不区分大小写的"Guangzhou"，因此，我们可以利用 contains 来比较输入内容是否包括正确答案的相关信息。

(2) 按照如图 9-24 所示的题目准备好相关文本演员，其中文本输入框为 member(1)，并设置其精灵属性为"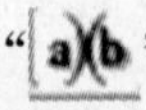"，显示反馈信息的文本演员为 member(9)。

(3) 在"确定"按钮添加精灵脚本：

```
on mouseUp me
  if member(1). text contains "Guangzhou" or (member(1). text contains "广" and
  member(1). text contains "州" )then
    member(9). text="Excellent"
  else
    member(9). text="try again"
  end if
end
```

(4) 单击""按钮，运行并测试输入不同内容的反馈效果。

(六) 背景音乐的控制

一般多媒体作品在播放的过程中都会播放一个背景音乐来烘托气氛，但某些特定的场合又需要关掉背景音乐，因此我们都会在作品中设置一个功能按钮，随时单击进行背景音乐播放的控制。

(1) 在影片中导入两张作为音乐开关按钮的图片，"音乐关"：和"音乐开"：。

(2) 在电影脚本中，定义一个全局变量控制单击开关按钮的次数，并设置电影一开始就播放背景音乐：

```
On startmovie
  global n
  n=1
  sound playFile 3, "背景音乐. mp3"
end
```

(3) 拖动"音乐关"图片演员到舞台，假设在 sprite 10 精灵通道上，并加入精灵脚本：

```
on mouseup
  global n
```

```
    n=not n
    if n=1 then
      sound playFile 3,"背景音乐.mp3"
      sprite(10).member="音乐关"
    else
      sound(3).stop()
      sprite(10).member="音乐开"
    end if
end
```

(4) 还可以给音乐开关按钮增加提示与鼠标事件的效果。

(5) 上机操作,并单击"▸"按钮,测试运行效果。

(七) 图片遮罩效果

本例为制作光标周围的区域显示更清晰的图片效果,如图 9-25 所示。

图 9-25 图片遮罩效果

(1) 导入一张位图风景图片"Sunset",并直接将它分别拖入到 sprite 1 和 sprite 2 精灵通道,设置为 1 帧,并设置 sprite 1 的 blend 属性为 20%,sprite 2 的 Ink 为 Mask。

(2) 利用 Paint 窗口绘制一个黑色填充椭圆,注意该位图演员的颜色位数不能为 16 位,并要放在演员表与 Sunset 相邻的下一个位置上。

(3) 在第 1 帧的帧脚本通道中输入:

```
on exitFrame me
  temp=member(2).regpoint
  temp[1]=sprite(1).loch-the mouseh+80
  temp[2]=sprite(1).locv-the mousev+70
  member(2).regpoint=temp
  go to the frame
```

end

(4) 单击"▶"按钮,测试运行效果。

●●●● 五、实验讨论与评价 ●●●●

(一) 思考与讨论

1. Director 中的脚本可以分为几种类型？它们分别有哪些特点和作用？
2. 如何利用 Lingo 语言控制声音的播放？
3. 如何在 Director 中控制 Flash 动画？
4. 试讨论与比较 Lingo 语言与其他编程语言,并说明它们有哪些区别。

(二) 评价

根据上机实验作品和实验报告,小组成员互相评价,并提出改进意见或需要共同注意的方面。

●●●● 六、实验报告 ●●●●

撰写实验报告,注意写明实验过程中遇到的问题和解决方法。

实验十　多媒体教学软件的设计与开发

一、实验目的

1. 能够与他人合作，共同设计开发交互式多媒体课件。

2. 训练学生进行多媒体应用软件项目开发的实际动手能力，提高学生发现问题、分析问题和解决问题的能力。

二、实验设备与相关软件

1. 能够连接 Internet 的多媒体计算机。

2. 带光盘刻录功能的光驱和空白 CD 光盘。

3. Office 办公软件、Director、Nero 等软件。

三、实验基本理论

(一) 多媒体教学软件的定义

1. 多媒体教学软件

多媒体教学软件是一种根据教学目标设计的，表现特定的教学内容，反映一定教学策略的计算机教学程序，它可以用来存储、传递和处理教学信息，能让学生进行交互操作，并对学生的学习作出评价的教学媒体。[①]

多媒体教学软件也称为课件，何克抗教授主编《教育技术培训教程》中是这样定义的："课件是在一定的教学与学习理论指导下，根据教学目标设计的，反映某种教学策略和教学内容的计算机软件。"随着课件在教学应用中的深化，课件的概念也在不断发展、演化。多媒体课件可大可小，小的多媒体课件只涉及一两个知识点（一般称之为"堂件"），较大的多媒体课件可以涉及众多知识点，例如一个教学单元，甚至一门课程。

积件就是模仿搭积木的形式，将教学内容分成许多的小模块，使用者只需通过简单的组合，便可以构造出一个满足教学需要的教学软件。黎加厚教授(2003)认为积件以帮助教师教学为主，教师在备课时，根据教学需要组织积件，积件是基于知识点组织教学资源库，与教材版本无关，不同学科的教学积件资源可以灵活运用，因此增强了教学资源的重用性。

多媒体教学软件不仅用于辅助教师的"教"，也能促进学生自主地"学"，可以突破课堂教学中的重点、难点，从而提高课堂教学质量与效率。因此多媒体教学软件的设计要注意调动

① 谢幼如，穆肃，柯清超，赵建华. 多媒体教学软件设计[M]. 北京：电子工业出版社，1999.

学生的主动性、积极性，不要把多媒体仅仅看做是教师的演示教具，更要把多媒体看成是学生自主学习、自主探究的认知工具和协作交流工具。

2. 多媒体教学软件设计的基本原则

(1) 教学性。多媒体教学软件必须符合学科的教学规律，反映学科的教学过程和教学策略。在多媒体教学软件系统中，通过多媒体信息的选择与组织、系统结构、教学程序、学习导航、问题设置、诊断评价等方式来反映教学过程和教学策略。一般情况下，在多媒体教学软件系统中，大都包含情境导入、知识讲解、案例演示、模拟实验、实践应用、诊断评价、资源扩展等教学步骤。

(2) 科学性。多媒体教学软件必须正确表达学科的知识内容，要求内容准确，无科学性错误。在多媒体教学软件系统中，教学内容是用多媒体信息来表达的，各种媒体信息都必须是为了表现某一个知识点的内容，为达到某一层次的教学目标而设计、选择的。各个知识点之间应建立一定的关系与联系的形式，以形成具有学科特色的知识结构体系。各种媒体信息的表达要注意科学规范性原则，如文字、语言和符号的规范性，音响效果以及动画制作都要遵循科学性原则。

(3) 交互性。多媒体教学软件必须具有友好的人机交互界面。交互界面是学习者和计算机进行信息交换的通道，学习就是通过交互界面进行人机交互作用的。在多媒体教学软件系统中，交互界面的形式包括图形菜单、图标、按钮、窗口、热键等。

(4) 集成性。多媒体教学软件是由文本、图形、动画、声音、视频等多种信息媒体经过加工和处理集合成的教学系统。在软件设计过程中要根据教学内容的需要，选择适当的媒体表现形式，多利用图文声像并茂的多媒体集成性特点，增强内容的表现力和感染力，吸引学生的学习兴趣和提高学生的学习积极性。

(5) 诊断性。多媒体教学软件必须具有诊断评价、反馈强化的功能。在多媒体教学软件中通常设置一些问题作为形成性练习，向学习者提问并要求学习者做出反应，来检验是否达到该软件的学习目标。通过问题的提出与回答，可以使学习者进行思考与操练，也可以对学生的学习情况做出相应的评价和反馈，能够及时指出错误，强化和肯定正确，使学习者对学习内容加深理解，获得知识并得到巩固。

(二) 多媒体教学软件的类型

从不同角度对多媒体教学软件可以有不同的分类方法，比如，按照使用对象可分为：助教型和助学型；按照使用的教学环境可分为：单机型和网络型；按照表现形式可分为：演示型和交互型。

我们通常根据多媒体教学软件的内容和作用的不同，将其分为课堂演示型、自主学习型、模拟实验型、训练复习型、教学游戏型和工具资料型，但其实很多教学软件都兼顾了其中的几种功能类型。

1. 课堂演示型

课堂演示型的多媒体教学软件一般由教师自行编制，利用 PowerPoint 等多媒体演示文稿制作，用于各个学科的课堂教学讲解。这种类型的教学软件要求画面直观，尺寸比例较大，能按照教学思路逐步深入地呈现，主要用于呈现内容提要、演示事实材料、显示数据图表和推导分析过程等，可用来配合课堂的讲授、讨论、练习、示范等各种教学方法。

2. 自主学习型

自主学习型的多媒体教学软件具有完整的知识结构，能反映一定的教学过程和教学策略。在设计上强调交互界面的友好性，能提供人性化的导航和学习工具，提供相应的形成性练习供学生进行学习评价，学习者能够根据个人需求选择合理的学习进度和顺序，实现在个别化的教学环境下进行自主学习。

3. 模拟实验型

模拟实验型的多媒体教学软件借助计算机仿真技术，能随时真实模拟对象的状态和特征，提供可控制和可重复的实验情境，促进学生参与，有利于学习迁移，为学习者创设了自主探究的学习环境。学生可模拟操作实验，改变各项参数，观察变化、发现问题、认识现象，从而达到意义建构的过程，例如"VCM 数字仿真实验"系列软件，目前已完成了中学物理和化学的 300 多个实验的软件模拟操作，如图 10-1 所示。

根据模拟的教学目的和内容，模拟实验型的教学软件分为两大类，一类是物理模拟和过程模拟，主要用于事实、概念、命题等陈述性知识的学习；另一类是程序模拟和情景模拟，主要用于智慧技能、认识策略等程序性知识的学习。模拟实验型课件强调学习所模拟的特定系统，而不是学习普遍的解决问题的技能和策略。真实准确是模拟的基本要求，但在设计制作过程中可以根据教学目的确定模拟的逼真程度，删除不必要的细节和干扰或者增加重点的细节或特征。

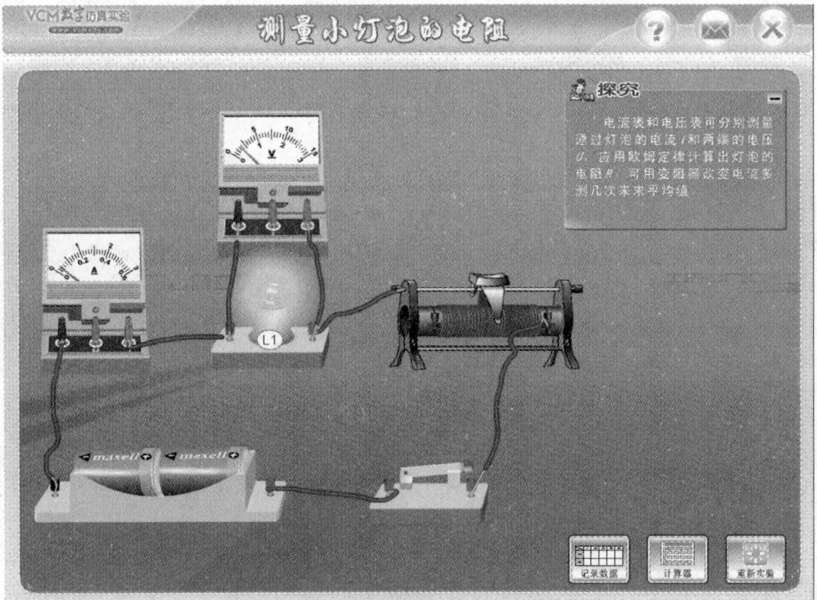

图 10-1 VCM 数字仿真实验

4. 教学游戏型

教学游戏型软件是近几年多媒体教学软件设计与开发的热点，它是基于学科的知识内容，寓教于乐，通过游戏的形式，教会学生掌握学科的知识和能力，并引发学生对学习的兴趣。教学游戏型软件一般具有任务目标明确、规则简单和竞争机制三个要素，具有挑战性、幻想性、安全性和娱乐性等特征。例如，由芬兰人 Petri Purho 设计开发的"蜡笔物理学"(如图 10-2 所示)操作简单，等级设计合理，由浅入深，以绘画的形式培养学生的问题解决能力、创作力。

图 10-2 教学游戏软件"蜡笔物理学"

5. 训练复习型

训练复习型多媒体教学软件主要通过问题的形式用于训练、强化学生某一方面的知识和能力。这种类型的软件在设计时要保证具有一定比例的知识点覆盖率，以便全面地训练和考核学生的能力水平，考核的目标要分为不同等级，等级逐级上升，根据每级目标设计题目的难易程度。反馈的设计也很重要，反馈的内容取决于学生的输入，反馈的形式包括简单的对与错的判断、提示继续尝试、相关知识点提示与建议等，训练复习型的课件如果学生回答正确可以直接进入下一个项目的训练。

训练与复习是有区别的。复习是通过前面知识点的学习，利用复习的环节应用知识解答问题，检验知识点的掌握情况，对相关知识点进行强化的过程；训练是通过反复的练习和对比，形成对事实和概念等陈述性知识的记忆，例如记忆英语词汇、地理名称、历史事件等。训练复习有助于学生把新获得的信息转入长时记忆，通过练习有助于问题解决等高层次智力技能的学习。与书面作业相比，训练复习型软件具有即时反馈、激发动机和节省教师工作时间的优点。

6. 资料工具型

资料工具型教学软件包括各种电子工具书、电子字典以及各种学科教学资源库、数据库等，这类教学软件只提供各种教学功能或某类教学资料，并不反映具体的教学过程。这种类型的教学软件可供学生课外进行资料查阅使用，教师也可以根据教学需要事先选定有关片段，配合教师讲解，在课堂上进行辅助教学。

(三) 多媒体教学软件设计的理论基础

1. 心理学原理

心理学是研究人的心理现象发生、发展规律的科学，包括注意、感知、记忆、思维、想象等认知过程以及认识客观事物时产生的情感和意志等心理过程。教学过程是一种学习认知过程，教学活动应符合人的心理认知发展规律，才能取得好的教学效果。多媒体教学软件是以视听媒体为主要展示形式的人机交互系统，因此在设计的过程中不仅要遵循视觉心理学等基本理论和规律，更要在认知工程学等理论的指导下，研究分析用户的认知水平与规律，设计人性化的交互界面。

(1) 注意。注意是心理活动对一定对象的指向和集中。在多媒体教学软件中我们可以利用色彩的对比、明暗的强度、声音和动画等突出重点内容，吸引学习者的无意注意，保持有意注意，激发学习兴趣，提高学习效率。

注意的范围是指同一时间内意识能清楚地把握对象的数量。在界面设计过程中，画面上出现的注意对象要相对集中，菜单、图标等元素排列有规律，使之成为相互联系的整体，注意的范围就大。

注意的稳定性是指注意长时间保持在感受某种事物或从事某种活动上。为了保持注意的相对稳定性，要注意内容的生动形象性，多利用变化的、活动的画面激发学习者的良好情绪。

注意的分配是指一个人把自己的注意指向不同对象或活动。多媒体教学软件要注意多种媒体的有机融合，对学习者进行多种感官的刺激，声画结合，画面与解说词、背景音乐的配合要和谐统一，才能获得良好的感知。

注意的转移是指人们根据新的任务，主动地把注意从一个对象转移到另一个对象上。例如作品的开头动画设计非常重要，要利用动画、声音等创设学习情境，让学生的注意尽快转移到课件当中。此外，各栏目内容的转场部分要注意，一般可以利用转场动画、小结或测评等手段提示学习者完成上一部分的学习，转入下一内容的学习。

(2) 感知。感觉是刺激物作用于人体感官，经神经传递至大脑皮层的相应区域而产生的，包括视觉、听觉、触觉、嗅觉和味觉。知觉是刺激产生后，由人体多种分析器联合作用，在头脑中产生的对事物的完整映像，包括对事物的空间、时间和运动的知觉。感觉和知觉同属于认知过程的感性阶段，它们都是对事物的直接反映，所以感知是人们认识世界的基础，是掌握知识最基本的心理过程，因此，在设计多媒体教学软件时要注意下列感知规律。

① 刺激强度规律。作用于感觉器官的对象必须达到一定的刺激强度才能被人们清楚地感知。因此，多媒体教学软件呈现的图像画面应尽量充满整个显示器屏幕；课件正文文字一般不小于18号字体；颜色与声音的强度应适中，使学生在适当距离内能清楚地感知到。

② 整体规律。人们接受繁复众多刺激时，总会按接近、相似、闭合、连续等形式将它构成一个整体，或按部分主要特征以旧知识经验将它组成整体。因此，在画面构图时要注意遵循这一规律，对学生还完全没有经验的新事物应安排在画面上整体呈现，而对于已经比较熟悉的事物，呈现事物的部分主要特征就可以得到良好的知觉效果。

③ 对比规律。在性质或强度上存在对比性的刺激物同时或相继地作用于感觉器官时，往往能使人们清晰地感知它们的差异。通过差异，更容易清晰感知其主要特征，在多媒体教学软件设计过程中可以采用大小、新旧、明暗、色彩、虚实、动静等对比手法，突出表达重点内容不同部分的特征，也可以利用主体对象与背景在颜色、运动、强度等方面的差异，让主体对象的特征能清晰地被学习者感知。

④ 言语引导规律。形象直观的画面配以文字字幕或解说语言的引导，有利于促进学生的知觉理解，引起学生进行积极的思维活动，把形象化感性材料提高到抽象化的概念层次。思维是对客观事物共同的、本质的特征、内在联系间接、概括的反映。因此，画面的组接、软件的整体结构设计都必须符合学生思维活动规律，思维具有指向解决问题的特性，充分利用多媒体形象化特点，提供感性资料，配合言语的解说、提示和引导，提出问题，并不断解决问题，启发学生思考问题，把直观形象提高到抽象层次，使学生掌握运用表象对事物进行分析、综合、抽象与概括的能力，从而进入抽象思维的阶段。

2. 学习理论

多媒体教学软件的设计与开发离不开现代教育思想与学习理论的指导。

(1) 信息技术与课程整合的相关概念。信息技术与课程整合的实质就是在先进的教育思想和教育理论指导下，把以计算机和网络为核心的信息技术，作为促进学生自主学习的认知工具以及情感激励工具，丰富教学环境的创设工具，并将这些工具有机地运用到各学科教学过程中，在整体优化的基础上产生聚集效应，从而实现教学结构与教学模式的变革，达到培养学生创新精神和实践能力的目的。[①]

在信息技术与课程整合中，信息技术成为教师教学的工具、学生学习的工具以及环境构建的工具。然而，工具不可能解决所有的问题，也不会自然而然地发挥作用，因此我们在软件的设计与开发过程中要明确“技术支持教学”的观念。

① 技术是为教育服务的。教育技术既是教育问题也是技术问题，更是教育与技术相互结合的问题。然而，在实际工作中，我们容易将其视为纯技术问题，认为只要应用了最先进的技术就能实现教育教学的目标，过分注重硬件的配置、软件的版本，忽视了教育教学的自身规律。多媒体教学软件的使用对象——学习者是教育教学的主体，软件设计中内容的教学设计是首要的，技术是为实现学习目标服务的。

② 理论的指导作用。理，是指道理、定理和公理；论，是指表述，为什么这样设计，以及为什么这样做。在技术的教育应用过程中，人们容易“喜新厌旧”，盲目追求前沿技术，注重开发而轻视理论的指导作用。理论是前人对教育现象的经验总结，在钻研新技术新方法的同时，学习与借鉴前人的教育教学理论，将会达到事半功倍的效果。

总之，信息技术与课程整合的主体是课程，而不是信息技术，切勿为了使用技术而牺牲课程，应以课程目标的实现为出发点和归宿，选用合适的技术。

(2) 客观主义学习理论。客观主义学习理论包括行为主义和认知主义学习理论，两者对知识本质的理解基本相同，都认为世界是由客观实体及其关系构成的，教学的目标在于帮助学习者学得这些事物的特征，使外部客观事物内化为学习者内在的认知结构。对于知识的形成过程它们有不同的看法，行为主义认为，学习是有机体在一定条件下，形成刺激与反

---

① 张军征. 多媒体课件设计与制作基础[M]. 北京：高等教育出版社，2005.

应的联结，从而获得新经验的过程。认知主义认为，学习是有机体在与环境相互作用的过程中，积极主动地形成新的认知结构的过程。

基于客观主义学习理论的教学模式主要有以下三种。

① 斯金纳的程序教学。所谓程序教学，就是将学科知识点分解成具有逻辑联系的小步子，要求学生作出积极的反应，对学生的反应要有及时的反馈和强化，学生在学习中可以根据自己的情况自定步调，学习进度不要强求一律，使学生有可能每次都作出正确的反应，将错误率降低到最小限度，使学生最终掌握所学知识，达到预定的教学目标。

斯金纳的程序教学是他的操作性条件反射理论和强化理论在教学领域中的具体化，“小步子”和“及时反馈强化”是其成功的关键，该模式被广泛应用于早期的计算机辅助教学(Computer Assisted Instruction，简称 CAI)。

② 布鲁姆的发现式教学。所谓发现式教学，就是教学围绕着一个问题情境展开，而不是围绕一个知识项目，教师为学生提供一定的材料，引导学生独立地发现问题，寻求解决问题的方法，从中发现事物之间的联系和规律，获得相应的知识，教学以学生的“发现”活动为主，教师起引导作用，教学没有固定的组织形式，能最大限度地发挥学生在学习中的主动性和创造性。

在发现式教学模式中，可以利用信息技术发挥其作为情境创设的工具、资源获取的工具、信息交流的工具以及意义建构的工具等作用。

③ 加涅的信息加工教学。加涅将学习的条件分为两类：一类是内部条件，来自学习者的内部因素，包括学习者原有的知识、能力和学习者的学习愿望、积极性等；另一类是外部条件，即学习环境，包括教学内容的组织与呈现，教学策略的选择与应用，教师的知识水平以及人格特征等。因此，我们在多媒体教学软件设计的过程中要注意激发学习的内部因素，也要创造适宜的外部环境，例如设计精美的人性化的学习界面等。

(3) 建构主义学习理论。建构主义认为，学习是获取知识的过程，知识不是通过教师传授得到，而是学习者在一定的情境即社会文化背景下，借助其他人(包括教师和学习伙伴)的帮助，利用必要的学习资料，通过意义建构的方式而获得的。因此“情境”、“协作”、“会话”和“意义建构”是学习环境中的四大要素。

因此，多媒体教学软件的设计要以学生为中心，注重根据学习者的经验背景，在实际的情境中进行学习，注意协作学习活动的设计，并提供充分的资源。

基于建构主义学习理论的教学模式主要有以下两种。

① 支架式教学(Scaffolding Instruction)。根据欧共体“远距离教育与训练项目”(DGX Ⅲ)的有关文件，支架式教学被定义为：“支架式教学应当为学习者建构对知识的理解提供一种概念框架(Conceptual Framework)。这种框架中的概念是为发展学习者对问题的进一步理解所需要的，为此，事先要把复杂的学习任务加以分解，以便于把学习者的理解逐步引向深入。”很显然，这种教学思想是来源于前苏联著名心理学家维果斯基的“最邻近发展区”理论。维果斯基认为，在儿童智力活动中，对于所要解决的问题和原有能力之间可能存在差异，通过教学，儿童在教师帮助下可以消除这种差异，这个差异就是“最邻近发展区”。

支架式教学由搭脚手架、进入情境、独立探索、协作学习和效果评价几个环节组成。

② 抛锚式教学(Anchored Instruction)。这种教学要求建立在有感染力的真实事件或

真实问题的基础上，确定这类真实事件或问题被形象地比喻为“抛锚”，因为一旦这类事件或问题被确定了，整个教学内容和教学进程也就被确定了（就像轮船被锚固定一样）。由于抛锚式教学要以真实事例或问题为基础（作为“锚”），所以有时也被称为“实例式教学”或“基于问题的教学”。

抛锚式教学由创设情境、确定问题、自主学习、协作学习和效果评价几个环节组成。

面对众多的学习理论流派，我们该选择哪一种理论来指导多媒体教学软件的设计与开发呢？应用学习理论的基本原则就是以不同理论解释不同的学习现象，将不同的理论应用于不同的学习情境。

3. 艺术与美学基础

通常我们把建筑、雕塑、绘画、文学、音乐、舞蹈、戏剧和电影称为“八大艺术”，而多媒体作品是近年发展起来的一种综合性的艺术。因此多媒体作品要体现美的特性，遵循美的物质组合规律。

（1）多媒体作品要体现美的特性。

① 形象性。美的事物和现象总是形象、具体的，是感官可以直接感受到的。作为内容和形式的有机统一，美的内容是通过由一定的色、形、声等物质材料所构成的外在形式表现出来。多媒体作品的最基本的艺术美是形象美，它包括形象的构思、构图、色彩、色调等。

② 感染性。美具有很强的感染力，它以情感人，使人们在精神上得到很大的愉悦与满足。设计多媒体教学软件在考虑内容科学性的同时，要充分体现出美的感染力，激发学习者的感情，使课件在科学内容和美的形式上达到高度的和谐统一。

③ 社会性。美的社会性表现在它对社会生活的依赖和社会效用性上。我们要利用多媒体作品丰富人们的生活，愉悦人们的心情，使人们精神更加振奋，品格更加高尚，在促进社会精神文明建设方面发挥作用。

（2）多媒体作品要遵循美的物质组合规律。

① 匀称和比例。事物形式要素之间的匀称和比例是人们在实践活动中通过对自然事物的总结抽象出来的。毕达哥拉斯学派提出的黄金分割率 1：1.618 是一种常用的比例关系，我们设计多媒体作品的画面长宽比例，以及主体在画面中的位置等最好都能符合这一比例要求。

② 对称和均衡。对称是生物体自身结构的一种符合规律的存在形式。人类在长期生活实践中认识到对称不仅是生产生活的需要，对称形式也能给人以审美的愉悦。如果事物在左右、上下、前后的布局上出现等量而不等形的情况，则被称为均衡。对称、均衡的布局能产生稳定、庄重、严肃、宏伟、朴素等艺术效果。

③ 反复与节奏。各种物质材料按相同的方式排列形成单纯性的反复，产生整齐一律的美，而有规律的反复便形成节奏。音乐的节拍、画面的组接以及动画的反复变化等都可以形成节奏。在多媒体教学软件设计中要注意内容与画面形式的安排、色彩与音乐的处理、原理与应用等都应有规律、有节奏地安排，这样才能获得美的效果，获得良好的教学效果。

④ 和谐与多样统一。和谐是多样统一的具体表现，“多样”是整体各个部分在形式上的区别与差异，“统一”是各个部分在形式上的某些共同特征以及它们之间的某种关联、呼应和衬托关系。多样的统一性就是要在丰富多彩的表现中保持某种一致性，在变化中求统一，在

统一中有变化，看似无规矩而实不离规矩，才能呈现出生动的气息、深远的意味，进入完美的境界。

（四）Xtras 插件

1. 关于 Xtras

MacroMedia 公司的开放式体系结构（MacroMedia Open Architecture，简称 MOA）为开发各种 Xtras 功能扩展提供了先决的条件，并且它旗下的多媒体开发工具 Director 和 Authorware 也拥有较多自身扩展程序包，加之与越来越多的独立开发商所开发出的 Xtras 相结合，使得这两款专业级的多媒体开发工具如虎添翼般地拥有了超强的功能。

在 Director 中，Xtras 功能的应用涉及软件开发、多媒体制作等方面，这些插件在电影制作过程中发挥了意想不到的功效，也可以在媒体运行时得到执行，以完成多媒体的流畅播放效果等。

Xtras 是由开发者以 C 和 C++ 的程序代码为基础，按照 MacroMedia 的开发规范 Xtra Development Kit（XDK）开发出来的，并通过 Xtras 的嵌入式代码块来实现对 Director 的功能扩展，因此我们通常称之为插件。Xtras 的前身是 Xobject，但 Xobject 只是 Lingo 脚本语言的补充，Xtras 才是 Director 的更全面、功能更强大的扩展。

（1）Xtras 的主要用途。使用 Xtras 可以为 Director 增加一些新的、独立的功能，而不需要开发一个全新版本的 Director。

通过 Xtras 可以为 Director 增加一些不经常使用的功能，以满足特殊场合的需要。

第三方厂商可以通过 Xtras 为 Director 加入一些 Adobe 未曾提供的特殊功能。

用户必须为所发布的电影配置所需的 Xtras，如果缺少相关的 Xtras，则电影在开始播放时会出现警告提示信息，一些功能和舞台对象将无法正常显示。

（2）安装 Xtras。Director 自带了很多 Xtras，不需要安装即可使用，Xtras 文件后缀为“*.x32”，保存在 Director 的安装目录下，Xtras 文件的图标通常为“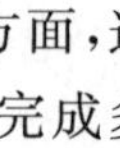”。

其他 Xtras 的获取一般有两种方式，一是花钱购买正式版的插件；二是从网络上下载免费的试用版插件。

下载的插件文件分两种，一种是“*.x32”文件，直接将其复制到 Director 安装目录下的 Xtras 目录或 Xtras 目录下的子目录即可，深度不超过五层。另一种是打包成 EXE 的可执行文件，依次单击 Next 按钮执行此文件，并确定其安装路径即可，这种方法的实质也是帮助用户将“*.x32”文件复制到 Xtras 目录下。

2. Xtras 的分类

在 Director 中，Xtras 可分为五种类型：演员型（Cast member Xtras）、过渡型（Transition Xtras）、工具型（Tool Xtras）、脚本型（Scripting Xtras）、导入型（Importing Xtras）。

（1）演员型插件（Cast member Xtras）。演员型插件也称为媒体型插件，它扩展了 Director 支持的文件格式、媒体类型，使得在 Director 中可以创建或控制更大范围的媒体对象。我们在 Director 中使用的 Flash、GIF 动画、数字视频还有各种格式的位图和矢量图，都由演员型插件的功能所支持。通过执行“Insert＞Media Element”命令，我们可以查看已经安装在 Director 中的演员插件，如图 10-3 所示。

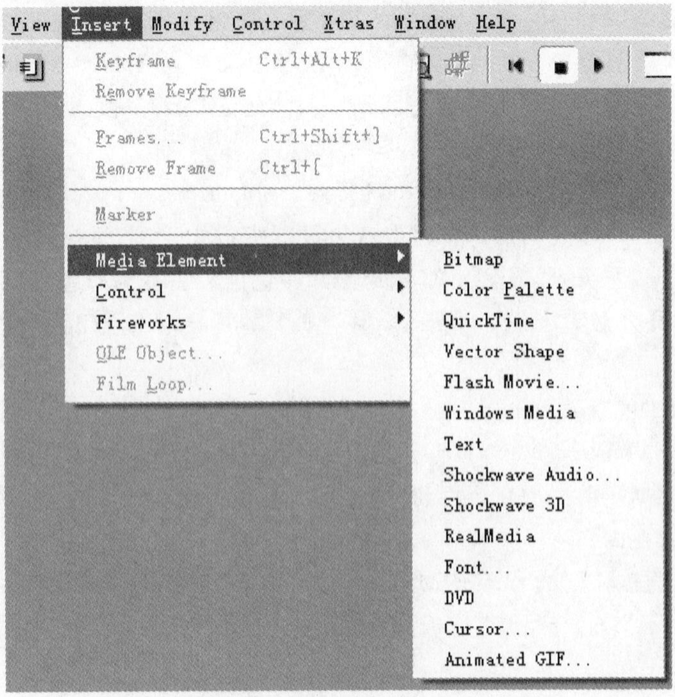

图 10-3 Director 支持的媒体类型

演员型插件中应用最多的是 DirectMedia Xtra，如图 10-4 所示，国内几乎所有的视频演示都使用到了这个插件，使用该插件的目的：一是拓展了 Director 支持的视频文件范围，支持 MPEG、QuickTime、AVI、AIF 和 MIDI 等媒体类型文件播放和控制；二是所见即所得(What You See Is What You Get)的操作方式，拥有工具栏、音量、速度、鼠标和全屏模式下的软件回放，可以在编辑状态下创建、修改线索点(Cue Point)，利用线索点，我们可以更加方便地控制视频文件的播放。在播放 MPEG 和 AVI 文件时，可以使用微软的 ActiveMovie 及 DirectShow 引擎来播放高质量和高性能的视频文件。

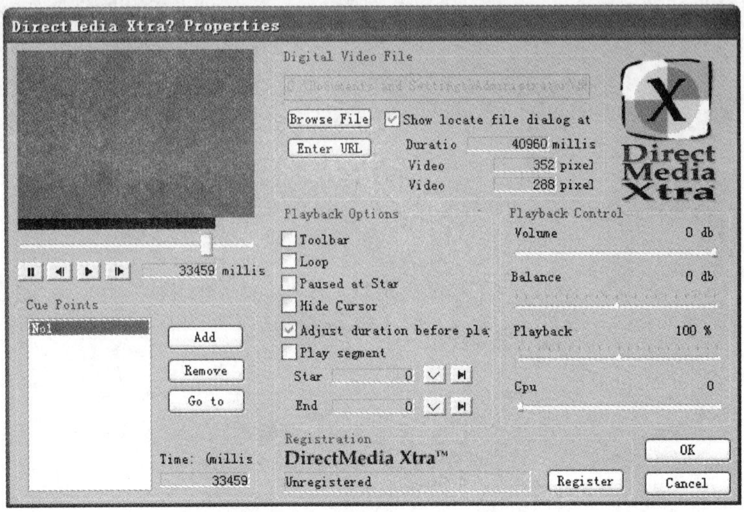

图 10-4 DirectMedia Xtra 插件界面

(2) 过渡型插件(Transition Xtras)。过渡型插件也称转场型插件，它补充了 Director 中的转场效果，利用过渡型插件可以制作出更多生动有趣的影片转场动画效果。执行“Modify>Frame>Transition”命令或者双击帧脚本通道的某一帧，可以打开过渡效果设置窗口，查看 Director 自带的过渡型插件。

常用的第三方转场效果插件有 DmPack1. x32 和 DmPack2. x32，将它们复制到“.. Configuration\Xtras”目录下，我们可以在过渡效果设置窗口中看到，过渡列表中多了 DmPack1 和 DmPack2 两大类型，分别多了 DMColor(图片颜色由黑白变为彩色)、DMFade(图片混合淡变)、DMWipe(柔边划变)、DM Page Peel(卷页)、DM Swap(上下层换位)、DM Zoom In (缩放转场)等效果。

(3) 工具型插件(Tool Xtras)。工具型插件扩充了 Director 中用于创建媒体元素的工具，如位图过滤器、Convert Wav to Swa、Auto Filter、Auto Distort 等。这类插件只有在电影创作过程中可根据需要由用户调用，在电影播放时是不能被载入的，因此在发布电影时不需将此类插件包括在内。

常用的第三方工具型插件有 DMStars. x32 和 DMWaves. x32，将将它们复制到“.. Configuration\Xtras”目录下，就可以看到在“Insert>DMTools Media”菜单下增加了两个选项 Stars field effect 和 Waves effect。

试一试 单击 Stars field effect，弹出星空效果设置窗口，如图 10-5 所示，设置好星空背景图片的大小、星星的数量和运动速度，单击“OK”，在 Cast 窗口中创建了一个星空的演员，将其拖动到舞台，单击“ ”播放按钮，测试星空的效果。

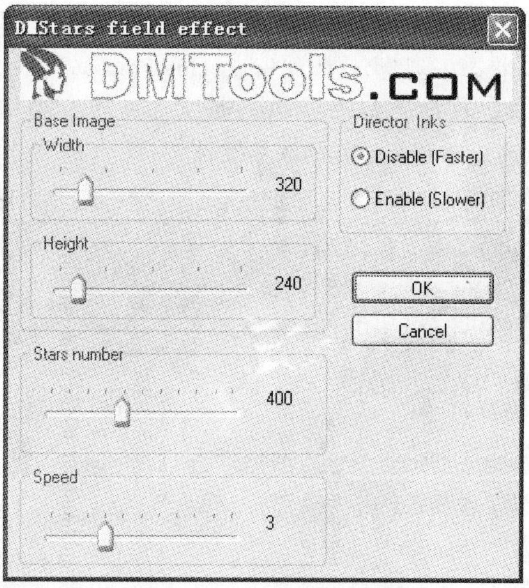

图 10-5 星空效果设置窗口

试一试 单击 Waves effect,弹出水波效果应用工具窗口,如图 10-6 所示,在窗口中选择需要添加水波动画效果的位图演员,单击 OK,在 Cast 窗口中创建了一个特效演员,图标为“”,双击该图标,弹出如图 10-7 所示的水波属性窗口,在该窗口可以设置整个动画效果持续的时间和波纹大小。

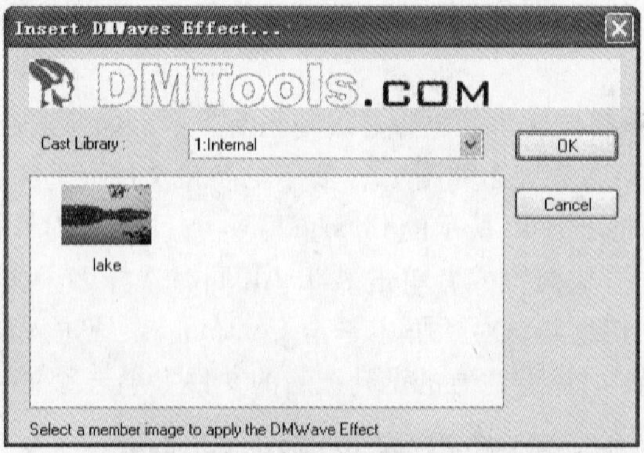

图 10-6　水波效果应用工具窗口

图 10-7　水波属性窗口

(4) 脚本型插件(Scripting Xtra)。该类插件主要通过向 Lingo 脚本增添新的命令来扩展 Director 的编程功能。在 Director 11 以上的版本中,通过单击 Script 脚本窗口的“” Scripting Xtra 按钮可以查看并调用可用的脚本插件,包括 Fileio(文件的输入输出接口的调用与管理命令)、Multiuser(网络多用户的管理与通信)等。

(5) 导入型插件(Importing Xtra)。导入型插件为 Director 提供了通过链接从外部导入各种类型媒体的代码。一部链接了外部媒体的 Director 电影,都是通过导入型插件实现外部媒体导入的。因此,发布这种类型的 Director 电影时必须将相关的导入型插件包括在里面。

3. Xtras 的应用

(1) 更新电影。使用 Director 自带的 Xtras 工具可以打开旧版本的电影文件,并将其升级或制作成电影的保护文档等,其操作步骤为:执行“Xtras>Update Movie”命令,打开如图 10-8 所示的更新电影选项对话框。

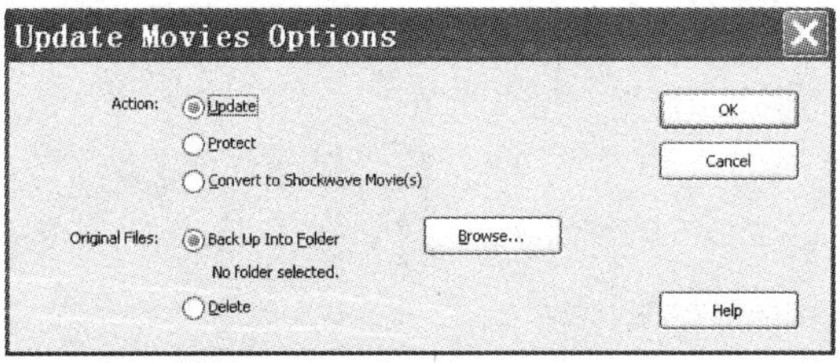

图 10-8　更新电影选项对话框

① Update：可以批量将低版本的电影升级到当前版本。选择该选项，单击 OK 后，如果选择了备份源文件的选项，将首先弹出如图 10-9 所示的备份文件夹选择窗口。选择好文件夹后，再次单击 OK，在弹出的如图 10-10 所示的 Choose Files to Update 对话框中，选择需要升级的电影文件，可以利用“Ctrl＋A”快捷键或者单击 Add All 同时选择多个文件进行批量升级。单击 Update 按钮，并在弹出的信息确认对话框中单击 Continue，系统进入转换操作。待完成后，就可以以新的版本打开电影文件，要注意的是升级后的文件大小与源文件有所不同。

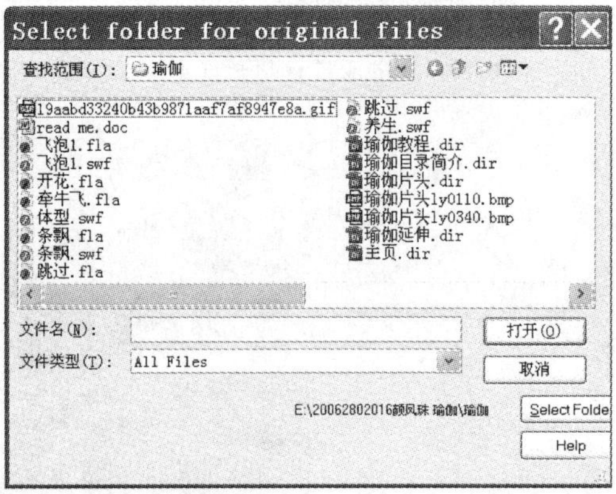

图 10-9　选择文件夹保存源文件

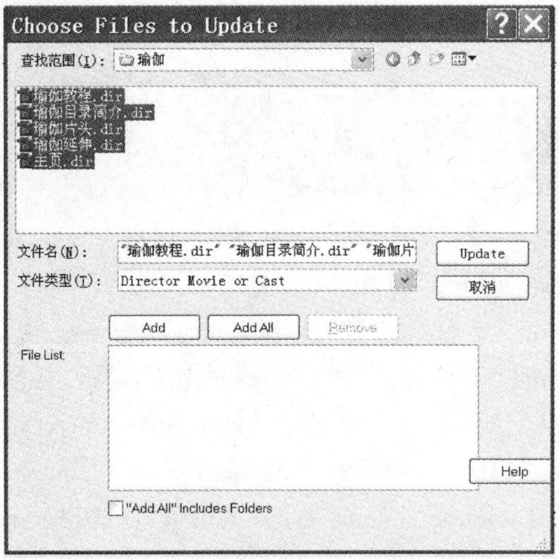

图 10-10　Choose Files to Update 对话框

提示：Director 4.0 或更低版本制作的电影首先要转化成 Director 5.0 或 Director 6.0 版本格式，才可以再进行升级。

② Protect：创建电影的保护文档，该文档删除了电影中的编辑数据，只保留可执行数据。创建保护文档的操作与升级电影相同，只是在保护电影之前一定要做好源文件的备份工作，否则别人打不开，自己也无法再打开电影文件进行编辑修改了。Director 不仅可以将电影文件进行保护设置，还可以将外部演员表文件进行保护，受保护的电影文件扩展名为"＊.dxr"，受保护的外部演员表扩展名为"＊.cxt"，受保护后的电影与演员表在图标显示上也有较大的区别，如图 10-11 所示。

图 10-11　文件保护前后的图标对比

③ Convert to Shockwave Movie：将电影发布成可以在网页上浏览的 Shockwave 电影。转换 Shockwave 电影的操作与升级和保护文件类似，转换后的文件也不可以再进行编辑，其扩展名为"＊.dcr"。此类电影可以通过 Shockwave 播放器播放。

④ Back Up Into Folder：将源数据文件备份到指定的文件夹。单击"Browse..."打开浏览窗口，选择存放电影源文件的文件夹，注意不能与当前文件在同一个文件夹内，单击 Select Folder 将在 No folder selected 位置出现一个完整的文件名的绝对路径。

⑤ Delete：删除源文件，一般不建议用户使用该操作，一定要确认将源文件以手动方式保存好以后，再执行该操作。

（2）滤镜特效。滤镜是一种可以对 GIF、PNG、JPG、PSD、BMP、文本以及矢量图形、SWF 等文件格式进行特殊效果编辑的工具，安装了滤镜插件，就可以在 Director 中实现如 Photoshop 等专业图像工具的滤镜功能，可增强画面的表现力、提高多媒体作品的制作效率。

① 精灵滤镜。给舞台上的精灵添加滤镜效果是 Director 11 版本增加的新功能，如图 10-12 所示。常用的滤镜效果有以下几种。

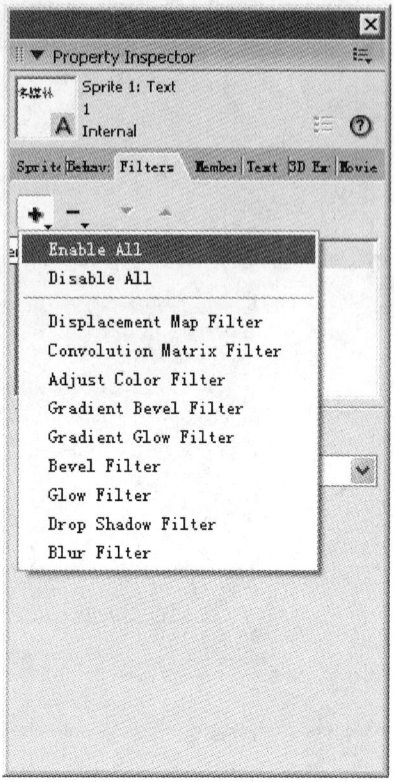

图 10-12　精灵的 Filters 属性选项

Blur filter（模糊化）。Blur filter 滤镜可以将精灵的边缘和细节进行柔化处理，效果如图 10-13 所示。参数 Blur X 和 Blur Y 取值范围为 0～255，分别代表 X 轴和 Y 轴方向上模糊的程度；Quality 属性为 Low 可以呈现聚焦不清的画面效果，High 可以产生近似高斯模糊的效果。

Glow Filter（帜热化）。Glow Filter 滤镜是将精灵的边缘添加一种颜色，并进行帜热化处理的一种效果，如图10-14 所示。参数 Blur X 和 Blur Y 取值范围为 0～255，分别代表 X 轴和 Y 轴方向上模糊的程度；Quality 属性分为 Low、Medium 和 High 三个程度等级；Filter strength 通过滑块可以设置0～1000 的参数值，用来设置 glow 颜色占背景色的多少；选中 KnockOut 选项则可以将精灵对象进行全透明处理；选中 InnerGlow 则 Glow 效果在精灵内部，否则在精灵边缘的外部。

图 10-13　Blur filter 的文字效果

图 10-14　Glow Filter 的文字效果

Drop Shadow filter(投射阴影)。Drop Shadow filter 滤镜可以给多种类型的精灵增添阴影的效果，如图 10-15 所示。参数 Blur X 和 Blur Y 取值范围为 0～255，分别代表 X 轴和 Y 轴方向上模糊的程度；Quality 属性分为 Low、Medium 和 High 三个程度等级；Filter strength 通过滑块可以设置 0～1000 的参数值，用来设置阴影的厚度；通过 Color 属性可以设置阴影的颜色，Filter angle 是阴影的倾斜角度，Filter Distance 是阴影离开精灵的距离；选中 KnockOut 选项则可以将精灵对象进行全透明处理；选中 Inner Shadow 则阴影颜色混合在精灵内部，否则阴影在精灵的外部；选中 Hide Object 则可以把精灵对象隐藏起来，仅显示阴影的效果。

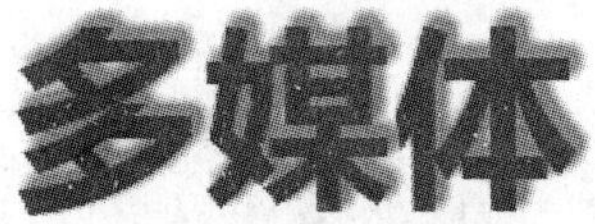

图 10-15　应用了 Drop Shadow filter 的文字效果

② Filter Bitmap(位图滤镜)。因为 Director 本身的 Filter Bitmap Xtras 只是一个引擎工具，所以在使用前需要把 Photoshop 等软件工具中安装路径下的滤镜相关文件(例如“Plug-Ins”文件夹等)复制到 Director 安装路径的 Xtras 文件夹中，再重新启动 Director。

具体操作为：选中一位图演员，执行“Xtras>Filter Bitmap”命令，即可打开如图 10-16 所示的位图滤镜选择窗口。

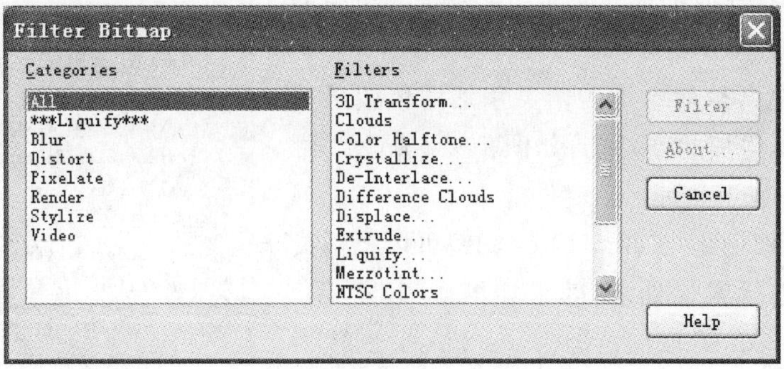

图 10-16　Filter Bitmap 对话框

选择需要应用滤镜效果的位图演员，如需在图片的局部添加滤镜效果，可以在 Paint 窗口打开位图，利用选择工具，选定某一区域，如图 10-17 所示。

图 10-17 选定某个区域

执行“Xtras>Filter Bitmap”命令，在图 10-16 所示的对话框中选择 Water Ripples（水波）效果，单击 Filter 按钮，弹出如图 10-18 所示的对话窗口。

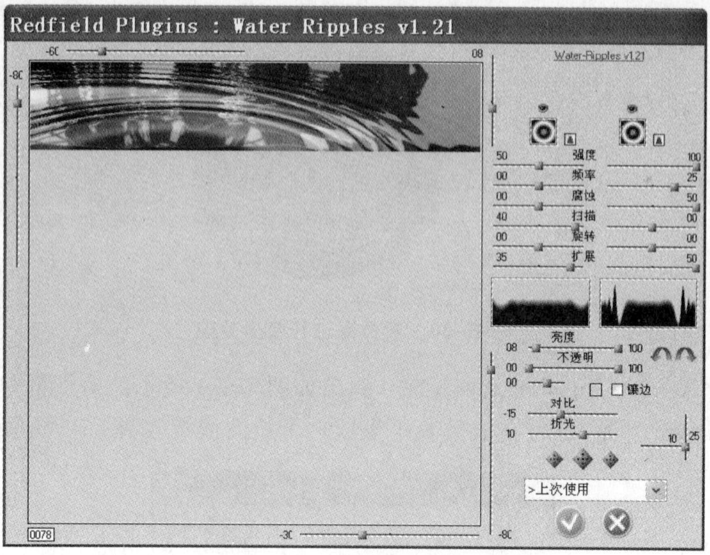

图 10-18 水波滤镜设置窗口

调整好设置参数后，单击“√”确定，则位图演员应用了滤镜效果，如图 10-19 所示。

(3) 自动扭曲（Auto Distort）。Auto Distort（自动扭曲）与 Auto Filter 一样都可以用来创建位图动画序列，它可以根据原始图片和变换后的图片，创建中间过程的动画画面演员。

图 10-19　水波滤镜效果

首先，导入一张位图图片，并在 Paint 窗口选中位图，利用水平工具栏，对图片进行旋转、倾斜、扭曲、透视或拉伸等处理，如图 10-20 所示。

图 10-20　对位图进行变形处理

其次，执行"Xtras>Auto Distort"命令，弹出如图 10-21 所示的对话框，填入中间画面的数量"6"，单击 Begin 开始，即可在演员表中生成六个位图演员，如图 10-22 所示。

图 10-21　Auto Distort 对话框

图 10-22　自动扭曲位图序列

最后,在 Cast 窗口,选中这六个位图演员,执行“Modify>Cast to Time”,单击播放按钮,在舞台上查看动画效果。

(五) 发布电影

在制作完一个多媒体作品后,为了让没有安装 Director 的用户也可以欣赏到作品,这就需要将电影发布。按照用途不同,我们可以将电影发布成两种形式:一种是用于多媒体光盘或本地硬盘运行浏览的一般的可执行程序,另一种是用于网络浏览的 Shockwave 电影。

1. 管理并组织电影文件

在制作电影时,如果对所用到的多媒体元素进行有效的管理和组织,不仅可以提高工作效率,还可以避免各种错误的产生。

对电影中多媒体元素进行管理和组织时,可以遵循以下原则。

第一,在制作电影前,确定各种媒体文件的存放位置,并对电影进行组织。

第二,在制作大型电影之前,对电影中的各方面内容进行规划。

第三,使用逻辑方法对电影中的演员进行组织,在复杂的影片中一般可以按照内容章节和演员类型相结合的命名分类方法。

第四,如果在 Lingo 或 JavaScript 脚本中需要使用某个演员、某个精灵或某一帧,最好使用演员的名称、精灵的名称或帧的名称,这样,在对电影中的演员位置、精灵位置或帧位置进行调整之后,可以避免重新对脚本进行修改。

第五,在创作电影的过程中,要经常保存电影文件,并对所保存的电影文件进行编号。这样一旦电影中发生问题,就可以很快找到问题所在。保存当前电影的多个备份也是非常重要的,一旦某一文件损坏,还可以使用其他文件进行替代。

总之,对所创建的电影进行行之有效的管理和组织,可以使所制作的电影结构更加有条理,创作思路也更加清晰。

2. 发布准备

在发布前首先要明确,一个多媒体作品中包含众多的电影文件,仅仅需要把呈现给用户的第一个电影文件打包发布即可,其他的文件建议设置为保护文档,以保护创作者的知识产权。

(1) 设置播放器的外观。多媒体电影完成后,单击快捷按钮“Publish”,即可发布成能独立运行的应用程序,但默认设置下应用程序的播放器窗口中包含标题栏等信息,影响了界面的整体效果,如图 10-23 所示。

图 10-23　默认的播放器外观

我们可以通过如图 10-24 所示的电影属性检查器的 Display Template(显示模板)选项卡来设置播放器的外观。

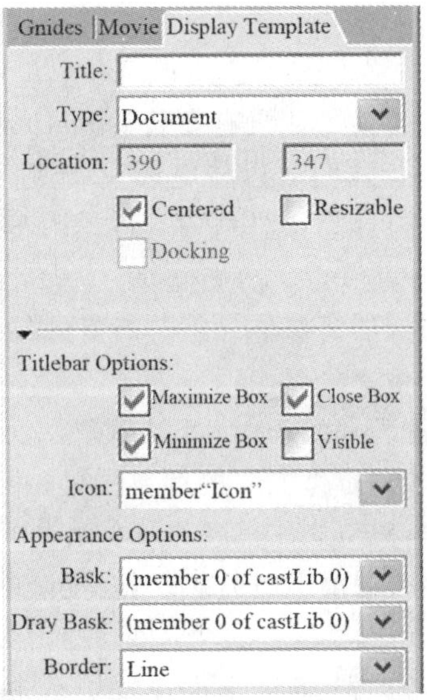

图 10-24 Display Template 选项卡

Location：选中 Centered 选项，则播放器居中显示；不选中 Resizable，则播放器没有可以任意拖放的边框。

① Titlebar Options：用于决定是否在播放器窗口中显示 Maximize Box(最大化)、Minimize Box(最小化)和 Close Box(关闭)按钮，以及是否显示蓝色的标题栏(Visible)，如果不选中 Visible 选项，则发布的作品外观如图 10-25 所示。

图 10-25 设置后的播放器外观

② Appearance Options：播放器的外观设置，在 Mask(遮罩)下拉菜单中选择一个位图演员，这样播放器的窗口外形就会变成该演员的外形，并以该演员作为遮罩演员。可以用该功能设置不规则的播放器窗口，还可以在 Drag Mask(拖拽遮罩)下拉菜单中选择该演员或其他位图演员，设定播放器窗口的全部或部分可以被用户拖拽。

(2) 添加 Xtra 插件。在 Director 电影中只要用到了某种媒体类型,它的相关插件就会自动添加到该电影中,但我们通常仅仅把第一个电影文件发布,如果其跳转链接的其他文件包含的 Xtra 插件往往没有包含在播放器中,运行程序时就会产生如图 10-26 所示的错误提示信息,我们可以根据提示信息的内容添加相关的 Xtra 插件。

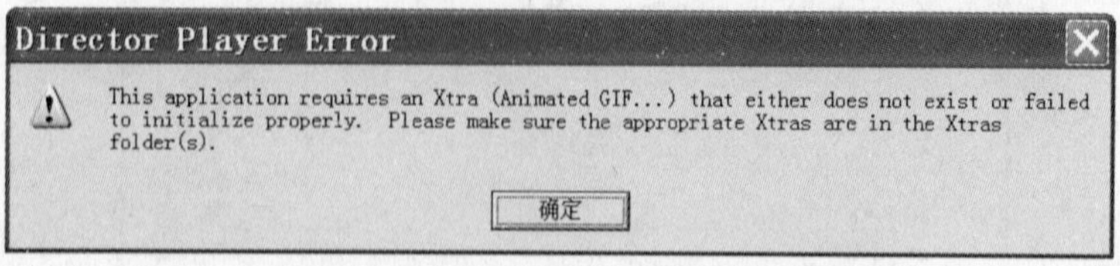

图 10-26 播放器缺少 Xtra 插件的提示信息

执行"Modify>Movie>Xtras"命令,打开如图 10-27 所示的电影 Xtras 窗口,单击 Add 按钮,打开如图 10-28 所示的添加 Xtras 窗口,在列表中选择需要添加的 Xtra,单击"OK"即可添加到 Movie Xtras 窗口中。对于不需要的 Xtra 也可以在列表中选中相应的 Xtra 文件名称,单击 Remove 按钮删除。

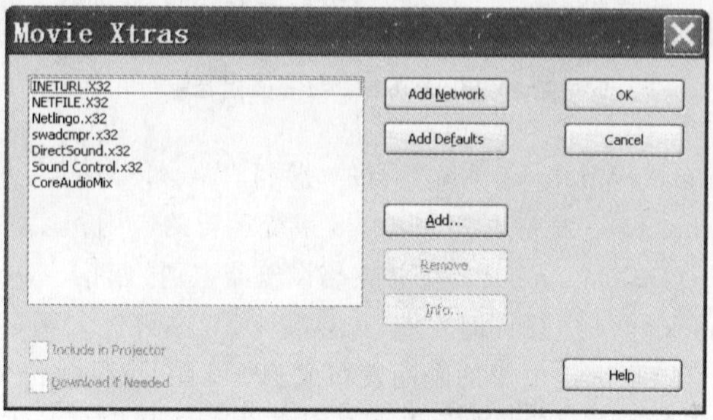

图 10-27 Movie Xtras 窗口

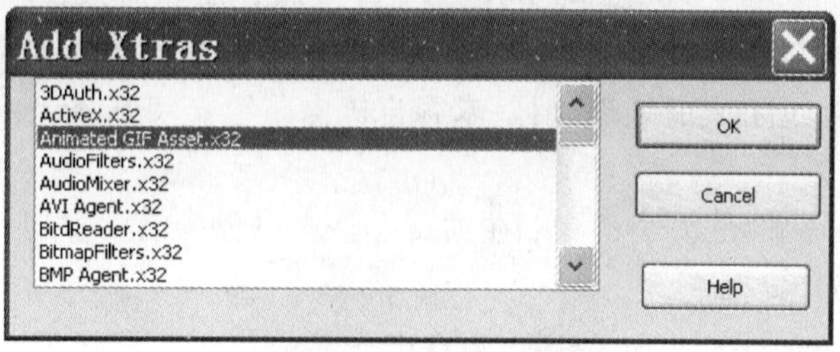

图 10-28 添加 Xtras 窗口

3. *发布设置*

执行"File>Publish Settings"命令,打开 Publish Settings 发布设置对话框,如图 10-29 所示。Publish Settings 对话框包括 6 个选项卡,它们分别是:Formats(格式)、Projecor(放映机)、Files(文件)、Shockwave、Html(网页格式)和 Image(图像)。

(1) Formats 选项卡。Formats 选项卡主要用来确定电影发布的格式。

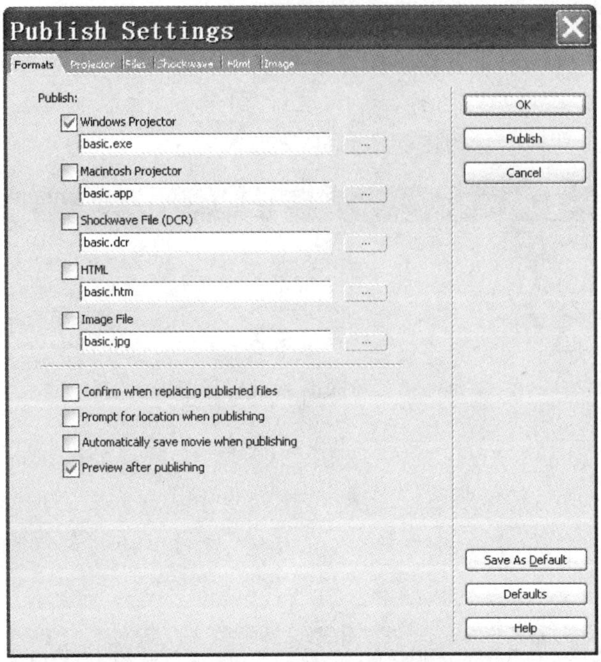

图 10-29　Publish Settings 对话框

① Projector：发布成 Windows 系统运行的应用程序(＊.exe)。

② Macintosh Projector：发布成 Macintosh 系统运行的应用程序(＊.osx)。

③ Shockwave File(DCR)：发布成能够被网络浏览器识别的 Shockwave 电影(＊.dcr)。

④ Html：与 Shockwave 电影同时发布，可以将 DCR 文件嵌入网页，方便用户浏览。

⑤ Image File：可以将选定电影的画面发布成 JPEG 图片，供宣传作品使用。

(2) Projecor 选项卡。Projecor 选项卡主要用来设置与 Windows 应用程序放映机相关的参数，如图 10-30 所示。

① Play type：可以选择 Standard 和 Shockwave 两种播放器类型。选择 Standard 是默认的标准选项，没有经过压缩处理，把 Shockwave Player 打包到放映机 EXE 文件中；如果选择 Shockwave，文件经过了压缩处理，但要求客户机中已经安装 Shockwave Player 等相关程序才能正常播放。

② Save splash image using frame：在加载完整个电影之前，先显示一张图片，在文本框中输入指定电影的第几帧画面。

③ Custom icon for application file：为自己作品的应用程序设置一个图标。需要事先利用 Photoshop 等专业软件设计图形，再用 ICON 图标工具生成“＊.ico”的文件，就可以在此处调用定义了。

④ Animation in background：在背景状态下仍然继续播放电影，即使最小化播放器窗口时，电影仍在后台继续播放。

⑤ Full screen：电影全屏模式，如果电影尺寸小于显示器分辨率时，舞台以外的区域以电影背景色进行填充。

⑥ Lock stage size to movie's stage：锁定电影尺寸为舞台大小。

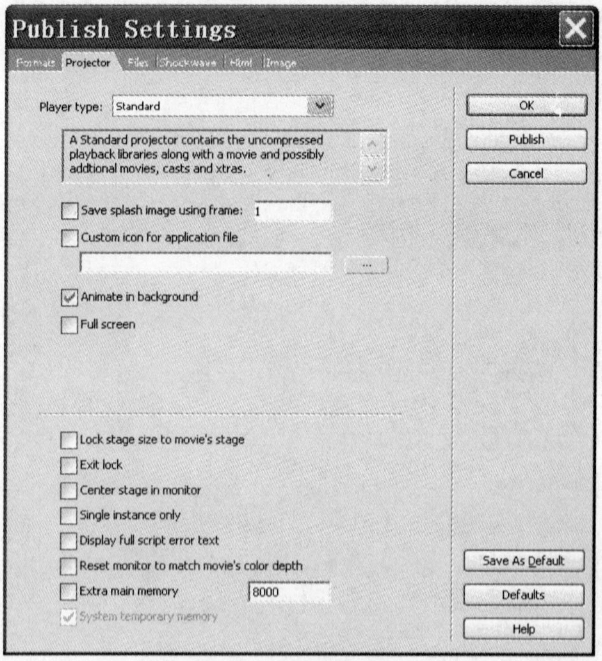

图 10-30　Projecor 选项卡

⑦ Exit lock：屏蔽了按 Esc 键退出电影放映程序的功能。

⑧ Center stage in monitor：电影在显示器的正中央播放。

⑨ Single instance only：一个用户在浏览放映机程序时，一次只能打开一个项目窗口。

⑩ Display full script error text：程序运行过程中遇到错误时，显示完整的脚本错误信息。

⑪ Reset monitor to match movie's color depth：运行应用程序时能自动重新设定显示器的颜色位数，以与电影中的颜色设置相匹配。

⑫ Extra main memory：设定额外的主内存。

(3) Files 选项卡。Files 选项卡用于设置电影附加文件的相关选项，如图 10-31 所示。

① Primary movie 主要包括以下几项。

Include linked cast files：包括所有链接的外部演员表文件。

Exclude all xtras：不包括所有的 xtras。

Compress files(Shockwave format)：以 Shockwave 方式压缩相关文件，使电影容量变小，但有时会影响到显示质量。

Copy linked and dependent files：复制链接的和独立的文件。

② Add Dependent Files 可用于添加独立的文件，主要包括以下几个按钮。

Add Dependent Files：添加独立的文件到文件列表框中。

Remove Files：删除文件列表框中选定的文件。

Check Files：检查文件。

Source 和 Destination 显示选中的独立文件的源和目标。

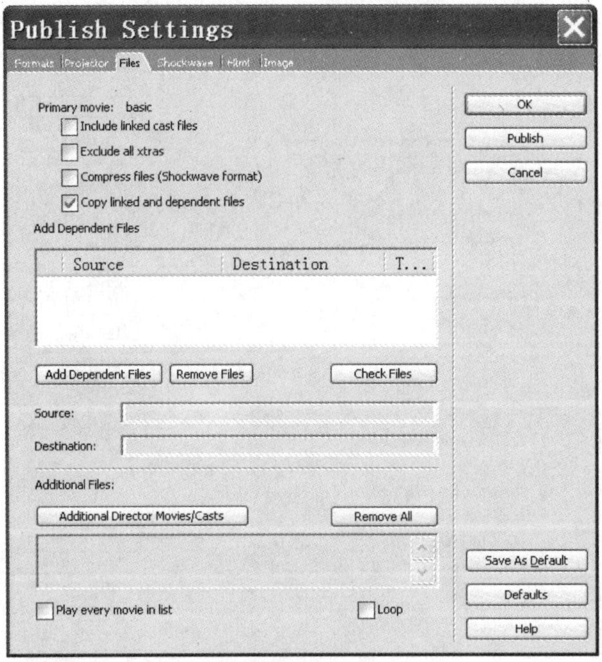

图 10-31　Files 选项卡

③ Additional Files 主要包括以下几项。

Additional Director Movies/Cast：将其他 Director 电影源文件或演员表文件加入打包文件列表框中。

Remove All：删除文件列表框中的所有文件。

Play every movie in list：播放器依序播放打包文件列表框中的所有电影。

Loop：循环播放文件列表框中的所有电影。

(4) Shockwave 选项卡。Shockwave 选项卡用于设置网络多媒体格式发布的相关选项，如图 10-32 所示。

① Image Compression：图像压缩设置，可以选择 Standard 和 JPEG 两种压缩方式，如果素材图片的色彩比较丰富，建议使用 JPEG 方式压缩，可以选择 70～90 之间保持高品质的压缩效果。

② Audio Compression：声音压缩设置，可以选择压缩比例或者是否将双声道转换成单声道。

③ Include Cast Member Comments：在 Shockwave 电影中包括演员成员的备注信息。

④ Allow movie scaling：允许在网页中改变 Shockwave 电影的尺寸。

⑤ Enabled context menu items：使下拉菜单选项可用，选中 Transport Control 将可以显示 Play、Pause 等播放控制选项，选中 Volume Control 将可以显示供用户调整音量大小的音量调整选项。

(5) Html 选项卡。Html 选项卡用于设置伴随 DCR 文件而输出的 Html 网页格式的相关选项，如图 10-33 所示。

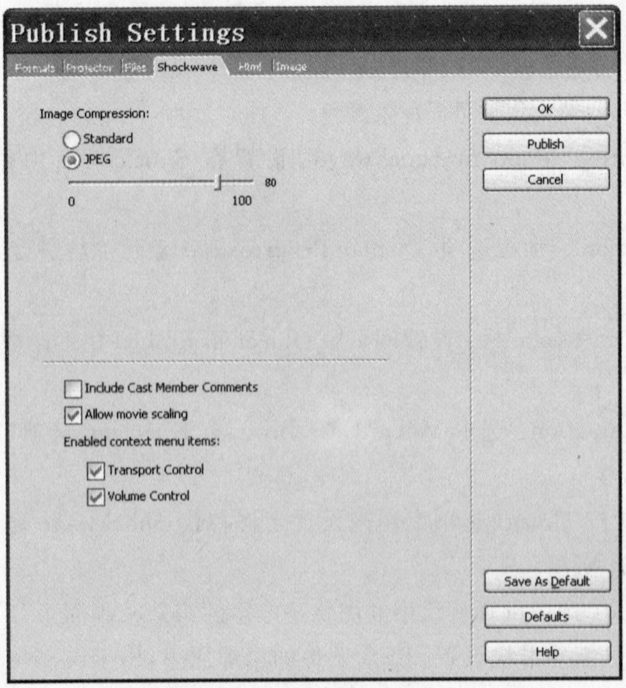

图 10-32　Shockwave 选项卡

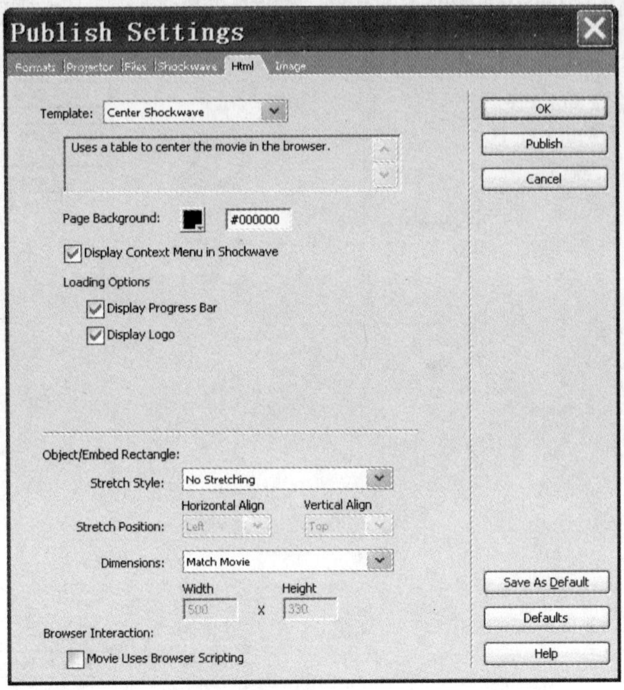

图 10-33　Html 选项卡

① Tempale：用于设置 Html 网页的样式模板，通过下拉菜单选择 3D Content Loader、Shockwave Default、Detect Shockwave、Fill Browser Window、Loader Game、Progress Bar

With Image、Shockwave With Image、Simple Progress Bar 和 Center Shockwave 九种样式模板，可以提供在电影加载过程中的不同显示内容。

② Page Background：设置网页背景颜色。

③ Display Context Menu in Shockwave：设置在 Shockwave 中是否支持鼠标右键菜单。

④ Loading Options：加载选项，Display Progress Bar 显示加载进度条，Display Logo 显示 Shockwave 标志。

⑤ Object/Embed Rectange：设置网页中 Object 和 Embed 矩形区域，设定拉伸样式、拉伸位置和显示范围。

⑥ Browser Interaction：选中 Movie Uses Browser Scripting 选项，电影可以使用浏览器的脚本。

(6) Image 选项卡。Image 选项卡用来设置当作替代 Shockwave 显示的 JPEG 图像的相关选项，如图 10-34 所示。

① Poster Frame：用于设置替代用的图像是电影的第几帧画面。

② Quality：通过拖动滑块设置 JPEG 图像的压缩比率，Progressive 复选框用来加速图片的下载速率，也会加大 JPEG 文件的压缩比率。

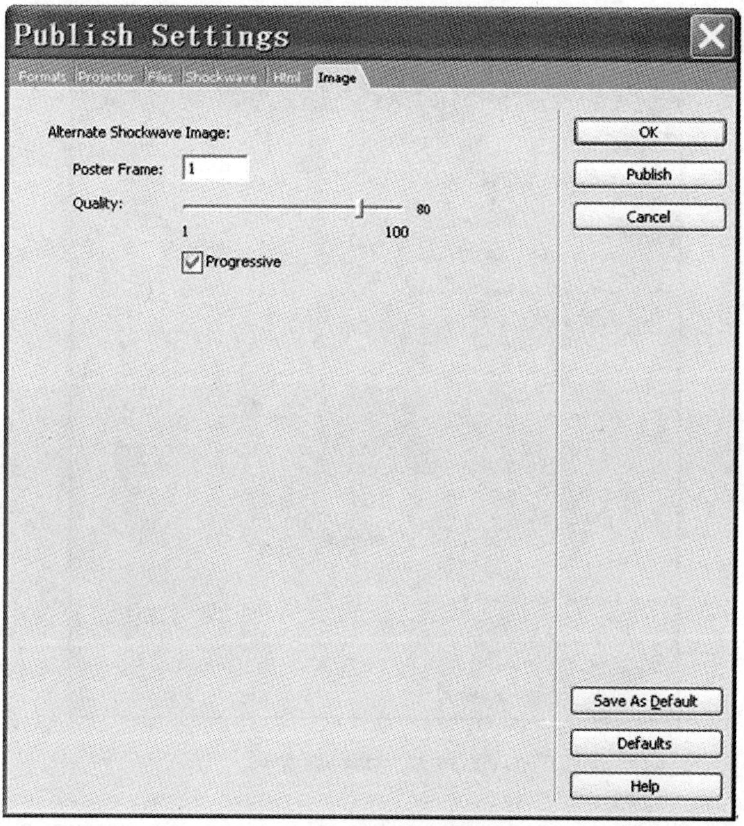

图 10-34　Image 选项卡

发布设置完成后，单击 OK 按钮，保存当前的电影发布设置并关闭发布设置对话框；单击 Publish 按钮，将按照当前设置直接发布电影；单击 Cancel 按钮，取消相关设置并关闭发布设置对话框；单击 Save As Default 按钮，将当前发布设置保存为默认状态；单击 Defaults 按钮，将恢复默认的发布设置。

4. 产品的调试、测试

跟所有的软件产品一样，开发完成后的多媒体产品应对各模块及整个软件系统分别进行测试、检查，分析是否有设计和开发的缺陷，以确保产品的正常顺利运行。所有的产品最后都要经过有关领域的专家和用户进行鉴定和核实，针对其中存在的缺陷进行必要的调整、修改，有可能的话还要进行系统优化，使最终产品在功能上满足项目需要。产品的测试措施包括：正确性测试、系统功能测试、安装测试、执行效率测试、兼容性测试等。

5. 创建多媒体光盘

(1) 整理电影文件。电影文件夹应包含电影文件(后缀为 dir、dxr、cst、cxt 的文件)、以链接方式导入到电影的媒体文件夹(包含声音文件、图形文件、数字视频文件等)以及必要的 Xtras 文件夹。

(2) 制作放映机程序。为了缩短电影的加载时间，我们经常创建一个简单的电影文件作为放映程序，文件名设置为作品的主题，只需在该影片的第 1 帧添加下列帧脚本：

```
on exitFrame me
  go to movie "片头"  --跳转到电影文件夹中，准备给用户欣赏的第一个文件
end
```

然后，将相关 Xtras 加载到该文件中，进行相关的发布设置，并将该电影发布成 EXE 应用程序。

(3) 制作自启动文件。要使制作完成的多媒体光盘放入光驱后可以自动播放，需要在光盘的根目录下利用“记事本”创建一个名称为“autorun. inf”的文本文件，代码如下：

```
[autorun]
OPEN＝作品名称. exe--制作的放映机文件名
ICON＝光盘图标. ico--事先设计好的图标文件
```

(4) 刻录光盘

建议使用 Nero 等光盘刻录软件，刻录成数据光盘。

四、实验内容与步骤

(一) 综合性、设计性实验“多媒体教学软件的设计与开发”

综合性实验是指实验内容涉及本课程的综合知识或与本课程相关课程知识的实验，对学生的实验技能进行综合训练，可以培养学生的综合分析、动手实验、数据处理以及文献检索的能力。综合性实验一般具有实验内容的复合性、实验方法的多元性、实验手段的多样性等特点。设计性实验是指给定实验目的和实验条件，由学生自行设计实验方案并加以实现的实验。设计性实验的过程能充分发挥学生的主观能动性、实验内容的探索性、实验方法的多样性，引导学生的创新性思维，体现科学精神。

“多媒体教学软件的设计与开发”实验的内容几乎涉及“多媒体软件设计”整门课程的知识点，包括多媒体软件的选题、项目定义、需求分析、内容设计、动画与交互的设计、媒体控制等，也涵盖了相关课程，如平面设计、数字影音制作、教学设计等课程的理论与实践。“多媒体软件设计与开发”实验项目采用了支架式实验指导策略，教师在重点的实验过程环节进行指导与把关，如选题环节、片头和框架设计环节、最终作品等，利用多元评价方式对学生综合设计性实验过程给予及时指导与反馈，促进了师生、生生之间的学习交流，提高了作品的质量，达到了较好的教学效果。

本实验项目围绕着“多媒体软件设计与开发”这个主题，按“最邻近发展区”的原则进行了任务分解：查找资料、确定选题→搜集加工素材→各主题界面与片头动画的设计与制作→进行作品的编辑合成→打包发布→软件测试→作品的评价。

(二) 实验要求与建议

1. 选题

建议选择自己本专业或熟悉学科的相关课题。

内容要能以多媒体手段形象化展示。

要有一定的深度和实用价值。

2. 内容设计

多媒体教学软件的第一步就是确定教学目标，分析教学任务，分析学习者，选择教学方案，设计教学策略，建议没有教学经验的同学，尽量通过上网等方式查找一些教师的教案。

以达到教学目标为检验标准，以教学活动为逻辑线索。

常用的模块有情境导入、案例教学、探究活动、学习评价、扩展资源等。

3. 多媒体课件的发展趋势

探究性：学习者能根据输入不同的值得到不同结果，自己查找规律。

游戏化：寓教于乐。

STS模式：来源于生活—发现总结科学经验—再用于生活。

4. 参考多媒体课件的评价标准(见表1-2)

建议作品屏幕分辨率1 024×768，作品<700M。

(三) 实验内容和步骤

综合性、设计性实验“多媒体教学软件的设计与开发”的实验内容和步骤如表10-1所示。

表10-1 “多媒体教学软件设计与开发”综设实验时间进度表

时间安排	学生任务	阶段任务要求	教师指导
选题阶段(1～5周)	(1) 确定合作伙伴；(2) 从自己的兴趣和爱好出发，通过互联网、图书馆等手段查找相关资料，确定选题；(3) 第5周提交作品策划书	作品策划书要求：主题表达明确；需求分析合理；有明确的使用对象和用户分析；画出内容框架图；还要包括功能设计与整体风格设计以及合作分工、工作进度计划等内容	(1) 课堂演示并评析历届学生的优秀作品，以开阔学生的选题思路；(2) 提供选题报告模板；(3) 第6周提交选题策划的反馈意见

续表

时间安排	学生任务	阶段任务要求	教师指导
中期创作（6～11 周）	(1) 搜集、整理与加工多媒体素材；(2) 完成作品片头动画设计；(3) 完成各主体界面的平面设计；(4) 进行自我中期检查，发现作品进展过程中存在的问题和困难	片头动画要求：画面主体对象与背景的和谐统一；多种动画技巧的合理应用。 交互界面设计要求：色彩基调和谐；画面布局合理	(1) 课堂演示并评析典型作品的片头设计，内容设计上分“内容综述”和“情境导入”两大类型，动画原理以关键帧应用为主；(2) 介绍如何合作，以及文档的规范性管理；(3) 讲解交互界面设计的基本原则；(4) 第 12 周前提交中期检查反馈建议
完成创作（12～15 周）	(1) 进行作品的编辑合成；(2) 完成作品的发布与光盘刻录；(3) 进行软件测试，不断修改完善作品	重点完成多媒体作品的交互设计	(1) 课堂讲解 Lingo 语言的应用实例；(2) 对作品打包发布时可能存在的问题，进行正确的引导和帮助
作品评价（第 16 周）	(1) 分组演示自己的作品；(2) 作为评委，为其他同学的作品打分，并提出修改建议		(1) 分组评审作品；(2) 点评、演示优秀作品；(3) 对学生作品进行复查评分，整理作品修改意见

五、实验讨论与评价

(一) 实验讨论

在多媒体作品设计与创作过程中，如何与同伴合作的更好？

建议：工作开始前确定分工与协助，哪些工作需要共同协商完成，哪些是可以分工负责的；文件管理规范化，注意素材文件的命名；学会聆听和理解对方，注意抓住同伴设计思路中的“闪光点”，与自己的思路有机地整合在一起。

(二) 实验作品的多元评价

1. 诊断性评价——作品策划书

诊断性评价发生在实验开始时的实验设计阶段，评价的内容是作品策划书，评价的主体是教师，其目的在于教师通过审查策划书，确定学生的选题是否有意义，计划和安排是否合理，了解学习的基础水平和发展可能性。学生则能从教师反馈的建议中，确定自己的选题是否有意义、范围大小是否适当，计划安排是否合理，并预测在未来的作品制作过程中可能碰到的困难以及应该注意的问题。

2. 过程性评价——中期作品

过程性评价是在实验中期进行，中期作品主要是提交作品的片头动画和版面设计，反思进度计划的执行情况以及作品创作过程中遇到的困难和解决方案，评价的主体还是教师，通过评价学生的中期作品，跟踪作品进展情况，给以问题解决的建议，检查期中学习效果，发现学生普遍存在的问题，及时调整教学。对学生而言，将从教师的建议中，感受到教师的关注和期望，激发学习兴趣，努力按计划完成作品，从建议中发现自己作品的优点和不足，及时调整，为下一阶段作品的创作打下良好的基础。

3. 总结性评价——最终作品

总结性评价是在期末进行，评价的内容是学生的最终作品和小组合作学习。对于最终作品采用教师评价和同学互评两种方式相结合，对于小组合作学习采用组内互评和学生自评相结合，构建师生互动、生生互动的评价活动。

教师的评价对学生来说具有一定的权威性，教师根据作品评价指标体系对每一个作品评分并给出评语和修改建议。同学互评是除作品作者以外的学生根据作品评价标准对本班其他同学的作品进行评价。通过互评激发学习的热情，调动学生的学习积极性，提高学生的作品鉴赏能力与评判思维能力，使得学生在互评过程中开阔眼界、自觉思考、虚心学习、取长补短。

组内评价是以小组为单位，学生根据教师给出的评价标准对本小组除自己以外的成员在完成作品过程中的表现进行评价。组内评价主要包括：成员在合作过程中的积极主动性。个人任务完成情况。集体责任感。对小组研究的贡献、交流和合作能力等方面。自我评价主要是提供给学生对学习进行自我反思的平台，反思结果也将作为教师给每个学生的作品成绩的参考。

六、实验报告

撰写实验报告，注意写明实验过程中遇到的问题和解决方法。

参考文献

1. (美)Alan Cooper, Robert Reimann,等. About Face 3 交互设计精髓[M]. 刘松涛,译. 北京: 电子工业出版社,2008.
2. (美)唐纳德·A. 诺曼. 设计心理学[M]. 梅琼,译. 北京: 中信出版社,2003.
3. (美)唐纳德·A. 诺曼. 情感化设计[M]. 付秋芳,程进三,译. 北京: 电子工业出版社,2005.
4. 李运林,徐福荫. 电视教材编导与制作[M]. 第二版. 北京: 高等教育出版社,2004.
5. 张新华. 综合性和设计性实验中支架式指导策略[J]. 实验室研究与探索,2010(8): 261-266.
6. 容旺乔. 多媒体互动艺术设计[M]. 北京: 高等教育出版社,2005.
7. 张军征. 多媒体课件设计与制作基础[M]. 北京: 高等教育出版社,2005.
8. 周德兴. Director MX 与 Lingo 多媒体开发实务[M]. 北京: 电子工业出版社,2005.
9. 游泽清. 多媒体画面艺术基础[M]. 北京: 高等教育出版社,2003.
10. 鲁晓波,詹炳宏. 数字图形界面艺术设计[M]. 北京: 清华大学出版社,2006.
11. 黄勇,宋博,冼枫,杨英华. Director 8.5 Lingo 解析与实例[M]. 北京: 清华大学出版社,2003.
12. 张亮. 细节决定交互设计的成败[M]. 北京: 电子工业出版社,2009.
13. 谢幼如,穆肃,柯清超,赵建华. 多媒体教学软件设计[M]. 北京: 电子工业出版社,1999.
14. 张胜利,耿哲峤. Director MX 2004 实用培训教程[M]. 北京: 清华大学出版社,2005.
15. Director 网络资源大全[OL]. http://director-online. com/
16. Director wiki[OL]. http://zh. m. wikipedia. org/wiki/Adobe_Director
17. Dean 的 Director 教学[OL]. http://www. deansdirectortutorials. com/
18. Adobe 官方网站[OL]. http://www. adobe. com/
19. 奥古多媒体[OL]. http://www. aougu. net
20. Enet 学院[OL]. http://www. enet. com. cn/eschool/video/director/.
21. 张豪,何方. Director 交互式多媒体开发从新手到高手[M]. 北京: 清华大学出版社,2007.
22. 周予滨. Director 8.0 技法教室 1+1[M]. 北京: 清华大学出版社,2000.
23. 何立峰. Director 11 多媒体开发基础与实战[M]. 北京: 清华大学出版社,2009.
24. 徐超,许小荣. Director 11 完全自学教程[M]. 北京: 机械工业出版社,2009.
25. 颜志翰,李雅玫. 精通 Director MX 2004 多媒体开发[M]. 北京: 清华大学出版社,2006.
26. 赵敬霞,裴士伦. Director MX 教程[M]. 北京: 北京希望出版社,2003.
27. 张新立,胡来林. 现代教育技术实验教程[M]. 北京: 电子工业出版社,2008.

28. 徐朝军. 教育技术综合实践教程[M]. 北京：电子工业出版社，2008.
29. 巴西 Tabuleiro 公司网站提供 xtras 的下载[OL]. http://xtras.tabuleiro.com/
30. Integration New Media 公司官网[OL]. http://www.inm.com/
31. （美）Alan Cooper，Robert Reimann. About Face 2.0 软件观念革命——交互设计精髓[M]. 詹剑锋，张知非，译. 北京：电子工业出版社，2005.
32. （美）瑞奇. 头脑风暴[M]. 黄蓓蓓，孟涛，译. 北京：金城出版社，2005.
33. （美）James Webb Young. 创意[M]. 李旭大，译. 北京：中国海关出版社，2004.
34. 赵士滨，张旭旭. 多媒体技术与创作[M]. 北京：人民邮电出版社，1999.
35. 胡壮麟. 认知隐喻学[M]. 北京：北京大学出版社，2004.
36. 华南师范大学教育技术研究所. 多媒体教学软件设计与制作[OL]. 北京：中央广播电视大学出版社，教育部电化教育出版社联合出版. 2000.
37. 教育部. 普通高等学校本科教学工作水平评估方案（试行）[EB/OL]. http://www.pgzx.edu.cn/upload/files/zxwd/jgt200421.pdf. 2004-8.